臺灣全民國防素養（大健康）總論

全民大健康發展教戰手冊

湯文淵、湯智凱　著

五南圖書出版公司 印行

推薦序1

　　一國追求安全之道，不外乎維護國家實體與心理層面，免於外來威脅，並能夠持續發展的關鍵議題。亦即，如何讓國民了解國家戰略考量、各項國家安全政策（包括國防、外交與兩岸政策）的施政重點與實際過程。其中，如何建構完整的「全民國防」概念，進而支持、協助、參與國防事務的推動，更是有效達成國家安全的重要基石。

　　目前國內有關此類論述眾多，分門別類，儘管多元，卻無一個完整體系與架構。本書《臺灣全民國防素養（大健康）總論》，係由本所優秀博士湯文淵及其公子湯智凱博士共同出版的最完整、全面性探討全民國防的理論及其實際運用的學術專書。

　　同時，本書基於國際關係社會建構主義的精髓要義，更能落實於臺灣全民國防體系之整體分析與政策建議。文淵博士長期以來專注於臺灣全民國防教育的理論與實踐工作，歷任重要全民國防體系與全民國防課程綱要的建構過程，表現優異成績可觀。透過本書的出版，更為臺灣全民國防體系之建構與實踐貢獻心智與開創佳績，並為臺灣全民國防教育研究的典範作品。是以，特為此序，表達肯定、嘉勉之意。

淡江大學國際事務與戰略研究所教授兼所長
淡江大學整合戰略與科技研究中心主任

翁明賢

2022 年 7 月，誌於淡江大學淡水校園驚聲大樓 1202 所長室

推薦序2

要確保臺海和平，達到嚇阻中共、固守國土目標，就必須要有全民的投入與參與。而湯文淵與湯智凱博士合著《臺灣全民國防素養（大健康）總論》這本書，就是以「全民國防戰略」方法，分析「全民國防」指導之意境，全書區分「學理篇——政軍之知」及「實踐篇——文武之行」；在理論篇主在運用矩陣模式，將全民國防與國際、戰略、國防、教育相結合，最後在實踐篇付諸行動執行。

另運用「全民國防素養創新認證」，以兵棋推演、實兵演練、檢討等方式，轉化為全民國防素養體驗活動，廣植全民國防行動能量，以達「以理論戰、以戰證理」的思維，能使讀者易學易懂，這也更突顯本書的可讀性、實用性與參考性。

文淵於 1976 年與我同時進入中正預校就讀，在校期間各項成績優異，是位文武兼備、學識淵博之人。在服役期間擔任排、連、營長等要職；任營長時獲全國戰車營基地測驗績優單位，獲頒陸軍獎狀。隨後轉任軍訓教官、開始投入全民國防教育研究，受使命感之驅使，先後完成碩、博士進修與深造，畢業後，任教於民間大學，投入全民國防教育之專業研究。文淵以軍旅經歷、戰略素養與學術訓練，勤於撰寫論文與專書，先後發表《我國全民國防教育戰略觀》與《全民國防心素養 ALL-UP——臺灣夢攻略學》等著作書為文淵與其公子湯智凱博士同心協力完成。本人在此對文淵父子共同推動全民國防素養，及期望提攜後輩、學理傳承的崇高義舉，表達最誠摯的敬意。

孫子曰：「無恃其不來，恃吾有以待之；無恃其不攻，恃吾有所不可攻。」國防安全務本之道，必須以全民國防之體認，補強國防實力與承受能力，以濟全面鞏固國防戰線之需求，並進而阻卻敵人進犯冒動之

野心。在現今兩岸軍事對峙中，勝負之間可從具體量化的武器裝備計算推估，但全民國防共識與意志的高低強弱，則是決定存亡的關鍵因素。因此，我們必須加強全民國防教育，啓蒙更多民眾的國防知識，凝聚民眾捍衛家園與禦侮抗敵意志，才能有效預防戰爭，確保和平與國家安全。

陸軍司令

徐衍璞 謹薦

2022 年 10 月

推薦序3

　　文淵兄囑我請為渠與公子智凱之專書著作作序，實乃個人生平首次受託作序。在按捺住一時的「興奮」之餘，不免自忖，半生經歷，無廟堂之名，亦無赫赫之功，忝為之序，且亦不自量力也。惟唯一可有為序之正當性者，實由於在學會與文淵兄父子數年之學術研究結構關係，從而可以理解並略抒文淵兄著作之心志背景。事實上，此種結構關係，乃為文淵兄與我的共同老師——本學會創會理事長翁明賢教授——所創建，因而又得有本序文陳述的合理性。

　　文淵兄的立言志向，以個人的主觀詮釋，實即德國哲學家韋伯（Max Weber, 1864-1920）所稱畢生追求智識的志業（vocation）。志業，需要宏大的目標，與夫持之一貫的努力歷程。以個人的理解，文淵兄正是這樣的標竿，並傳之於渠公子智凱博士。

　　這樣的觀點，其實來自於客觀的事實。文淵兄從十五歲志學之年進入中正預校，及至知命之年獲得博士學位，完成一系列學院派的文武教育。期間，服務軍旅、教育部軍訓處等單位，歷任裝甲營長、軍訓督察等職。後以上校官階退役，轉職大學院校教授之職，並於此階段完成一系列有關全民國防教育領域的學術性專著以及無數的研討會、期刊論文等等。縱觀文淵兄的半生追求，其目標性、一貫性，以及傳承性，若非秉持之為「志業」，實非常人所能達成之。謹此，特為之序。

東吳大學　政治學博士
臺灣戰略研究學會　理事長

李黎明

2022 年 7 月

推薦序4

2002 年與文淵兄相識於國防大學國防管理戰略班第五期考試時，當年他以第一名錄取；隔年我也如願以第一名順利考上戰略班第六期。2003 年以《構建全民國防教育網絡之調查研究——以臺北市中等學校教育人員為例》完成畢業論文。

2005 年我在國立嘉義大學擔任軍訓室主任時，考上國立彰化師範大學技職教育學院工業教育與技術學系技職行政管理碩士在職專班，剛好他也在教育部中部辦公室擔任督學，鼓勵其就近至彰師大繼續進修工教系管理學碩士學位，就學期間即於 2006 年出版《我國全民國防教育戰略觀》專書。

之後，他榮升教育部苗栗縣軍訓督導，我剛好也擔任過該職務，真是有緣。後來，又繼續在淡江大學國際事務與戰略所攻讀博士學位，2013 年在翁明賢所長指導下，以《建構臺灣國家安全教育戰略之研究》完成博士論文，2014 年又出版《全民國防心素養 ALL-UP——臺灣夢攻略學》專書。

軍職退伍後曾親自在亞洲大學擔任校安人員，實際參與校園安全研究；並籌備創立中華全民安全健康力推廣協會，且擔任創會理事長，實務經驗豐碩。近幾年他更跟隨翁所長參加我國十二年國民基本教育高級中等學校全民國防教育科課綱之擬訂與教育部全民國防教育科師資培育職前培訓課程之研訂，以及全民國防教育科學士後學分班之籌辦，策劃全民國防教育展等活動，文淵兄均身體力行，戮力從公，盡心盡力，令人佩服。其公子智凱獲得博士學位後與文淵兄共同完成《臺灣全民國防素養（大健康）總論》專書，父子二人共同為推動我國全民國防素養，傳之千古，譽為美談。

　　本書區分學理篇——政軍之知（陸海空軍戰略行動——全民國防陣列與體系）與實踐篇——文武之行（陸海空域體驗活動——全民國防素養創新與認證）兩大部分，兼具理論與實證之論述，值得推薦為有志於全民國防教育之推動與研究者之參考，故為之序。

中華民國全民國防教育學會理事長

葉論昶

2022 年 10 月

推薦序5

　　爲落實全民國防理念實踐，我國於 2000 年制頒《國防法》，2001年制頒《全民防衛動員準備法》，復於 2005 年制頒《全民國防教育法》，一系列的完成國防體制法制化的規範。隨著國內外環境變動，教育部依全民國防理念，亦啓動十二年國民基本教育推動，由國家教育研究院聘請淡江大學國際事務與戰略研究所翁明賢教授擔任課綱研修小組召集人，湯博士擔任副召集人，個人有幸能參與研商及討論，歷經近二十多次研修，復於 2018 年教育部頒訂《十二年國民基本教育課程綱要》確立了全民國防教育課程方向，亦爲全民國防教育開啓劃時代的意義。

　　全民國防不應僅限於國防軍事，必須面對傳統與非傳統的威脅，因此，如何建立人民對國家安全的共識激起全民防衛的決心，政府與全國人民均責無旁貸，特別是在現有軍訓教官完成歷史性階段任務，逐漸離開校園之際，全民國防教育師資培育亦顯重要，因此，爲培育全民國防教育師資，淡江大學分別於 2019 年及 2020 年委辦「全民國防教育科學士後學分班」課程，有幸個人能與湯博士一起擔任學分班課程師資，湯博士主講：國土防衛與災害防救、全民國防理論與實踐等課程，以理論及實務教學經驗兼具，爲培育未來的師資，奉獻心力，爲全民國防教育貢獻良多是值得肯定。

　　長期以來，湯博士先後完成《我國全民國防教育戰略觀》與《全民國防心素養 ALL-UP——臺灣夢攻略學》兩本專書及此次與公子智凱博士共同完成《臺灣全民國防素養（大健康）總論》出版專書，可謂國內唯一以父子檔身分發表大作，具有宏觀及系列性的全民國防教育「三部曲」專著，此書也大量引用中、外文獻資料，與國內外學者、專家文獻

分析，使內容更加充實，更具有實證性的資料累積，屬於全民國防教育研究的佳作。透過本書的出版必能達到全民國防教育研究的拋磚引玉效應，激發更多研究人才投入全民國防教育理論建構與實務運作的研究。基此，今樂於付梓前贅言數語，以為推薦。

臺灣戰略研究學會首席研究顧問

陳振良

2022 年 7 月

推薦序6

　　猶記 2004 年 4 月文淵邀我共同在第一屆「國防通識教育學術研討會」中發表《建構大學「軍事學」學科之研究——以大學軍訓教學為例》論文；隨後 2005 年 2 月《全民國防教育法》公布後，文淵更是全心投入全民國防教育工作，不斷闡述國家安全與全民國防之密切關聯，進而建構全民國防之完整體系；2006 年 7 月出版《全民國防教育戰略觀》一書，我在退伍之前忝為之序；而今文淵博士再將其半生研究及實踐所得，父子合著《臺灣全民國防素養（大健康）總論》一書，將理論與實務融合，以宏觀視野、戰略思維，深入淺出讓全民都能依此了解，並進而建立防衛意識，以達全民保家衛國之責。專業部分，謹拜讀文淵與徐上將兩位同學已躍然紙上之大序。雀躍之餘，我亦樂於聊表數語，錦上添花為之序。

　　回顧 1976 年考進中正預校第一期的這群孩子，如今仍然鬥志昂揚，對未來總是充滿希望，倏忽四十六載。亦如文淵半生對軍事與全民國防所奉獻的熱忱與執著，如今我們這群默默奉獻軍旅、為國家安全努力的老兵，將繼續奮力不懈。2006 年 8 月退伍迄今，我於私立大專院校任教，全心關注臺灣教育，比較過兩岸年輕人對國家民族意識的強弱，以及求學態度、勤奮精神，對臺灣前途不免憂心忡忡。期盼藉由本書付梓，喚起全民尤其是年輕人蓬勃的朝氣，共同努力，再創中華榮耀。藉此，願再次引前書序中「老兵不死，也不凋零」之語，鼓舞有為者，以新思維共同完成未竟志業，聊慰寸心。

亞洲大學教授級專業技術人員

李維宗博士　謹序

推薦序7

The global covid-19 epidemic broke out in 2021; I developed a digital technology solar anti-epidemic "Taiwan Mazu"; I was touring the top 10 Mazu temples in the country to pray for blessings; I was honored to form a relationship with Professor Tang Wenyuan for the great health of the whole people.Make poverty disappear from the world and make bad people good everywhere，In the integration of medical, health and wellness, the emphasis and performance is the integration and applicability of "technology" and "health" in preventive medicine.

What is prevention won treatment is that precise prevention will not waste energy, time, money and misjudgment, delay the golden cure time and find out the cause of disease early, achieve advanced deployment and advanced preparation, achieve a cycle, from daily The personal health management mechanism and testing, physiotherapy, maintenance, health promotion, and various health care to precise rehabilitation empowerment exercises, and again unrestricted self-testing at any time, such cyclical behavior, will surely get more precise prevention work, and There is no need to listen to other, believe in technology and believe in yourself, because health is your personal issue.

Health is 1, the rest is 0, and there are many 0 but no 1 will all turn into bubbles.

We give you all the visualized data, which can achieve whole-person, whole-age, all-round, comprehensive, all-time, continuous and uninterrupted health monitoring, as well as remote care, health promotion, and no need to ask for help can also achieve the care of "zero jet lag, no distance" in the fully intelligent managemen system, which can bring people closer to each other, especially family affection is priceless.

Let more people "see" their physical state, awaken their senses, and be responsible for their health.

It is easy to see and find, and you can also enjoy the "National Health Station". It can completely solve the problems of difficult, expensive, inconvenient medical treatment, shortage of nursing manpower, and waste of ineffective medical resources.

What we emphasize and demand is that prevention is better than cure, reduce the habit of medication, adopt natural therapies, cooperate with good health habits and correct health management methods, so that more people can "see" their own health conditions and also Wake up the cells in your body and be more responsible for your health.

Professor

Dr. Ching, Yuan-wu

13. May, 2023

自序

　　首先要澄清與說明的是全民國防的真諦，是來自中華民族老祖先慎戰與全戰甚至是義戰的真傳，絕不是全民皆兵、玉石俱焚，更是現代拔掉東亞病夫之根，播下全民大健康之苗的全民皆防，因此，防又不是消極的避與躲，而是積極的促進全民國防素養大健康的全方位發展與提升。

　　本書為筆者自誓之全民國防三部曲：戰略－夢－大健康的第三部，故名為《臺灣全民國防素養（大健康）總論》，完成從無到有再到好的期許與願景。戰略就是做夢，尤其是敢作春秋大夢，作全民大健康的美夢，不僅敢做夢而且要築夢踏實、日起有功。

　　筆者湯文淵在 1999 年即完成建構全民國防教育網絡一文，2005 年臺灣公布《全民國防教育法》，筆者時任教育部中辦室軍訓教育上校督學，負責臺灣地區高中職校全民國防教育發展規劃與實踐，後又派任苗栗地區負責軍訓教育實務督考，遂於 2006 年出版全民國防教育第一本專書《我國全民國防教育戰略觀》。

　　2013 年在淡江大學國際事務與戰略所翁明賢所長指導下，以《臺灣國家安全教育戰略》完成博士論文取得學位，2014 年再據此增修出版全民國防教育第二本專書《全民國防心素養 ALL-UP──臺灣夢攻略學》。

　　隨著參與指導教授兼臺灣戰略研究學會創會理事長翁老師領導的國家教育研究院十二年基本教育全民國防教育課綱文本研擬，與教育部委託臺師大全民國防教育課綱師資培育課程的研編規劃，再加上淡江大學全民國防教育學士後學分班兩梯次實務教學經驗的不斷累積與政治大學大專全民國防教育課程基準研討，更由於青年後進湯智凱博士長久同

在全民國防領域共同濡沫研習，遂在其協力下，以苗栗明德水庫魯冰花農莊的全民國防素養推廣中心為基地，在臺灣戰略研究學會現任理事長李黎明博士與中華民國全民國防教育學會理事長葉論昶博士的鼓勵與敬愛、學長兼博士班同學陳振良博士，及軍校共同相扶持的摯友李維宗教授始終如一的指導與支持下，與業界梁建國顧問、李中靈與李知諺團隊、羅孫龍團隊與遊騎兵吳上興團隊，及淡江大學全民國防教育學士後學分班的老師同學教學相長，尤其是敬愛校長陳碧戀對於大健康實務推動的啓迪與協助，因而得以順利完成全民國防第三本書《臺灣全民國防素養（大健康）總論》的寫作。

由於個人智慮終究有限，為收拋磚引玉之效，為兩岸和平發展持續貢獻心智，尚祈臺灣與兩岸先進不吝指導，俾期臺灣全民國防成效能為中華民族永續發展增光。

湯文淵、湯智凱

2022 年 8 月

導讀

　　本書預期出版時，俟逢主事全民國防政策的行政院推動六大核心戰略產業，其中臺灣精準健康、國防及戰略、民生及戰備與全民健康休戚相關，再加上資訊及數位、資安卓越、綠電及再生能源的運用發展，正好與本書所推動提升的全民國防素養密切吻合。因此，本書不僅期許作爲臺灣各級全民國防決策與教育工作者之參考手冊，更可提供全民大健康發展服務者作爲實務推動教戰手冊，因而以《臺灣全民國防素養（大健康）總論》爲書名付梓出版，主要區分學理探討與實務體驗兩大部分。學理探討部分爲開設在淡江大學全民國防教育學士後學分班師培課程的「全民國防理論與實踐」2 學分之擴充，實務體驗部分則爲「國土防衛與災害防救」課程 3 學分的整合與實踐。

　　學理與體驗開展主要參考太極知行之理爲主軸，學理篇研討重點爲政軍之知，主述陸海空軍戰略行動，以全民國防素養（大健康）陣列與體系呈現；實踐篇實踐焦點則爲文武之行，主述陸海空域體驗活動，以全民國防（大健康）素養文韜武略創新與認證體現，以求全民國防素養（大健康）知行合一之至理實踐。

　　學理篇主依國際關係與戰略研究學院理論，結合《國防法》全民國防三大範疇國防軍事、全民防衛與執行災害防救及其他與國防相關事務要旨，縱向連貫爲國際、戰略、管理、教育與行動陣列開展論述，以軍民兩條軸線相輔相成發展全民國防素養（大健康）理論體系。

　　實踐篇爲教育與行動陣列連結國際戰略管理矩陣之充實與具體實踐，以彰顯陸海空軍戰略行動力空時運作成效爲要旨，主要循全民國防教育課程縱向連貫與全民防衛動員演練橫向統整兩條軸線開展。全民國防教育課程縱向連貫軍事教育與學生軍訓、全民國防教育、全民國防教

育學科課程，以彰顯國際、戰略與行動連貫成效，並發展爲文韜——安全威脅之研討與推演，全民防衛動員演練行動橫向統整全民防衛預備、常備與後備運作體系之演練活動，並發展爲武略——健康素養創新與認證實踐，以促進臺灣全民國防素養（大健康）安全健康力的提升，完備臺灣全民國防素養（大健康）共同體之構築。

目錄

第二篇　實踐篇——文武之行 〔陸海空域體驗活動——全民國防 素養（大健康）創新認證〕

第一篇

學理篇——政軍之知
〔陸海空軍戰略行動——全民國防素養（大健康）陣列與體系〕

　　主要由可控的戰略、管理、教育與行動陣列組成的全民國防（大健康）矩陣外加國際陣列組成，國際陣列指出國家健康利益取向，全民國防（大健康）矩陣依傳統戰略文化創意指導，提出全民國防（大健康）體制白皮書，內含總統國防大政方針〔國家安全（大健康）戰略報告〕、行政院全民國防（大健康）政策（施政方針報告）、國防部施政計畫與成效報告〔全民防衛機制（大健康素養）成效〕，並由教育矩陣（全民國防教育課程縱向連貫）與行動矩陣（全民防衛動員準備演練活動橫向統整）體現全民國防素養（大健康）〔如圖：全民國防素養（大健康）矩陣發展圖〕。

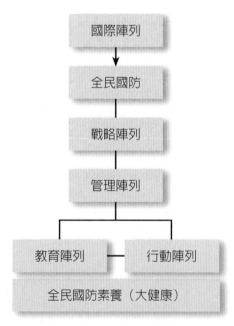

全民國防素養（大健康）矩陣發展圖

資料來源：筆者自繪。

Chapter *1*

國際陣列──國家利益與視野格局

國家利益與視野格局		國際政治視角		
		實力（國家）	制度（機構）	觀念（社會）
國際關係結構	全球	競 爭 利 益	競 合 利 益	合 作 利 益
	印太區域			
	兩岸與臺灣			

資料來源：筆者自繪整理。

第一節　意涵與要素發展

壹、意涵

　　國際陣列以國家健康利益爲核心，注重視野格局，透過國際政治實力（國家）－制度（機構）－觀念（社會）不同視角與國際關係全球－印太區域－兩岸與臺灣結構制約，形成臺灣實力優勢競爭、區域經貿利益競合與全球議題合作不同面向的國家健康利益取捨。

貳、要素發展

　　國家利益爲國際關係重要元素，亦爲國防大政方針（國家安全戰略）重要指導，實爲國際關係與國家安全戰略聯繫之關鍵，亦爲全民國防（大健康）政策制定之重要基礎。奧斯古德（Robert Osgood）探究美國國家利益指出，國家利益只重視本身利益與福祉。2001 年北京中國軍事科學院戰略研究部戰略學，定義國家利益爲國家賴以生存與發展的客觀物質需求與精神需求的總和，中國大陸學者李際均認爲，國家利益是戰略的最高準則，任何戰略思想與戰略方案都爲特定國家利益服務。臺灣戰略學者鈕先鍾引述英國前外相巴麥斯頓勳爵（Lord Palmerston）的說辭指出，國家永久同盟或敵國是一種狹隘政策，只有自己國家利益

才是永恆。國際關係現實主義學派代表摩根陶（Hans Morgenthau）更指出，國家利益是外交政策不變且永恆的北極星。

1999 年美國前國防部長斐利（William J. Perry）針對影響美國生存威脅，提出風險急迫性為國家利益選擇與追求的動態標準，美國學者奈伊（Joseph S. Nye）則以傳統思維「孤立」（isolation）、「單邊主義」（unilateralism）與「多邊主義」（multilateralism）等提出美國最佳國家利益與安全途徑，其他經貿、財政貨幣等經濟利益途徑亦為美國政府或策略謀士所慣用。顯見國家利益的取捨各有不同規準，但因與國家安全與發展目標緊密聯繫，故特須具備前瞻導向的視野格局。民國八十五年國防報告書指出國家利益是國家對其人民生存發展極為關切之事項，生存發展包括國家安全與發展兩個面向似較具國家健康利益開展格局。

一、國際政治視角

不外實力（國家）、制度（機構）與觀念（社會）視角的縱橫組合。

（一）實力視角（國家）

現實主義（realism）是國際關係最早也一直是注重國家利益研究的主流，基於國際間無政府狀態，主張人性本惡，以國家為唯一主體，講求權力最大擴張並認為權力界定利益，造成衝突在所難免，故尋求權力均衡以降低衝突，是摩根索（Hans J. Morgenthau）、華爾茲（Kenneth N. Waltz）等學者的重要主張。國家能力、權力分配和國家相對位置是國際政治結構的重要組成，權力平衡主張實力平均，衝突就越小，戰爭風險就越低，權力轉移考量成本效益，在實力不明時，衝突易升高，政治衝突與妥協、對立與整合，相互依存，互賴不易，遂有霸權穩定與結構現實化的籲求與期盼。

（二）制度視角（機構）

美蘇兩大集團冷戰對抗，石油、美元危機不斷、限武談判不停、關係模糊催化，使注重行為體自由與影響度的全球主義（globalism）與「新自由制度主義」開始盛行，國家不再視為固定獨立個體，而是相互依存互賴的共同機構，需求國際生態平衡，關注焦點逐從軍事權力轉向國際政治經濟實力，不避成本效益的理性分析，卻更重國家以外的共同機構行動體，尤其特重不涉道德價值判斷的國際制度（規則）與合作。大陸學者王逸舟指出，新現實主義偏重國際政治系統結構影響，新自由制度主義偏重國際政治系統成員互動過程，結構雖提供制約，個別行動者亦有選擇和自主空間，實力與利益視角，雖各有偏重，若能將之視為國際系統的結構和過程，則實力視角的結構與利益視角的過程，實乃互補又相輔相成。

（三）觀念視角（社會）

觀念視角是奧那夫（Nicholas Onuf）等社會建構主義學者的重要主張，注重國際社會規範與共享觀念對國家利益與認同構成影響。溫特（Alexander Wendt）綜整國際系統的結構和過程視角，主張結構與行為體「相互建構」（mutual-constituted）與「共同決定」（co-determined），使規範、制度和文化等觀念視角直追實力與利益視角，成為觀察國際發展與取捨國家利益的新視野與新途徑。

觀念視角注重「結構－行動者」（agent-structure）問題，主張相互影響建構，特別指出人類意識、認知與理念相互作用的國際社會真諦，冷戰不是終止於實力視角或利益視角，而是受到文化和意識形態的促成，亦即探究國家主觀層面的認知形成是必要而且是重要的。

實力視角主張國家利益是權力，探討國家高階政治利益如軍事及安全、政治、外交等主張，仍是目前國際關係研究的主流，就連利益視角的低階政治利益如經貿、人權、環保所形塑的核心利益、周邊利益，或

是主要利益、次要利益等主張也不脫實力視角的補充，國家利益決定國家對外行為準則，國家不根據道德觀念或標準而是實際能力和權力追求利益與對外決策。

溫特總結國家客觀利益主要有「生存」、「獨立自主」、「經濟財富」及「集體自尊」四項，而其取捨關鍵則繫於主觀利益之判準，大陸學者秦亞青並據此調和國家物質與認知利益為國家客觀與主觀利益，進而直指影響國家身分定位及利益選擇。三大視角對於國家利益論辯雖有不同偏重比例，但觀念視角與國家安全文化背景乃至決策當局認知緊密相連，對於國家利益在國際關係結構的定位與取捨似更具關鍵影響力。（參見國際政治視角比較表）。

國際政治視角比較表

區分	實力視角（國家）	制度視角（機構）	觀念視角（社會）
主要焦點	軍事與安全、政治、外交	經貿、人權、環保	觀念認知、規範與認同
主張	高階政治利益 低階政治利益	核心、周邊利益 主要、次要利益	客觀利益 主觀利益

資料來源：作者自繪整理。

二、國際關係結構

（一）全球層次

1991 年蘇聯解體後，美蘇兩極對抗消失，全球發展快速緊密相連，美國單極霸權為主的國際格局基本不變，但國家不為唯一主體的新安全情勢，使傳統國家角色、主權與關係逐漸調整，人為主體的新安全探究，促使人類共同安全思維議題逐漸躍上檯面，國際權力格局遂如美國學者奈伊（Joseph S. Nye）所述，上層軍事單極格局由美國獨享，中

層經濟多極格局，由美國、歐盟和日本分享全球經貿 2/3 分量，下層格局脫離政府，為分散不定型的跨國關係，由不同行為體競逐。臺灣戰略學者翁明賢指出，多元、三元或單元的全球格局，每個行為體依恃最優實力發展，呈現硬權力（軍事權力）獨霸，軟權力（經濟、資訊、人權、民主等）各具特色走向。大陸學者秦亞青更指出，跨國資本和跨國公司就連觀念等非國家行為者，更逐漸嶄露頭角顯現光芒與亮點。美國學者杭亭頓（Sammuel P. Huntington）預測儒家文明與回教文明合作共同對抗西方文明的文明衝突論述更是方興未艾。

　　全球化無法阻擋也不可逆，但所導致的社會不正義與危機反省與批判甚至反撲，也逐漸加大與加劇。全球化不僅使國家內部危機與災難溢出國界，也使全球災難與危機被迫共同應對，全球化發展雖仍會受到國家安全決策體系與國際重大事件衝擊與遲滯，但國家權力運用終究不再肆無忌憚也不再單向片面。非國家主體的國際組織與政治實體加上科技不斷推陳出新、時空距離不斷急遽壓縮，實體「地球村」進入國家戰略規劃範疇已不再遙不可及，也將義不容辭。

（二）區域層次（印太）

　　當前世界區域主要區分歐洲、美洲、非洲、中東與印太區域，各區域雖新興熱點不斷，但中國大陸的一帶一路經略與美國印太戰略在印太區域的世紀權力轉移競逐，將使印太區域成為全球長久不滅的熱點區域。美國指派羅斯福號航母戰鬥群浩浩蕩蕩巡弋南海，展現軍事獨霸軍威與威懾啟動競逐按鈕，中國大陸不甘示弱相對舉行史上最大規模海上軍演，並由國家主席習近平親自視導，中國大陸指稱美國域外國家介入，美國諷稱中國大陸快步突襲，中美世紀兩強輪番上演文攻武嚇，印太海面風生浪起勢不可免。

1. 中國一帶一路經略

(1) 戰略指導

　　中國大陸展開一帶一路經略，除有避開甚或反制海上強碰美國軍力圍堵的戰略考量，主要是尖端技術發展的高速鐵公路甚至海底交通連貫與綜橫穿梭，已不再是國家重大基礎建設的夢想，也為中國大陸在中美海陸抗衡的重大戰略布署，提供百年民族復興康莊大道的莊嚴鋪陳。美國以亞太再平衡與印太戰略串聯相關海權盟邦，企圖構築海上安全網圍堵中國的海權擴張，延遲並阻斷中國大陸的快速發展，中國大陸則以迂為直，展開戰略迂迴，提出一帶一路倡議與經略，積極尋求擴大周邊國家共好互利的經貿發展網。

(2) 政策計畫

　　2013 年中國大陸國家主席習近平出訪陸地國家中亞哈薩克與海洋國家東協印尼，正式提出一帶一路倡議，中國大陸中央經濟工作會議總結說明為，建立兩大海陸經濟路線、六大海陸經濟連接走廊和數項海陸工作支援機構。兩大海陸經濟路線，都以中國大陸為核心，交會於歐洲，使歐亞環連成一體。陸路經濟帶又分南北兩條軸線，北線從中國大陸經蒙古、中亞、俄羅斯到歐洲，南線從新疆經巴基斯坦、西亞到地中海沿岸各國，串聯亞太、中亞和歐洲三大區塊；海上絲路除連接東南亞、南亞、中東、北非及歐洲各國，最後經陸路一帶再回到北海港口之主幹線外，還有「冰上絲綢之路」、「太平洋絲綢之路」等各型海上支幹線的輔助延伸，並以此綿密串接六大經濟走廊，彰顯亞洲心臟地緣優勢。

　　2014 年中國大陸進一步成立「絲路基金」提供海陸兩大經濟路線和六大經濟走廊建設所需資金奧援。2016 年中國大陸又率先發起成立「亞洲基礎建設投資銀行」（簡稱「亞投行」），以備長期供應融資需求，並陸續推動各種大型交通基礎建設的國際對接。

　　基建與經濟合作構成的一帶一路倡議，不僅具有應對美國為首的

海上聯盟安全網的地緣政治戰略優勢價值，更具有促進區域國家整體經濟合作發展與人文擴大交流的積極效益。一帶一路合作效益深淺，區分「合作文件」或意向書與「諒解備忘錄」（MOU）或協定兩種不同層次，中國大陸商務部公開文件或資料顯示，截至 2021 年 1 月 29 日，中國大陸已與 171 個國家和國際組織，共計簽署各式合作文件 205 份，包括 G7 國家第一個加入的義大利，2020 年貨物貿易額占中國大陸總體外貿比重達 29.1%，直接投資占全國對外投資比重達 16.2%，中歐班列火車通達 21 國 92 個城市，中老鐵路與雅萬鐵路等跨國重大項目更取得積極進展，中白工業園跨境園區新入園企業與在華新設企業增加更形顯著。

(3) 機制行動

　　海上絲路發展雖受限於南海域內國家的主權重疊與海域劃線爭議，及美國為首的域外國家對 1994 年通過《聯合國海洋公約法》的不同解讀與行動，但中國大陸在擱置主權爭議與雙軌協商的呼籲下，依一帶一路倡議要旨，加速南海島礁和平建設，整建重要港口、機場和平用途，以加速尋求共同合作與和平發展。2012 年中國大陸開始在海南省完成三沙市行政區的設置，海南島礁整體建設逐步朝島礁多功能發展管理與運用，2016 年永暑礁首度完成民航客機試飛，並實現軍機載送重病工人轉運海南醫院緊急救援任務，中國大陸文藝工作者搭乘崑崙山艦赴南沙群島慰問演出，佐證崑崙山艦多元載運能力與多用途發展，將為島礁聯繫提供便捷交通，並為海域緊急救援提供重要保障。

　　其他島礁碼頭、航道、海水淡化、電力和環保等民生整體基建工程設施亦日趨強化改善，海南行政當局更力促傳統捕撈業順利轉型養殖業、加工業、服務業等多元現代漁業與海上旅遊兩大產業的發展，以增益環南海郵輪旅遊航線的積極拓展，大陸國防部更率先發布《西沙旅遊攻略》和最佳線路圖，強力支持郵輪業等重點旅遊產業的開展。從海南三亞出發到西沙永樂群島的郵輪旅程，享有浮潛、拖釣、攝影等多元海

域體育休閒活動，對中國大陸帶路倡議的和平發展將提供更多示範貢獻。

2. 美國印太戰略

(1) 戰略指導

1994 年《國際海洋法公約》通過後，美國國會並未批准，僅選擇性簽署相關《執行協定》，柯林頓（William Clinton）政府接續老布希（George Walker Bush）的東亞戰略腹案發表正式東亞戰略報告，為美國亞太地區安全戰略定調。2010 年時任國務卿希拉蕊（Hillary Clinton）走訪亞太主要國家，表達高度介入協調中國大陸與東協國家南海主權糾紛意願，2012 年美國國會針對美國亞太地區戰略與兵力態勢的國防授權法案，要求美國國防部提出評估報告，同年 6 月 3 日美國防長帕內塔（Leon Edward Panetta）於香格里拉對話，重申美國亞太再平衡主張，強調美國有責任和義務為亞太地區盟友與夥伴提供安全保障，美國並積極調整軍事布署，期盼將 60% 美國戰艦部署亞太地區，特別在南海地區開展積極行動，以阻止中國大陸崛起所形成的權力真空。2015 年 8 月美國國防部發表《亞太海洋安全戰略》，除通過輪流布署頻繁出訪等外交積極作為外，並增強各區聯合軍演與擴大聯繫交流互訪，極力強化美國軍事存在。2016 年 4 月 10 日美國國防部長卡特（Ashton Baldwin Carter）發表「亞太再平衡戰略」，除再度增加兵力布署與增派先進機艦常駐太平洋艦隊外，並力求做出重大投資以增補落後的軍力。

(2) 政策計畫

美國一連串轉變亞太與南海政策，並擴大成印太戰略整體布署，以求全面遏制中國大陸的崛起，中美南海角力不會是短期的局部衝突，而是長期的地緣戰略對抗，更是海陸霸權的強烈競逐。2017 年 10 月 18 日美國國務卿提勒森（Rex Tillerson）於華府發表演說，強調美國將與日、澳與印度等民主國家，進一步接觸與合作，並多次提及簡稱印太

地區的印度洋及太平洋地區。2017 年 11 月 6 日美國總統川普（Donald Trump）訪問日本，美日雙方峰會提出自由開放的印度洋－太平洋，川普第一次提到印太戰略，內容指涉美日兩國未來合作關係的戰略願景，除強化軍事同盟合作關係外，也包括雙邊經貿與投資等關係的增進與加強。亞太助理國防部長薛瑞福（Randall Schriver）在參院任命聽證會，描述印太地區架構輪廓時明指，美國將透過強化及深化盟邦長期戰略夥伴關係，確保對中共長期戰略競爭優勢，其中軍事優先協助夥伴國家除新加坡與越南外，並特別點出臺灣，而把蒙古與紐西蘭列入安全夥伴國家。

白宮《國家安全戰略》於 2017 年 12 月 18 日發布時，印太相關觀念雖納入官方正式文件，印太戰略一詞則仍未出現，印太戰略至今尚缺乏整體性與長期性規劃，僅是有別於歐巴馬「亞洲再平衡戰略」（Asia rebalance），並顯出對中國崛起的高度警覺與強烈不安。

美國與印度戰略夥伴關係積極發展，始自 2017 年美國川普旨在推動印度在阿富汗問題新角色的南亞新戰略。2018 年 1 月 19 日美國防長馬提斯（James Norman Mattis）公布新國防戰略，定義中俄等不同修正強權（revisionist powers）為國際戰略競爭對手，《2018 財年國防授權法案》進一步授權馬提斯部長推動美印高級國防合作，建立印太穩定性倡議，鼓吹印度積極推動向東行動政策（Act Eastpolicy），以求戰略深度對接美、印、日、澳洲亞洲安全架構。

(3) 機制行動

美國指派艦隊於南海開展自由巡航行動，並加大亞太區域擴充為印太版圖，不惜從幕後躍居幕前，使得環印太周邊的海域國家也跟著躍躍欲試，日本當然不在話下，臺灣緊貼美方更是求之不得，連遠踞南太邊陲的澳洲也積極選邊加入美方圍堵遏阻陣容，南亞大陸邊陲的印度更在美日印澳四方安全會談的吸引下，出現長期不結盟的轉彎跡象，證明中國大陸崛起的速度的確令人目眩與神迷。

美日《新安保法》後，美方正式邀請日本自衛隊協同巡航南海，日本不僅熱烈參與，更激情扮演海上魯仲連角色，率先派兵海外，進而夥同菲律賓一起要求中國大陸停止造島行動，並鼓動越南和菲律賓挑起事端，又首次與印尼舉行二加二部長級磋商，積極穿梭串聯域內周邊國家聯合行動。日本右翼政權始終無法忘情二次大戰大東亞共榮圈的夢想，心心念念內外菱形遏制包圍中國大陸，小菱形指向南海，大菱形對接美國印太戰略，更不惜強力拉攏印、澳加入美日，共同助長美國炮製的印太戰略網絡。

三、兩岸情勢與臺灣角色定位

（一）民族文化認同發展

1. 中國大陸回歸復興

(1) 經濟改革開放

中共文革之亂對中華民族文化的確曾造成國家建設的巨大創傷，但鄧小平繼起領導後，對內雖堅持共產黨一黨專政領導不變，對外則積極實施經濟改革開放，發展累積的國家政軍實力已不可同日而語。尤其在蘇聯解體後，更躍升為美國建設性戰略夥伴，政經實力重組亞太區域權力，隨之增長的軍力更是突飛猛進，不僅加入太空大國競爭，更專注成為區域領導國家，傳統人民戰爭的積極防衛思維，也在「超限戰」與「不對稱作戰」的高科技戰爭催化下，積極走向大陸沿岸乃至雄視海洋，中國崛起似已不是未來進行式，而是鐵錚錚的現在事實。

中國崛起雖勢不可擋，鄧小平的韜光養晦雖已不再，但中華文化所孕育的和平發展與和諧世界仍未脫離中共當前國家發展的主軸，中共對臺確立的和平統一，一國兩制的方針及一個中國核心原則也未曾改變，積極回歸中華民族文化的發展進程更與臺灣現況發展大相逕庭。

(2) 孔子學院

1987 年 7 月中共成立國家對外漢語教學領導小組，2002 年成立國家對外漢語教學領導小組辦公室，負責中國對外漢語教學和漢語國際推廣，2004 年起陸續在北美洲、南韓、歐洲瑞典創辦官方背景的非營利性教育機構孔子學院。2006 年，中國大陸教育部將「國家對外漢語教學領導小組辦公室」改為「國家漢語國際推廣領導小組辦公室」，簡稱國家漢辦，2008 年 12 月國家漢辦於華東師範大學成立中國第一個漢語國際推廣基地——國際漢語教師研修基地，目前已陸續在全國建立 19 處推廣基地。2020 年再度更改為現名中外語言交流合作中心，除了持續對外漢語教學、漢語國際推廣並增加中外語言文化交流工作，孔子學院品牌、機構等管理工作則改由民間公益組織中國國際中文教育基金會全面負責運行。據相關資料統計顯示，截至 2020 年 5 月，中國在全球 162 個國家（地區）已建立 541 所孔子學院和 1,170 個孔子課堂。

語言在孔子學院所有課程中占比最高，文化類課程則包括漢語文化、中國茶文化、太極語言文化班、中國文化研究、漢字演變與漢字文化、中國傳統文化等，教材內容涵蓋語言知識、詩詞、書法、中醫、傳統工藝等中華傳統文化多方面，並積極朝本土化努力以切合當地國教學需求。孔子學院為漢語教師培訓重要基地，除為海外漢語教學提供師資支持，也為中外漢語教師提供相互交流、學習和合作的平臺，2009 年大陸國家漢語國際推廣領導小組辦公室更實施第一部國際通用的對外漢語水平測試標準，並自 2014 年起，將每年 9 月 27 日定為「孔子學院日」，以提高孔子學院在各國的認同度和影響力。

雖然「孔子學院」被指是以教學和文化交流的名義，滲透他國教育體系，干擾校園言論自由，執行情報收集和促進軍事研究等不適當活動，遭受大部分西方國家關閉，但就弘揚中華文化言，孔子學院促進漢語在國際上的普及，增強中國與世界各國人民的文化交流，有利於中國走向世界，也有利於世界更好了解中國仍屬瑕不掩瑜。

(3) 文化中國

　　比較令人費解的是，中國大陸在國際上堅守一個中國原則，但卻不願正視內戰遺留的中華民國問題，2000 年 8 月 25 日中共前副總理錢其琛會見臺灣訪問團提到，世界上只有一個中國，大陸和臺灣同屬於一個中國，中國的主權和領土完整不容分割，並見諸於《反分裂國家法》。2007 年 10 月胡錦濤於中共十七大的政治報告提到，儘管兩岸尚未統一，但大陸和臺灣同屬一個中國的事實從未改變，2008 年的「胡六點」更提出建立軍事安全互信機制問題的探討，並鄭重呼籲達成和平協議，構建兩岸關係和平發展框架。

　　中共主要領導人一再強調兩岸同屬一個中國，但沒有中華文化的中國是不可思議的。中華民國是推翻滿清政府所建立的第一個亞洲民主共和國，也是第二次世界大戰與美國聯手打敗德日法西斯主義的戰勝國，曾把中國推向世界四強的地位，對中華民族功不可沒。翁明賢指出，一個中國原則放在民族文化的框架下應是一個可以討論的話題，可以「政治一中」，也可以容許經濟、社會、文化或歷史一中等內涵，重點是建立兩岸雙方互信才能共同維繫中國，著名的共同締造論也跳脫了兩岸政治定位問題的爭論，強調兩岸都是統一的主體，雙方平等身分共同設計、共同討論、共同建設、共同締造一個文明、民主、繁榮、富強的文化中國，才是共同實現中華民族偉大復興的正道。

　　中國大陸一貫強調兩岸同屬中華民族，增強兩岸民族感情、弘揚中華文化是解決兩岸問題的精神紐帶和感情基礎。2009 年 4 月 23 日臺灣《中央日報》評論指出，民族立場和內戰觀點，使兩岸關係有感情基礎和務實思維。臺灣學者湯紹誠也指出，兩岸對於國家概念敏感，爭議性極大，但中華民族內的兩個地區應是雙方都可以接受的安排，一中屋頂應有交集，若兩岸政治認同由國家層次提升至民族認同交集會較大，也有利於雙邊關係的發展。

　　大陸全國政協主席賈慶林在第八屆兩岸經貿文化論壇表示，一個

中國框架的核心是大陸和臺灣同屬一個國家，兩岸關係不是國與國的關係，增進臺灣民眾對中華文化和中華民族的認同，從而確保兩岸關係和平發展朝著和平統一方向穩步前進。大陸學者劉國深的國家球體論述也強調，追求兩岸中國人民更加美好的生活才是統一的最終目標，追求過程始終著眼於兩岸關係的和諧、穩定與共同繁榮發展才是復興中華文化的光明大道。

2. 臺灣認同偏軌迷失

(1) 教育設計

　　民進黨陳水扁執政經驗顯現去中國化和拒認中華民族傾向，並落實在最根本的教育課程設計上，使兩岸和平發展關係呈現停滯並倒退的疑慮加深加大，也使臺灣未來發展出現徘徊困境。國民黨馬英九重獲執政後，明確指出兩岸人民同屬中華民族，並以《中華民國憲法》為處理兩岸事務的最高指導原則，在遵循兩岸各取所需的「九二共識」原則指導下，兩岸和平發展受到極大鼓舞與關注，兩岸同步展現蓬勃生機，但對教育的正本清源卻仍顯備多力分，無助撥亂反正。

　　兩岸政治對立源自於對中華民族發展的不同立場與主張，主要是民族發展方法與途徑的不同，不是國家主權的基本歧異，但是 1949 年中共建政帶頭更改中華民國國號為中華人民共和國畢竟是個不可逆的事實，民進黨執政會有這種想法也是情有可原，中共明指民進黨這種作為是臺獨，也指責國民黨執政以中華民國為優先的作為有華獨嫌疑，這樣的指責與認知只會讓臺灣在民族復興的大道上越走越遠。

　　臺灣學者高建文認為破解兩岸主權觀念與政治制度分歧，是解決兩岸政治關係重回民族路徑的必經之路，兩岸或臺灣內部對曾經為有效解決兩岸交流事務建立的事實「九二共識」雖有不同的解讀，但對方的意圖也都心知肚明，則在民族復興的指向上努力求同存異應是可以接受的。

(2) 國族認同

李登輝執政初期，針對大陸問題曾於 1992 年成立國家統一委員會，並制訂國家統一綱領，通過關於一個中國的涵義，即臺灣固爲中國之一部分，但大陸亦爲中國之一部分；但經過 1996 年的臺海飛彈危機與總統大選，卻在 1999 年接受德國明鏡週刊訪問時，翻轉直指兩岸爲特殊國與國關係，一刀剪斷兩岸民族聯繫的臍帶。陳水扁執政後更變本加厲直接提出一邊一國主張，馬英九執政雖一再強調兩岸人民同屬中華民族，中國文化和傳統是臺灣文化的根源，不能否定自己的祖先，但所主張的法理互不承認、事實互不否認及用主權和治權區分解決分歧，以中華民國憲法定位兩岸民族關係，並沒有受到中共的特別青睞。

根據相關民調指出，大多數臺灣年輕民眾越來越不了解大陸，臺灣學者劉性仁指出，民調顯示，臺灣民眾並未因兩岸交流熱絡，而對中國大陸更加了解，交流熱絡卻沒有增進了解、提高善意，一定是某方面出現問題；大陸對交流的期待，希望增進認同，強化互信及民族觀，臺灣民眾則希望大陸對於臺灣自由、民主、人權等價值與制度能更深刻體認，對臺灣民意趨向更精準掌握。爲了民族共同復興與發展，兩岸執政當局值得投入更多更細膩的思維與作爲。

（二）現代化制度競逐

1. 臺灣西方民主制度隱憂

中國現代化進程起自 1861 年清室王族自省的西化「自強運動」，一貫自許的天下理念，開始接受西方國家地位的平等，進而免於西方列強的殖民欺壓。1919 年承繼王室自強運動擴大爲知識界的「五四運動」，把中國現代化推向第二個進程，進入中華內在文化的現代化，也在此時出現西方自由主義與馬克思共產主義兩種典範的爭執，最後變成資本主義與社會主義兩條發展路線與兩種政權體制的爭鬥，也即是現今兩岸的縮影。

　　轉進臺灣的中華民國政府，在李登輝執政以前，一直沒有放棄反攻大陸與三民主義統一中國的使命，就連李登輝剛執政時也有國家統一綱領的準繩，但在《中華民國憲法增修條款》通過後則開始有了較大幅度的方向轉變。李登輝總統直選後更起了很顯著的化學變化，1998年臺灣省被虛級化，2000年政黨首次輪替，國民黨一黨獨大的執政結束，2008年國民黨二次政黨輪替，2016年民進黨三次輪替，政黨輪流執政與完全執政的政治格局開始成形，且有臺灣執政黨的強烈趨同取向，成功的民主政治與經濟現代化成效卻成為滋長脫離中國現代化進程的支撐。

　　中華民國政府在追求國家地位發展目標不斷受挫，傲視的經濟現代化發展奇蹟也遇到了進一步突破的瓶頸，民主政治現代化發展更出現反噬的危機。臺灣經濟現代化發展起始點，出現在民主現代化發展停滯的兩蔣時期，現在則是經濟現代化進程衰弱，人民不僅出生即負債，基本工資更經年不見增長，臺灣西式民主現代化負面示範充斥，民粹更是氾濫，對大陸政治民主現代化的吸引力逐漸喪失。美國首屆全球「民主峰會」（Summit for Democracy）邀請110個國家及地區的政府、民間團體與私營部門領袖出席，討論「對抗威權」、「打擊貪腐」、「促進對人權尊重」等三大議題，臺灣雖正式獲邀，但臺灣民主政治發展種種背離自由民主的政策或措施跡象，如轉型正義的不正義、非法限制人民自由、非法打擊反對黨或政治對手、逕自開放爭議萊豬、關閉電視新聞臺、漠視公投成果與權益、直接指定候選人、網軍霸凌肆無忌憚等，顯示「不自由的民主」（illiberal democracy）或「民選的專制」（elected autocracy）已逐漸顯現，就如暢銷書《民主如何死亡》（*How Democracies Die*）所指，多數民主制度的死亡不是經過一次政變，而是逐步倒退，滑向威權主義。

　　臺灣民主政治現代化的典範彌足珍貴，如解嚴、開放黨禁、報禁、國會改革、總統直選、軍隊國家化、權力和平移轉等，但在民主價值深化時卻有走向不成功範例的強烈隱憂。民主政治現代化在臺灣已行

之有年，格於族群政治又自陷於本土價值的驕傲自大與便宜行事，雖對政黨選票可收一時之效，卻嚴重斷喪民主化與制度化的進程。第三波民主化讓各式各樣變異的民主政體逐漸現形，民主與專制不再一刀切，種種變異民主制度所催生的「混合政體」已開始萌芽，在國內外輿論監督下，能不斷改善並保障人民權益的民主政治，才是真正符合中國政治現代化進程的正軌。

2. 中國特色民本制度摸索

中共 1949 年建政後，曾在中華民族文化傳統出現背離與否定走向，歷經文化大革命的悲劇與災難後，雖仍堅守馬列主義，但已大步回歸中華民族傳統文化的大道，稱之為具中國特色的社會主義發展。

西方人所說的世界，在中國傳統文化稱之為天下，西方說的統一，明指的是狹隘的政治主權統一，中國人慣提的大一統，基本上是傳統中華文化相應於天命思想的體現，而有正統與非正統之別，爭正統成為中國政權正當性與合法性存在的根本。現代西方國家意涵在中華文化的脈絡只是朝代的象徵而已，1912 年建立的中華民國政府是朝代，1949 年成立的中華人民共和國政府也不過是一個朝代，都是在爭中國的天命正統。

中華民國政府視信奉共產主義、摧殘中華文化的北京政府為叛亂團體，中華人民共和國政府則認為臺北政府喪失整個大陸國土民心，天命已絕，基本上已被取代，只是像明末流亡的政權而已。不過，流亡臺北的中華民國政府，畢竟直到 1971 年才喪失中國在聯合國的代表權，1978 年雖然也喪失美國的邦交地位，但美國國內通過臺灣關係法的藕斷絲連與對立日漸尖銳化的中美關係，臺北的中華民國政府是否消逝，還在未定之天。

中國人所謂的大一統天命，真正追求的是一個以民為本、人民可以安居樂業的社會，就如臺灣政治學者張亞中所指，從人民角度鼓勵兩岸雙方爭天下，更鼓勵雙方爭正統，爭誰是任德不任力的正統，也就是鼓

勵雙方去爭哪一個政府有德，爭誰才能為人民創造更多的幸福，除非中華民國政府放棄大陸時期制定的憲法，背離中華民族歷史，那麼兩岸對於中國天下的所有權仍是重疊的，得民心者得天下。

中國天下屬於兩岸全體人民所擁有與享有，臺北主權互不承認說或北京不承認中華民國都不可取，兩岸分立分治的事實需要兩岸共同正視，特別需要中國大陸政權的體認與關切，中華文化追求的終究是文化、制度的統一，這是與西方追求武力統一（併吞）最大的差異，也應是中國特色民主制度協商式民主的重要取向。

協商民主主要是歐洲社會主義國家規範階級衝突、分享政治權力的重要形式，執政當局容許國家內部依種族、宗教或語言界限劃分多個主要群體，無一群體構成多數主宰，透過社會族群精英協商力求保持團結穩定。中國大陸認為政治協商會議符合協商民主精義，彰顯中國聖君王道天下的智慧，中國大陸自許共產黨領導為聖君治理，認定「協商民主」是指由中國共產黨領導的民主形式，中國共產黨領導的前提不能改變，雖然充滿爭議，但透過實踐是檢驗真理的唯一標準，中共政權正在努力驗證，以求符合中國民本特色的現代民主。

中國特色的協商民主，創造一連串的成就如 1964 年首枚原子彈的成功試爆、載人太空船「神舟七號」成功往返、2008 年北京奧運，使中國國家地位不斷提升，經濟國力也直追美國成為世界第二大經濟體，鄧小平改革開放戰略，彌合了中國五四運動現代化發展路線的歧異，並成為「第三世界」發展忠實的護衛者與支持者，不同於西方霸權發展模式的中國特色王道主義正在萌芽與接受試煉。臺灣學者李黎明指出，近代中國現代化的過程是一項客觀的事實，需要兩岸領導菁英對此一客觀事實的主觀共同認知，尤其在臺灣力量不足時，大陸接棒主導開創中國特色現代化的道路，更具重要歷史使命與民族復興意涵。

（三）兩岸經貿利益互賴

1. 大陸市場與品牌

中國大陸經濟從 1979 年實施改革開放迄今，在市場力量驅使下，成為全球最大的外人直接投資（FDI）吸收地區，製造能力快速提升，成為諸多工業產品標準化製程的最大生產基地，製造大國美名不脛而走。兩岸先後加入世界貿易組織（WTO），開放兩岸直接經貿勢不可擋，2016 年民進黨重獲執政，兩岸官方談話中斷，政治對峙造成官方不斷干擾，民間經濟動能卻持續增強，但具比較經濟利益的市場引導，使雙邊經貿交流大門持續敞開，貿易總額強勢增長，大陸已然躍升為臺灣最主要的經貿夥伴。

臺商在大陸投資地區首選也逐漸深入內陸廣大腹地，技術密集製造業比重大步提升。鉅亨網總主筆邱志昌指出，臺商母公司根留臺灣，臺灣接單，大陸生產營運模式普遍，大陸投資基本上是全球布局之一環，但臺商在大陸形成的產業聚落，隨著大陸「十二五規劃」政策實施，兩岸產業垂直分工將逐漸質變為競合關係，為互信薄弱的兩岸產業關係增加更多變數，加上區域雙邊或多邊經濟合作形成的另類貿易保護主義不斷增強，臺灣能仰賴的只剩下單薄脆弱且片段的 ECFA 關係，臺灣的產業優勢需要大陸的品牌和市場支持，兩岸合則兩利的基本格局將始終不變。

2. 臺灣依賴與倚勢

大陸學者徐博東根據相關統計資料指出，臺灣早期對大陸投資僅次於港澳，居大陸外來資金第二，臺商在大陸國際貿易總額與納稅額占比貢獻更功不可沒，大陸也據此成為臺商最重要的對外投資地點，也使臺灣對大陸市場形成高度依賴，兩岸經濟連動性更不斷升高。

隨著兩岸雙邊貿易快速發展，相互依賴度卻逐漸形成不對稱的格局，顯示大陸與臺灣貿易夥伴地位消長失衡越趨明朗與顯著，雙邊貿易商品結構悄然轉移，臺灣自大陸進口製造業半成品比重越來越高，顯見

大陸製造能力正快速提升。臺灣不斷修正大陸投資政策，企圖強力引導朝產業價值鏈上游提升與下游物流行銷及運籌管理轉型，尤其設法吸引大陸臺商資金回流，力促資金平衡雙向流動的措施不斷增強。

大陸產業發展由國家國營事業領軍，臺灣則彰顯上市櫃公司價值，美中貿易競合加劇，臺灣產業發展優勢離不開美日，面對貿易保護系統性風險，臺灣被迫選邊壓力不斷上升，兩岸雙方缺乏共識與互信，關係冰凍氛圍又持續不斷，唯一的突破點繫於中共對臺工作會議對臺商參與「十四五」規劃的支持。大陸維持「政冷經熱」和「軟硬」兩手策略不變，十四五規劃涵蓋半導體、新能源車、AI 和 5G 在內的新基建，為大陸產業發展重點，在美國運用臺灣籌碼加大抗中力度，臺灣親美抗中共識增強，臺灣依賴與倚勢如何平衡，並繼續破浪前行、互利共享，需要膽識與氣度。

第二節　安全威脅因子分析

壹、全球議題不確定發展

翁明賢指出，國際社會本質為無政府狀態，全球化發展並未促使「全球政府」出現，國家本身還是要靠「自助」才能追求其最大國家安全利益。2001 年 9 月 11 日美國遭遇國際恐怖主義攻擊後，世界安全局勢威脅專注全球恐怖主義擴展，北約組織（North Atlantic Treaty Organization）更藉勢東擴，歐洲聯盟（European Union）不斷擴大，激化亞洲以中蘇合作為主體的上海合作組織（Shanghai Cooperation Organization）強勢發展，亞太美日安保同盟（US-Japan security alliance）更日趨擴張性解讀，使全球發展充滿不穩定與不確定的競逐風險與陰影。

在此同時，抗暖化也超越太平洋等低地島國的關切，成為全球關注的焦點，巴黎氣候會議正義呼聲音量不斷擴大，太平洋島國首當其衝，

斐濟率先發起「太平洋島國發展論壇」（Pacific Islands Development Forum, PIDF），簽署全面禁止開發石化燃料公約，全面採用潔淨能源，正面迎撞澳洲等世界採礦大國，太平洋區域環境規劃組織（Secretariat of the Pacific Regional Environment Programme, SPREP），更協助印製小國談判策略和論述口袋書，擴大網路串聯聲援。

此外，發展中國家與低度發展國家與恐怖主義、毒品與人口販賣的合流，加上尖端技術的不當使用，已不再是單純的非傳統安全議題，而應正視為國家治理的發展問題。就連以歐美為主的已開發先進民主國家藥物過量致死的案例也在暴增，美國更把原因指向發展中國家的控管不力，除了指責臨界中南美洲國家外，更遠指亞洲中國大陸與東南亞等國。各國聯合緝毒呼聲不斷，中國大陸成立國家禁毒委員會，聯合國更成立毒品犯罪問題辦公室（UNODC）專司其事，毒品接連引發各種犯罪事實的國際爭端，新興疫情肆虐亦不斷增強，都已非單一國家所能有效消弭，須各國跨越安全藩籬侷限，推動國際發展議題合作。

貳、區域競合趨烈

安全研究議題自 1990 年代後，不論內涵或途徑，皆逐步走向解脫軍事戰略思維侷限的「綜合安全」主軸，呈現國家安全戰略多面向整合的戰略政策研究途徑。基於主流思潮的現實主義軍力利益觀或新現實主義的權力分配結構利益及新自由主義的制度利益關點或相關論述，威脅導向的分析角度，對整體國家安全面貌的研究有理論指引與視野的侷限，同時，功能主義與新功能主義的互賴效應，亦無法有效消除政治性的對立僵局。

印太區域小型乃至中等國家，基於本身國家利益無法排除其他大國的利益考量，「政冷、經熱」的國家安全戰略矛盾現象將是一種常態發展型態。國家利益考量主客觀利益現實需求，基本上不脫離國際社會結

構現況，霍布斯、洛克與康德三種文化狀態，體現爲敵人、競爭者與朋友三種身分轉變的競合型態是無法避免的。

一、陸海權合縱連橫加速

（一）中國強化雙邊地緣協作

1. 俄羅斯表態

俄羅斯與中國大陸有廣大國土的鄰接，與南亞大陸的巴基斯坦都號稱是中國的鐵桿好友，但從來不會逾越結盟的界線。中俄戰略夥伴關係20週年，俄國駐中國大陸大使傑尼索夫暗批美國是干涉南海局勢，造成緊張程度遽增的域外國家，俄羅斯在美中南海緊張情勢，始終扮演旁觀的第三者，俄羅斯是東南亞僅次於美國的第二大武器供應國，南海緊張對於俄羅斯獲益不亞於美國，2016年中俄兩軍在南海聯合軍演，對於美日聯合的威逼，俄羅斯的表態支持雖然象徵意涵多於實際，對於中國大陸地緣協作連接中亞等國戰略也不無小補。

2. 南韓選邊壓力

南韓是東北亞連接中國陸地的緊鄰國家，在中國大陸享有廣大市場之利，基於北韓的顧忌又懷抱統一使命，始終保持對中國大陸的親近態度，對於美國的美日韓聯盟促請，始終敬謝不敏，更多方迴避美日南海巡航議題，就連美國私下要求的口頭表態也不曾點頭，不過南韓畢竟是美國盟邦，隨著中美印太競逐日烈，南韓的薩德布署教訓與北韓核優先國家利益是否持續促使南韓堅守不選隊站邊的平和立場有待觀察。

3. 東協行為準則

1995年東協外長會議，中國大陸外長首度明白宣示的是，仰賴聯合國海洋公約精神和平解決南海爭端，而不是海洋公約文本。2002年東協十加一高峰會，中國大陸與東協十國共同完成「南海各方行爲宣言（DOC）」簽署，之後，雙方針對行爲履行內涵與規範多次分層協商，

2012 年東協本身金邊會議，因南海問題未達成共識，會後聯合宣言首度流產。

2016 年菲律賓南海國際仲裁案裁決前夕，東協外長磋商再度未能達成共識，除未發表聯合聲明，東協陸地與濱海國家立場更見分歧，更首指日本域外國家對東協施加壓力。2018 年中共與東協外長會議，新加坡外長終於宣布《準則》磋商過程取得重要突破，磋商文本草案達成一致見解，中國希望透過雙邊會談解決相關爭議獲得初步成效，也顯示東南亞國家不希望在中美之間被迫選邊站隊，區域內問題區域解決獲得初步共識。

臺灣的中華民國則對南海行為準則重申一貫的平等協商與共同和平開發立場，美國也呼籲遵守南海各方行為宣言精神，更主張不改變南海地形地貌、凍結島礁奪取與不採單邊行動針對他國經濟行為等具體作為。

4. 菲律賓搖擺

由於東協環海國家菲律賓前總統艾奎諾三世（Aquino III）長期抗中立場鮮明，在南海爭議獲得美國的背後支持後，向國際法庭大膽提出國際仲裁，盤算的是美國手裡緊握著國際規則的優先制定權，出乎菲律賓意料之外的是，經過國際一番激烈論辯後，透過各種官方聲明或外交渠道表態，明確支持中國大陸在南海仲裁案所持立場的國家，前後統計竟然有 66 國之多，依時間序列頗有一路由東方國家向西方國家發展的明顯趨勢，並向南擴及阿拉伯半島與非洲大部分地區國家，顯示中國大陸倡導的地緣協作戰略獲得顯著的支持與配合。

菲律賓終究不是美國，國際無政府主義仰賴國家權力評量的鐵則是相對適用的，中國大陸國力直追世界第一美國是現在進行式，面對菲律賓相對薄弱的國力，縱使明知背後有美國支持，中共還是選擇強勢應對，何況中國大陸在仲裁初期即已斷然拒絕，菲律賓終究不敵國際實力原則。尤其菲律賓為了勝訴更是私心作祟，輕浮的以臺灣太平島地位為

籌碼，反讓中國大陸順勢把司法仲裁途徑拖至領土主權與海域劃界場域，頓使司法仲裁原意蕩然無存，也給其他企圖運用臺灣為籌碼對抗中國大陸的國家一個重要的示警。

菲律賓是南海仲裁案的始作俑者，由美國鼓勵挑起，卻由中國大陸選擇突破。接替艾奎諾三世為菲律賓總統的杜特蒂（Duterte）回歸菲方獨立外交政策，力求自主決定菲中關係發展方向，並願嘗試支持中國大陸推崇的「雙邊對話」處理爭議的南海問題。

2017年中菲舉行第一次南海問題雙邊磋商機制（BCM）會議，隔年異地在菲律賓舉行第二次會議，會後的聯合聲明宣稱，中菲將加強海上對話合作，增進互信、共同管控防止意外事件、共同探討啟動油氣、海洋科研等合作事項，以維護和促進地區和平與穩定。2019年美國國務卿會見菲律賓總統杜特蒂表示，北京南海填沙造島，對美菲同盟構成潛在威脅，在與菲律賓外長聯合記者會強調「美菲共同防禦條約」（Mutual Defence Treaty）共同防衛義務，顯見菲律賓將持續在中菲雙邊經濟與美菲集體安全兩條軸線搖擺前行。

5. 日本軍國復甦

最困擾中國大陸地緣協作努力的是一海之隔的日本，日本是二次世界大戰中美聯盟的戰敗國，現在竟成為美國聯合對抗中國大陸的堅實盟邦，日本政界不僅念念不忘參拜靖國神社，更以修憲重拾軍國主義餘暉為志業，除積極在南海爭端漩渦湧浪前進，更提出鑽石亞太經營，結盟美澳、金援東協，更利用中印邊界衝突利誘印度向東發展，並頻向臺灣示好，意圖協助美國充當組建海域國家聯盟的前峰與主角，對沖中國大陸的地緣協作，使日益白熱化的中美衝突加劇擴大為印太區域的海陸爭鋒，頻頻突顯重燃受挫大和魂的躍躍欲試。

（二）美國擴大組建海洋聯盟

1. 複合挑戰

　　美、日、菲、澳逐漸成形的亞太巡航聯盟，是否進一步組建成圍堵中國大陸的海洋同盟，就看菲律賓的態度與南亞印度不結盟的歷史是否打破。2016 年美菲國防部長共同宣布擴大美軍駐菲基地輪調範圍並進行南海聯合巡航，美國並提供菲國感測器、雷達與通訊裝置，強化其南海監控中國大陸的能力。

　　美國太平洋空軍司令訪問澳洲，要求澳洲政府同意美軍空中加油機與 B-1 戰略轟炸機輪調部署達爾文港與亭德爾（Tindal）空軍基地，以縮減南海緊急應變航程，美國機艦自由巡航區域從南沙擴及西沙，是否指向中方所屬中沙群島黃岩島，成為美軍行動升級重要指標。

　　印度基於不結盟傳統，公開回絕美國聯合巡航邀請，澳洲雖對美日亦步亦趨，但希冀中國大陸的經貿合作與在野工黨對中國大陸的友善態度始終心存顧忌，南海周邊國家觀望多於參與，美國組建的海洋聯盟挑戰似大過於中國大陸的地緣協作。

2. 日本魯仲連

　　日本是美國組建海洋聯盟的重大推手，深認美國印太戰略與其鑽石經略密切相符，在美國政策激勵下，戰後日本成為美國在東亞最主要的軍事盟國，並積極尋求突破戰敗國憲法限軍的枷鎖，渴望重新躍上世界軍事強國版圖，日本一面頻頻指摘中國大陸南海軍事化，一面多方尋求協助周邊海域國家發展新式軍備武裝，突顯日本對南海與東南亞野心不減反增。

　　日本首先加強越南和菲律賓海域巡航護衛能力，接著與新加坡合作建立海盜信息中心，2015 年日越達成艦艇停靠金蘭灣協議，在完成解禁海外派軍行動修法後，2016 年戰後日本最大規模艦隊出現南海，除參加美菲年度「肩並肩」聯合軍演外，部分艦艇更首度停靠越南金蘭灣，形同日本航空母艦的「伊勢號」更參與印尼海軍舉辦的「科摩多」

多國海軍和平演習，日本戰艦與軍機頻繁環南海停靠並參與聯合軍演，日本不僅穿梭聯繫協助編組聯盟，更不避嫌擴大軍援東協南海聲索方反制中國大陸。

2016 年日本承辦年度 G7 外長會議時，不顧中國大陸事先警告和反對，主動促起發表吻合美國公海航行主張的《海洋安保聲明》，並呼籲履行國際法庭的南海仲裁，會後聯合公報更充滿警示性語句與意涵，日本藉美方之勢，連動東海與南海，進而鼓勵臺灣挑動臺海，使三海連動以坐實美國印太海洋聯盟意圖明顯。

2012 年 12 月日本安倍首相第二次上臺提出「安全保障鑽石構想」，以日、美安保為基礎，連通澳洲並邀請印度構築美、日、澳、印菱形保障，以有效制衡中國大陸海洋擴展。2014 年日澳升級為特殊戰略夥伴關係，並啓動形同軍事同盟的《訪問部隊地位協定》磋商，澳洲繼美成為日本最緊密合作軍事夥伴。2015 年 12 月起，安倍接連與印度和澳洲完成首腦會談，日澳聯合訓練新協定快速進入雙方議程，2017 年 1 月，日澳完成《軍需相互支援協定》簽署之後生效，日本陸上自衛隊首度參與美澳聯合軍演，日本進一步尋求美日澳印四國戰略對話與構建覆蓋面更廣的安全合作機制。

2018 年 1 月 18 日澳洲總理滕博爾（Malcolm Bligh Turnbull）受邀訪問日本，承繼澳洲前二任總理，成為日本國家安全保障會議（NSC）第三個受邀的外國領導人，日澳首腦聯合聲明，雙方確認從數量和品質上加大軍事領域合作，包括日澳空軍聯合演習，並對日澳《軍需相互支援協定》生效表達歡迎之意。同日，日自衛隊統合幕僚長河野克俊出席印度安全論壇，之後日印首腦會談，安倍提到推動日美印英文字首組合的 JAI 合作，並定期參加美印馬拉巴爾聯合演習。

3.印度關鍵走向

美國組建海洋聯盟是否順利擴及印度洋，印度態度扮演關鍵角色。印度首先對美國太平洋司令哈里斯重啓日、澳、印、美海軍非正式

戰略聯盟提議，持謹慎態度，2007 年安倍即首度提出相關想法，印度對聯合巡邏甚或更中立的反海盜議題始終未表態。2013 年 5 月 4 日日本副首相麻生太郎首先訪問印度，中國大陸總理 21 日隨之到訪，29 日印度總理接著訪問日本，同年年底日皇明仁夫婦訪問印度。2014 年印度新總理莫迪搶在習近平到訪前，先行訪問日本，日印兩國並達成印度洋海軍定期軍演協議，進而冀望達成定期外交國防二加二會談，隨著中日兩國競相出訪印度，印度顧忌中國大陸一帶一路經略勢力在印度洋的擴展，與中印邊界衝突歷史問題難解，印度傾向日美聯盟制衡中國似乎更形迫切。

4. 北約長臂奧援

北約組織主要目標防範蘇聯武力進犯，二戰後由美國一手主導在歐洲成立，本來軍事組織性質定位明確，蘇聯主要目標瓦解後，北約組織沒有隨之解散，反而逐漸東擴並溢出軍事範疇。2016 年第 15 屆「香格里拉對話」，美國防長會中提出建設亞太地區原則性安全網絡倡議，建立排除中國大陸在外的亞太版北約意圖明顯。

北約軍事委員會主席帕維爾（Barry Pavel）除直接批評中國大陸不接受南海國際仲裁加劇南海不穩定外，英、法、德更先後宣布派遣艦艇通過南海，呼應美國「航行自由」，北約海上力量東擴加入呼應美國航行舉動，俄烏戰爭又不缺北約積極支援身影，北約似已成為當今美國海外抑制中俄競爭對手的政策工具，顯見北約後續整體決策偏向美國組建海洋聯盟趨勢將日益彰顯。

二、南海局部熱點針鋒相對

美國有謀略的依序組建海洋聯盟，首先藉勢運用菲律賓、越南現有爭端，接著，順應日本修憲解除戰後枷鎖企求，然後鼓勵澳洲跨界近接支援，最後誘引印度東進，美國則在後從容操盤。美國盡情揮灑獨霸權

柄，以優勢海權支撐美國國家利益操控國際規則獨擅權，強力尋求國際法律途徑瓦解中國大陸歷史法理正當性。

菲律賓南海國際仲裁雖無法達到更改中國大陸歷史主張的目的，但總是對大陸形成強大的國際壓力，尤其波及臺灣中華民國政府的堅定立場，海洋聯盟加上民主自由的呼喚，對身處海隅的中華民國政府，的確構成難以阻擋的吸引力，持續鼓勵並煽動臺灣中華民國政府更改南海歷史主權立場，更是美國始終不棄的目標，何況陸海權新冷戰態勢正在醞釀與加速成形。

聯合國貿易與發展會議統計資料顯示，南中國海（南海）地區的海上貿易額常年超過全球年貨運總量的一半有餘，龐大的航運量使航行自由備受各國關注，聯合國海洋公約對此規範指出，只要適當顧及所屬國權利與義務，經濟海域的公海航行自由沒有任何爭議。

美國聲稱的航行自由，指的明顯不是合法貿易阻撓，而是排斥監偵活動，美國逕自解讀航行自由包含和平時期的軍事活動、軍事監視調查等活動，顯然有夾雜強權放大解讀之嫌，日本仗恃日美安保條約保障，稱譽美國自由巡航為保護開放、自由、和平海洋的國際協作之舉，國際海洋公約針對專屬經濟區內涉及漁業糾紛，同意採行經濟處罰手段，印尼卻首先在南海動用軍艦抓扣中國大陸漁船，遂使中國大陸因而堅守南海祖權之守護，南海局部熱點針鋒相對將越演越烈。

（一）美國自由巡航質變

1.美國規則建構

美國長久對南海島礁與海域主權歸屬爭端，始終採行不持立場也不介入政策，隨著中國大陸不斷崛起，美國重新啟動亞太再平衡政策，2012 年中國大陸收回菲律賓黃岩島後又加大重要島礁軍經基礎建設，南海問題成為地區重要熱點。

美國主觀認定中國大陸南中國海（南海）主權政策能量與意圖異於

周邊國家，公開指責中國大陸違反合作外交努力，造成區域緊張升級風險。2013 年美國南海政策重申對主權爭議不持預設立場，但強調持續維持南海自由航行以保障國家利益，特別反對使用武力威脅宣示主權，強烈主張有關爭議解決的多邊安排，對於雙邊或單邊擅自解決不僅排斥而且堅決表示反對。

　　2016 年美國與東協 10 國峰會，宣稱南海議題焦點是南海國際規則以及法律行為規範，中共軍機自永暑礁執行後送任務，美國國防部提出嚴正抗議，質疑中共軍事宣示動機，顯見美國主要作為除置於歷史主張歸零，南海現狀固化，據有島礁就地合法外，相關國際規則須由美國主導解讀與監督奉行。

2. 指向性自由巡航

　　美國自由巡航指向意圖明顯，且步步進逼。2015 年 10 月美軍首次出動「拉森號」（USS Lassen）驅逐艦實施自由巡航時，一視同仁，彰顯美國南海公道主張，巡航分屬中國渚碧礁、菲律賓北子島與越南南子島、奈羅礁與敦謙沙洲 5 個島礁，但 B-52 戰略轟炸機飛航中國南海島礁 2 浬則聲稱誤入。2016 年 1 月 30 日美軍柯蒂斯‧韋伯號（USS Curtis Wilbur）驅逐艦航近西沙中建島 12 海里內，中國大陸、臺灣、越南三方皆聲稱擁有該島主權，但實際控領的是中國大陸，美國雖再度聲稱沒有偏祖，但偏向意圖似已顯露無遺。

　　美國從南海旁觀者轉型喬裝中立者，進而捺不住強力扮演制衡者甚至宰制者，現在則是赤裸裸的南海國家利益操縱者。美國國防部公布的「2015 年航行自由」（Freedom of Navigation）成果報告，總計自由航行全球 13 國，南海區域就占了 6 國，包括中國大陸、臺灣、印尼、馬來西亞、菲律賓與越南，一貫強調美軍的自由航行行動，是調整兵力布署與任務調配政策的重要參考。

　　歐巴馬執政全期，南海自由巡航約略 5 次，川普第一任初期，航次不僅超過歐巴馬時期，巡航力度更為強大，2016 年 3 月 1 日更首次出

動戰力完備且規模最大的航母戰鬥群，顯然已超出單純的自由巡航，而是貨眞價實的聯合軍演與火力展示。

2016 年 4 月 7 日美軍無人艦「海獵人」號（Sea Hunter）下水，爲印太海域布署無人艦隊自由航行暖身，美海軍第三艦隊與第七艦隊的共同巡航亦布署就緒，美國認爲南海聲索國要求外國機艦行經島礁附近，應「事前獲得批准」或「事前通報」，違反《國際法》保障的航行自由權，《國際法》許可的任何地方，美國將永不會放棄飛航、航行與行動權益。

3. 聯合軍演載臺

2017 年美國川普總統進一步把歐巴馬時期的南海航行自由計畫決策審批權，由白宮一案一審，改依年度計畫下放五角大廈和美國太平洋司令部執行，並將南海聯合巡航協調機制，改採外交與軍事共同聯合作爲。

美軍「史坦尼斯號」航母戰鬥打擊群開啓南海巡航後，日本亦編成準航母戰鬥打擊群參與印尼及菲律賓聯合軍演，進而觸動南海各國軍事競賽加劇。越南海軍蘇愷-30 戰機飛越南沙南威島，菲律賓加強添購各項反潛軍備，印尼在納土納群島部署 4 架阿帕契直升機戰隊，南海被西方媒體視爲第三次世界大戰的火藥庫、引爆點。

北京堅持南海是中國大陸核心利益，不斷深耕固化島礁祖權，美國強調自由航行是重要承諾，進而質變南海自由航行爲聯合軍演載臺，以廣布中國大陸包圍網，中國大陸則回以南海島礁的實控與固結。

（二）中國島礁祖權固化

1. 國際法例有據

中國大陸持續強化南海島礁與海域實控，美國國務卿與白宮發言人則先後強硬表態，全面阻斷中國大陸占領所有島嶼。2010 年美國歐巴馬政府啓動亞太再平衡後，美國南海政策改採直接插手與強力干涉，連

續發表的國家重要戰略文件都顯示南海問題占有重要地位，南海更與北韓核、恐怖主義等並列為主要威脅。

中國大陸外長王毅於 2016 年中美外交部長會談時即明白表示，大陸依法有權維護歷史主權和正當權益，南海非軍事化需要各方共同努力，中方希望少些抵近偵察挑釁與先進武器炫耀，中國堅持根據國際法享有航行自由，中國大陸有能力也有信心與東協國家努力通過對話管控分歧，通過談判解決爭議，共同維護南海地區和平與穩定，會見新加坡外長時，除了重申前述要點，並再次強調依 DOC 第四條規定運用雙軌思路推進接觸與合作。

中國大陸國新辦於南海仲裁宣判次日，綜整政府南海相關聲明與官方文件，正式發布《中國堅持通過談判解決中國與菲律賓在南海的有關爭議》白皮書，除再度重申南海各方行為宣言精神與法律效力外，特別指稱中國大陸對南海九段線的歷史性權利主張，源自一般國際法與歷史既有慣例，《聯合國海洋法公約》通過時，已明載中國有關領土主權與邊界劃分的法理侷限與爭議，尤其法律不溯及既往的根本原則更不能受到侵犯與踐踏。

2. 島礁立體固化

中國固化島礁主權成效，就如日本防衛省《中國安全保障報告 2016》所述空天海陸一體，除努力軍隊一體化改制外，並加速國產航母及潛艦現代化，走出沿海侷限擴大溢出到太平洋島鏈，進而深入南海與印度洋，以加強南海領土實控與話語權。

2016 年中國大陸於南沙島礁實施大規模聯合軍演及巡航，海陸空天並舉，為提升亞太海上投射和兩棲攻擊能力，更積極組建全方位遠洋艦隊，半潛船（Semi-submersible）出塢，證明已有能力裝載甲板潛入水中，成為支援軍事兩棲運用或人道救援任務的有力基地與工具。

中國大陸目前在南海除了南沙空域及黃岩島尚無法有效掌控外，北部空域已設有兩個涵蓋中沙與西沙群島的飛航情報區，能充分掌握南海

大半飛航資訊，紅旗 -9 發射器 8 具進駐永興島東北角，環島四周空域處於有效探測與雷達照射範圍，核潛艇搭配新型中程導彈，已在南海周邊海域開始戰鬥巡邏。

為進一步強化對南海島礁實控，具偵察、補給與測量不同功能的 3 艘軍艦同時命名授旗入列，島礁重要訊號接收發射塔、燈塔及雷達等設備一應俱全，搜索雷達、火控雷達與隱形艦炮部署完備，首款成功研發的多功能大型水陸兩棲輸具「蛟龍 -600」（AG-600）搭配引進的「野牛」氣墊登陸艦與反潛協同，顯見中國大陸掌握南海企圖與能力日漸相符。

3. 和平用途轉化

南海上空位處國際繁忙空域，中國大陸早在 2012 年即在中共中央成立中央海洋權益工作領導小組辦公室，第 18 次中共全國代表大會將建設海洋強國，提升至國家發展戰略高度。

中國大陸綿延不斷的海岸線與廣闊海域，為大陸發展海洋經濟提供重要支撐，2013 年大陸開始大力整合海洋事務機關，重組國家海洋局並實施海警局掛牌運作，相關島礁建設同步加強軍民通用職能，並動工興建連綿海域的海上浮動核動力平臺（核電廠），開展南沙國際航運中心，相關燈塔設施、氣象站、海洋觀測中心與科研等建設陸續完工啟用。

2016 年永暑、美濟、渚碧礁等主要島礁機場成功試飛民航，大幅提升南海地區多功能空中交通公共服務能力，島礁大型多功能燈塔投入使用，各項海事航運行動功能與效益亦大為增加，深具國家二級醫院水平標準的永暑礁醫院正式啟用，便利的通聯與民生設施不斷修繕與增建，南沙島礁國際海空運能力大為增加與充實。

2004 年 7 月中國大陸即成立專責研究南海相關議題與政策的中國南海研究院，中國大陸教育部並委由南京大學結合海軍指揮學院、南海研究院共同成立南海協同創新研究中心，專責南海研究人才培養與國際

交流等課題。

2012 年西沙群島永興島正式建制海南省三沙市政府行政組織，負責主管南海島礁行政事務，三沙市除建有南海常規軍備巡邏制度外，各項建設兼顧國防與經濟發展需求，三亞至西沙永樂群島郵輪旅遊航線開通後，開放觀光引入多元旅遊項目更爲努力方向，海上民兵護漁發展模式亦日臻成熟，張良福指出，大陸以漁村爲基礎，依船編組、以船定兵編組模式，正式補貼成立「三沙海上民兵連」，進行建制護漁行動與訓練，海上民兵有助爭議島礁實控與活絡海域整體經濟，成爲中國大陸在南海重要的聯繫網絡與前鋒力量。

4. 兩岸內戰遺緒

臺灣是中國大陸南海作爲的軟肋，美國一面警告臺灣勿與中國大陸共同面對釣魚島爭端，一面促使日本和菲律賓與臺灣簽定漁業協議，威脅利誘不斷敲打，就是設法全面瓦解兩岸聯防。

馬習會後，馬英九不理會美國政府勸阻率團登臨太平島，擴大宣示主權，美國之後的反制，也迫使馬英九政府對南海歷史水域主張與立場轉趨模糊與淡化，改循民進黨領海法主張，依國際法強調實占原則。

中華人民共和國於 1971 年承接中華民國政府在聯合國的中國席次代表權，南海相關中國的歷史權利由中華人民共和國承接，不脫國際法理正當性與合法性，但兩岸遺留的內戰問題尚未解決，也是不容否認的客觀事實，中華民國政府立場鬆動，不僅損及中共國際聲明與主張，亦提供第三者可乘之機，站在中華民族立場自然不容任何一方疏失。

2005 年 7 月 11 日是中國航海家鄭和下西洋 600 週年紀念，爲彰顯鄭和船隊不同於西方殖民之姿的東方儒教禮儀精神，所表現出的一種和平、包容的海洋文明，中國大陸國務院核定，每年 7 月 11 日爲中國「航海日」。

中國大陸外交部發言人在 2016 年馬政府率團登上太平島時表示，兩岸中國人有責任且須共同努力，將南海中華民族祖產，建設成和平之

海、友誼之海、合作之海，解放軍《環球時報》更發表讚賞社評，中國騰訊網亦不避諱秀出中華民國國旗與表述「中華民國」。

中華民族歷代子孫爲旱勞所苦，偉大復興的小康社會，是中國人一貫的夢想，共建共享聯通聯網的和平發展路徑，將是兩岸與世界的唯一選擇，「雙軌思路」更不失爲解決歷史沉痾問題的重要出路。中國大陸先前公布的《海警法》與近日修訂的《海上交通法》，聲稱適用海域範圍皆指向內水與領海，包括中共在東海與南海所畫定或主張的內水與領海，海事管理機構針對非本國船隻通行主要權責爲督促報告、監督檢查，違法令其離開，外國籍公務船舶則依法處理，軍用船舶適用有關法律，顯然留有協商談判空間，究竟是暢通海域自由航行的重要保障或海洋合作發展的干擾，有待時間進一步證明。

5. 大陸加壓臺灣轉向

中共機艦近年頻繁進入臺灣海空域，尤指 ADIZ（西南空域及東南），不理性聲音夾雜重大政治議程不時上演，兩岸緊張情勢被迫節節升高，臺灣政治取向更日趨滑向疏遠大陸，亦即強調維持現狀與主權安全，加上自由民主價值的催化，進而全面轉向美日的不歸旅程（詳如圖：臺灣政治取向圖）。

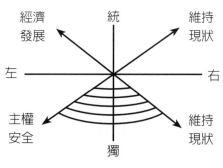

臺灣政治取向圖

資料來源：筆者自繪整理。

臺灣民主化與本土化在政府教育體制有計畫的引導下，已有日趨國族化的深化傾向。中華民國政府轉進臺灣後，與美國長久的盟邦及軍購關係，使臺灣上層領導結構深受美國戰略文化影響，不僅美化美國盟邦日本，甚至喪失質疑美國戰略背後意圖的動機與能力。

兩岸政府分治現狀引領人民統獨分立認知，造成國家身分認同內化與異化，國家利益取向飄忽游離，既處於主權爭議與軍事敵對，又處於經貿互補互利，短視近利日蹙，進而受制於人日窮，既未在兩岸經濟互利熱絡並堅持中國統一指導原則時，展現氣度，轉化「歐洲統合」（European Integration）氣勢，也未藉助臺商大舉西進兩岸垂直發展，有效整合兩岸區域經濟板塊，贏得大陸廣大人民尊重與支持，反而迷戀主權安全論述，使臺海飛彈危機籠罩，而臺獨、華獨滋擾不斷。

兩蔣時期，國際冷戰、兩岸敵對，但國家身分統一，顯見軍事武力不是唯一，福國利民的經濟建設才是王道，因而才有之後的探親交流；李登輝主政 12 年，美國獨霸、兩岸和解，但國家身分開始異化，顯見民主深化誤入本土化，臺灣經濟優勢助陸才是王道，戒急用忍阻斷民主和平政權移轉實效，造成主權臺灣風行，兩岸對立對抗深化，縱使馬英九曾重獲執政，九二共識終究搖搖欲墜，臺灣拱手坐失政策對話話語權，徒喚奈何。

第三節　發展方案

壹、全球議題利益合作

中美兩國在《上海公報》建交後，以相互尊重、合作共贏模式走向當今世界兩大經濟體，卻在全球化日亟之時，面臨大國關係轉折，乃至對抗風波。

中美已陸續建立出經濟、商貿聯合委員會與文化論壇、人權、戰

略暨經濟對話等近 60 多個各種形式的對話磋商機制，對話領域涉及防務、安全、人權、經貿等多方面議題，一旦對抗日烈，不僅兩國同受其害，全球亦蒙其殃。

2005 年美國善意將中國大陸定位為「負責任的利益攸關者」（Responsible stakeholders），隨著中共自信日增、應變多方，國際輿論各擁「北京共識」與「華盛頓共識」，進而分庭抗禮，不脛而走。

臺灣戰略學者李黎明指出，2008 年美國主要媒體擴張解讀伯格斯坦（C. Fred Bergsten）的「G-2」（Group of Two）（兩國集團）與弗格森（Niall Ferguson）的「Chimerica」（中美國），拋出「中美共管」太平洋試探性主張，旨在強調中美兩國之間的相互依賴與合作夥伴關係，既不是競爭對手更不能是對抗敵手，美國總統歐巴馬（Obama）與中共國家主席胡錦濤共同宣布推動的「中美戰略暨經濟對話」（U.S.-China Strategic and Economic Dialogues）使兩國戰略夥伴關係更形邁進。

大陸中評社論更指出，中國大陸的「中美協合」（C2）概念，與其所引領發展的協商式民主，不僅有助突破傳統大國對抗衝突的陷阱，更有助發展中國家內部國家治理效益的提升，協調合作對全球各議題利益的重要影響與助益，顯現出的是全球議題利益共享的堅定立場，才是顛撲不破的全球王道。

COVID-19 的流行，再次提醒世界「健康一體化」（One Health）的重要性，世界衛生組織（World Health Organization, WHO）更針對全球疫情不斷的肆虐發展，發表「2021 年十大全球衛生議題」，在成立數位健康部門加強各國健康數據與資訊系統的連接後，將進一步規劃建立全球等級的生物銀行（Bio Bank），共同討論細胞與基因療法的管理與應用，進而將 2021 年訂為全球健康照護人力年（Year of health and care worker），力推達成全民健康覆蓋（Universal Health Coverage, UHC）以強化重視健康照護人力權益的呼籲。

貳、區域經貿利益競合

美國具有全球戰略利益，宣稱重返亞太旨在抑制並平衡中國大陸的強勢發展，不論是亞太或印太區域乃至全球多邊區域，經濟需要中國合作，安全仰賴美國支持，政經分離發展，是無法阻擋的趨勢。

意識形態的歧異，曾造成長期的冷戰對抗，意識形態的尊重與求同存異，也化解了冷戰的嚴峻與敵視，戰略互信與互疑，就在一念之間與一線之隔。極權世界的正反合論辯與自由世界的競爭合作依存，並沒有特別的不同與歧異，也不是平行而沒有交集，因此，經貿利益合作而政治不和，實力爭鬥而不兵戎相見的灰色利益競合與共享，是現存常態，也是共同努力方向。

美國歷任政府與中國大陸在戰略關係定位，經歷「孤立與遏制」、「建設性合作夥伴」、「戰略競爭對手」、「利益攸關方」等調整變化，但從不放棄對臺軍售與政策口惠臺灣。美國印太戰略，政治與安全結盟意涵顯著，中國大陸帶路經略經貿實質利益共享，政治虛消、經貿實長將日趨顯著與明朗，要關注的是，結盟伴生的軍備競賽利益花落誰家，與經貿發展衍生的債務陷阱補救力道。

中美兩國價值體系和意識形態的衝突顯現在貿易戰，也應現在兩國防疫的社會和政治差異，但在中國努力宣傳國際合作共同對抗疫情時，美國則強調「美國優先」的單邊主義，並把新冠疫情看作是外來威脅，幾乎未曾提及展開國際合作內容，美國近百名戰略界人士聯合發表聲明，呼籲美中加強防疫合作後，除美國兩黨人士表示支持，中國對此更表示讚賞和歡迎，事實上，疫情期間，中美兩國元首電話聯繫並未間斷，兩國衛生部門和防控專家也一直保持密切聯繫，並召開多次視訊交流會，可見中美的競合將是一種常態發展。

參、兩岸優勢利益競爭發展

　　臺灣面對全球議題利益合作與印太區域競合利益的發展，應有兩岸彈性利益抉擇的認知與準備。要認知的是臺灣在兩岸該競爭的真正利益是什麼？優先次序與輕重緩急該如何判準？中華民國主權利益論述逃避不了兩邊落空的紅色質疑，臺灣主體利益論述掩蓋不了華獨與臺獨烙印，九二會談是否存在九二共識容或存有爭論，但指引求同存異交流經驗，畢竟是鐵錚錚的現實與事實，在「中華民國」與「臺灣」統獨與左右主體論述與教育途徑中，掌握臺灣國家安全、現狀與發展的契機，努力形成健康海洋自由民主經貿的國家利益，應是維護臺灣國家安全與發展優勢利益的重要憑藉（參見下圖臺灣優勢利益建構圖）。

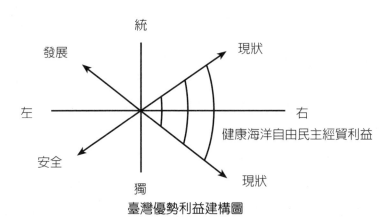

臺灣優勢利益建構圖

資料來源：筆者自繪整理。

一、民本正統文化

　　首先要關注的是西方民主自由制度的利弊，新冠疫情重塑美式自由民主與中式菁英極權體制的世界認知結構，美式民主未必獨步全球，中式菁英極權也未必一無可取。新冠疫情來襲，中國大陸以超高效率，

上下同心，各省相互支援，武漢病毒對抗，短短 76 天就度過最困難時期，緊接著與周邊鄰國南韓共商聯防聯控機制，派出醫療專家團前往各受疫國家支援，國內則規律復工復產，大膽實施人民銀行降準，吸引國際資金轉向，推出新基建擴大內需。

反之，美國引以為傲的民主實績，卻頻頻出現多重制度缺陷，造成難以估算的財政損失與人命喪失，在國際輿論頻頻興起對美國為主的自由民主制度抗議不力與政策失當的指責聲浪時，臺灣卻在第一波疫情為自由民主世界寫下抗疫成功的範例，成為自由民主制度抗疫成功的驕傲，但在接續而來的變種疫情與疫苗新創戰役，則備受爭議，顯見西方的自由民主制度也有其難以克服的缺陷，尤其民粹主義的風行，更使民主災難不絕如縷，中國民惟邦本、本固邦寧的正統文化思想，仍是檢視自由民主制度的重要標準與鐵則。

二、兩岸海洋發展共享

在海洋經貿利益的發展上，《兩岸經濟合作架構協議》（ECFA）顯然已難有進一步之突破與發展，亞太經合會議（APEC）開拓空間應屬有限，上海博鰲會議成為兩岸民間年度經貿盛事，應可預期。

（一）大陸和平海權發展

中國大陸基於中國傳統海疆衛戍失利招致民族恥辱的歷史教訓，對於海權發展不遺餘力，隨著第三艘航空母艦下海日子不遠，中共外交部發言人聲稱沒有國際水域，顯現的是強烈維護海權發展的期盼。中國大陸 1996 年批准《聯合國海洋法公約》，在批准前的 1992 年 2 月制定《領海法》，為自己聲稱的海洋國土，整合領海、鄰接區、經濟海域，並在海外展開港口整建的海權戰略發展順利鋪路，但 2013 年中國大陸習近平提出共建一帶一路倡議時也指出，當今世界須具備戰略眼光，樹立全球視野，要有風險憂患意識，也要有歷史機遇意識，在一帶一路項目建

設上下功夫，推動多元領域交流。同年的國際軍事圈基於軍人提高身體能力、強化戰技與特殊專業技能也出現一個新名詞與新運動「軍事體育」競賽，2015 年經由俄國首屆「國際三軍大賽」的推展，從此開展每四年一次的「世界軍人運動會」，馬漢「海權論」對英國艦隊打敗西班牙無敵艦隊的重要啟示，指出海軍的力量主要出自國家海域生活的孕育，足見大陸發展和平海權，不僅可有別於西方海上霸權的發展路徑，更將是其國家整體和平發展的重要佐證。

中國大陸取代日本成為世界第二大經濟體，主要靠的也是對外海洋經貿利益。中國大陸出口額大半經過印度洋進入中東、非洲及歐洲，三分之二以上能源與原材料進口，也是經過印度洋進入大陸。中國大陸海岸線連綿一萬八千餘公里，含攝內海、領海及專屬經濟區與星羅棋布的五千餘個島嶼，海洋國土面積廣達三百餘萬平方公里，加上劃歸其管轄之專屬經濟區、大陸架面積，海域資源豐饒不在話下。1992 年中共頒布《領海及毗連區法》，領海範圍劃分直抵日本、琉球、菲律賓及臺灣等地，雖不免仍存朝貢天下的餘毒，但投入海權經略的同時開展海洋和平健康用途也不遺餘力。

中國海洋事業發展白皮書明示開啟「南進、東出」新海洋發展構圖，上海深水航道洋山港啟用，跨出擴大海洋經貿的第一步，南海艦隊跨境遠赴亞丁灣打擊海盜，展示經貿護航決心，跨越臺灣海峽中線、突破第一島鏈、躍向第二島鏈與美國共創太平洋盛世，也不僅僅是軍威宣示，更有連接歐亞經貿的宏願。中國大陸「東出」太平洋，借道臺灣是天經地義，就連日本所屬海域也是必經環節，臺灣戰略學者王崑義所指的中國破冰艦、海洋科學船多次出現臺海海域，及新進多次進出臺灣西南空域的相關舉動，要高度警覺卻也不須大驚小怪，畢竟海域資源開發與島嶼主權爭議，使海洋發展問題日趨國際化與多元化，已是不爭的事實。

大陸福建馬尾是中國近代造船及海軍發源地，中國大陸成立「平

潭綜合實驗區」，把離臺灣最近的平潭島作為探索兩岸合作新模式的示範區，並作為《兩岸經濟合作架構協議》（ECFA）框架下的「兩岸共同家園」試驗區。平潭海域面積 6,064 平方公里，為福建第一大島，是大陸與臺灣本島距離最近處，從臺灣臺北港搭渡輪到福建平潭，約只需 3 小時，兩岸構築海域一日生活圈並不困難，新竹市離平潭更近，只有 68 海里，搭船僅需 1.5 小時至 2 小時，平潭和福建由環狀交通網連接，是大陸福建連接臺灣海域共創兩岸海洋發展的重要紐帶，尤其對各級學校戶外教學與畢旅活動可提供兩岸海上交流重要聯繫橋梁。

（二）臺灣海域活動開展

臺灣國家發展委員會「國家永續發展願景與策略綱領」明確指出，臺灣屬於海島型生態系統，擁有豐富水域、海域觀光遊憩資源，具有充足條件發展水域相關產業，1998 年臺灣召開「國家海洋政策研討會」，接著公布《海洋政策白皮書》，成立「行政院海洋事務推動委員會」，並訂定「海洋政策綱領」，推動部會海洋事務政策發展規劃方案。2003 年臺灣教育部公布《海洋教育政策白皮書》，交通部觀光局更大力鬆綁許多水域活動場所規定，經濟部商業司對水域活動業者更制定規範並開放營業登記。

《2006 年國家安全報告》也指出，臺灣四面環海，又位處南洋、西太平洋與東中國海地域連結點，以及大陸東出海洋第一島鏈樞紐的關鍵地緣位置上，又經逢近代西洋大航海時代資本主義世界體系擴張的歷史因緣，海洋成為臺灣近代歷史發展的重要舞臺，不是狹小的臺灣本土。臺灣專屬經濟海域近 54 萬餘平方公里，海洋互賴跨越陸地鄰接具有跨域、多國之色彩，非單一國家所能獨自處理，更不能置身事外，特別有求於國際合作建制。

臺灣在成立海巡署後，陸續成立多處海洋國家公園，進而成立海洋事務委員會、地方政府港務局相應更名海洋局，行政院更擴大舉辦向海

洋致敬多重活動，種種跡象顯示，臺灣正在展現擺脫大陸政權格局，邁向海洋拓展的新氣象，臺灣是否可以海洋立國姑且不論，但海洋經貿利益與多元活動開展，確實是臺灣不得不發展的優先選項，尤其不會有像晶片受制於國際強權的隱憂。

段念祖指出，臺灣進出口貨物約 99% 靠海運，西岸三大港口（高雄、臺中及基隆港）吞吐量，即占全國海運吞吐量 90%，尤其高雄港更具中介中國大陸與歐美地區經貿發展的優勢港口。兩岸雖都聲稱擁有南海 U 型線的傳統主權利益，但都一再強調本著擱置爭議、共同開發的最高指導原則。《聯合國海洋法公約》是國際解決海域爭端與實現海域合作的《海洋憲章》，中國大陸延續中華民國政府先於《聯合國海洋法公約》公布的大量巡航、研究、繪圖歷史成果，已長久在那裡從事海上安全、緝捕海盜、保護漁民、海上測量等主權管理活動，臺灣實占的東沙島與太平島也未受到不利的挑戰，臺灣更率先釋放善意，改派海巡公務單位替代軍方巡守，若因而能進一步以本島港口與離島為腹地，東連歐美、西接中國大陸海域發展健康海洋事業，將充分彰顯臺灣健康海洋發展優勢。

2008 年兩岸實現空運直航、海運直航和直接通郵打破兩岸阻絕，臺灣與大陸重新隔海跨接，兩岸交流門戶大開，大陸遊客旅臺不絕如縷，兩岸合作曾有一片榮景，之所以戛然而止，主要仍是主權利益優先作梗，其實臺灣主權利益如何精算，是個可以討論甚至可以論辯的公共議題，而不是最高決策體系的禁臠。

2015 年立法院已三讀通過《海洋委員會組織法》統籌海洋事務總體發展，海域活動的法令突破，被視為臺灣海洋發展的重要觀察指標。根據行政院農業委員會及各縣市政府公告，臺灣重要遊艇發展基地約有漁港 21 處，遊艇製造公稱是臺灣的強項，臺商更前進大陸廈門海滄設廠，為建構兩岸完整遊艇產業鏈合作跨出重要一步，高雄市政府海洋局更曾舉辦兩岸遊艇暨遊輪產業經濟圈研討會，積極籌劃興達港等開發

案，藉以連接中國大陸從北邊大連港、福建平潭島到南邊三亞港的沿海港口發展網絡。

臺灣各地方政府也在結合海洋政策與地緣優勢激勵下，陸續發展各具特色的海域休閒活動與產業，如屏東後壁漁港的飛魚季、大鵬灣潟湖賞玩、雲嘉外傘頂洲生態之旅、基隆東北角藍色公路、東海岸賞鯨、離島戰地旅遊與賞鳥（燕鷗）等，相關活動與設施更逐年不斷推陳出新與發展，屏東大鵬灣更將發展成為亞洲鄰近地區一國際級濱海休閒度假勝地。

海域活動發展可結合陸域與空域整體戶外教育活動的開展，臺灣亞洲體驗教育學會（AAEE）是臺灣戶外教育活動的重要支援平臺，體驗教育也已進入臺灣高等教育科系發展，各型動靜態智庫如臺灣戰略研究學會、中華民國全民國防教育學會、中華全民安全健康力推廣協會與活動推廣社團如臺灣中華民國水中運動協會、中華民國飛行運動總會（CTAF）、臺灣山訓協會等的陸海空域教育訓練與活動管理及師資認證亦如雨後春筍蓬勃發展。

救國團與外展教育中心鼓勵青少年激發創造力、促進群我團隊和諧關係與問題解決能力，成為具備國際競爭力青年領袖人才的教育理念與對全球議題的關注，在臺灣教育部青年署支持下，更為臺灣冒險教育開啟國際化合作的新頁。臺灣有豐富文化創意思維，大陸有豐厚文化根基，擴大海域活動交流，兼蓄陸海共容，將為兩岸海洋發展共享創造豐厚利基。

針對相關海域資源開發將有的爭議，兩岸堅持擱置爭議、共同開發與利益共享並無衝突也不需對抗，沒有中國大陸的共同協力，相關爭議方或合作對象是不會輕易放手或點頭的。臺灣備戰不見得是為必然的開戰準備，轉化為慎戰的布局也未嘗不可，進而止戰甚至反戰，共創海域雙贏與多贏，豈不更佳。

中國歷史本來就是分分合合，其唯一的規準還是人民的利益，龍的

子孫盡顯在龍睛精神的傳承，聯合國《21 世紀議程》，敦促世界各國重視海洋開發、海洋利用，海洋臺灣為海洋中國蓄勢待發並引領向前開創海洋世紀，將不再只是瑰麗的夢想，而是兩岸須共創的偉業，何況在臺灣的海洋優勢根基上，健全的醫療體系與精準健康發展能量，更是海洋優勢發展的重大推力與助力

三、兩岸精準健康聯盟

疫情肆虐加上兩岸人口高齡化趨勢、大陸二胎開放，臺灣獎勵生育及對養生保健照護觀念提升，使兩岸醫療健康需求越來越多、健康意識亦越來越高，涵蓋醫療衛生、營養保健、健身休閒等健康服務功能的健康產業成為兩岸新興服務業。美國經濟學家保羅·皮爾澤（Paul Zane Pilzer）更預言，保健產業將繼 IT 產業之後，成為世界「財富第五波」，大健康已逐漸被國家、社會、個人發展成一個完整的產業鏈，為今後經濟發展的重要引擎，養生保健不僅成為日常話題，更成為人們的一種日常習慣，健康產業將成為二十一世紀引領全球經濟發展和社會進步的重要產業。

（一）中國大陸健康規劃

2016 年中國大陸國務院印發《健康中國 2030 規劃綱要》共計 8 篇 29 章指出，健康是促進人們全面發展的必然需求，是經濟社會發展的基礎條件，普及健康生活、優化健康服務、完善健康保障、建設健康環境、發展健康產業、健全支撐與保障等是健康中國發展重點，以期逐步從疾病治療走向健康管理與發展，而共建共享則是達成全民健康、建設健康中國的基本路徑。

根據前瞻產業研究院發布的《中國大健康產業戰略規劃和企業戰略諮詢報告》統計數據顯示，未來大陸「大健康」產業規模將日漸突破增長，健康服務產業亦將迎來重大發展機遇，大陸醫家親健康管理微信號

資料顯示，上海東方醫院最近承辦「健康中國 2030 大健康產業合作發展論壇」，旨在推動大陸與臺灣精準健康產業積極合作，以促進兩岸醫家親聯盟發展。

健康服務產業被國際經濟學界認定為是「無限廣闊的兆億產業」，馬雲投資開辦的「阿里健康」指出，如何讓人更加健康、更加快樂，不是在於建更多的醫院，找更多的醫生，更不是建更多的藥廠，而應該是醫生找不到工作，醫院越來越少，藥廠少很多，亦即未來人類健康應更多來源於健康的生活方式和對疾病的預防，也就是健康保健意識的增強，將使更多的人把錢花在預防保健上，而不是醫療與藥品上面。

（二）臺灣精準健康發展

2020 年 5 月 20 日蔡英文就職演說時，提出「六大核心戰略產業策略」，其中就包含「臺灣精準健康產業」，在「2021 亞洲生技大展」致詞時亦指出，生醫產業是臺灣走向世界的關鍵力量，為強化生醫產業競爭力，政府提出「臺灣精準健康戰略產業發展方案」，透過跨部會合作，引進物聯網、人工智慧等科技，開發精準預防、診斷、以及治療照護系統，打造屬於臺灣的精準健康品牌。

臺灣國家生技醫療產業策進會副會長楊泮池表示，根據臺灣工研院報告推估，2025 年全球包括精準健康、生技製藥、醫療器材、智慧醫療、國際醫療、再生醫療及運動醫學的大健康產業市場將超過 15 兆美元，其中，精準健康（含精準醫療及健康促進）市場規模最大，將從 1.7 兆美元，攀升至 3.1 兆美元，臺灣 2021 年生技醫療產業發展修正條例，範疇自新藥、高階醫材擴大至「精準醫療」、「數位醫療」與「再生醫療」、創新技術平臺等，是臺灣發展的強項，也整建相當完整產業鏈，將有效引導產業布局精準健康，智慧醫療、精準醫療、全齡健康等三大發展主軸。

臺灣透過最強的電子資通訊軟硬科技賦能，積極推動數位醫療轉

型，驅動醫療科技創新進展，特別是醫療資訊系統、個人化醫療、遠距醫療照護、行動健康醫療及穿載式裝置等，都已有不錯的發展成效。

兩岸產業合作論壇是海峽兩岸學術界、科技界、工商界交流互動、開闊視野的重要平臺和品牌活動，為海峽兩岸之間資源共享、優勢互補搭建全方位合作平臺，臺灣透過 ECFA 兩岸產業合作工作小組產業分組與中國大陸「十四五」規劃緊密連結，積極融入大陸大循環與雙循環的發展格局，在健康、綠色、數位化等領域加強合作，透過區對區合作，進行點、線、面的試驗性制度對接與合作模式的創新突破，將持續共同做大兩岸經濟合作市場。

值得稱道的是民間企業在臺灣精準健康產業蓬勃發展的成效，且有凌駕政府發展的趨勢。根據工商時報的報導指出，深耕 20 年不斷結合產官學研及專業醫學團隊，投入數十億經費推動全民大健康的康博集團，更率先建構整合養身會館、醫美診所、抗衰老診所、健康禮品與通路及長照機構的精準健康集團，企圖打造從生命源頭 DNA 基因解碼開始，到在家健康老化的華人區精準健康領導品牌。其中的康見國際（HC-LIFE）連結國際級基因實驗室，結合預防醫學診所照護，打造出先天基因檢測結合後天健檢數據，與線上網路結合線下實體的全方位健康照護系統，其透過專業健康管理學會所培育超過千餘位的精準健康管理師，結合 368 城鄉計畫，更將撒布全臺鄉鎮各據點，將精準健康及家庭醫師的觀念落地到臺灣各鄉鎮村里，提高所有家庭健康意識，增加所有人健康壽命，是全臺唯一健康結合財富的精準健康全方位服務平臺與網絡。

經濟日報更指出，對於人民所特別關注的健康食品，康見集團董事長吳俊毅強烈堅持須有 SNQ 國家生技獎，甚至是世界食品金獎等認證，透過基因檢測了解先天體質，再做精準保健預防措施，除了可幫助人們正確預防疾病、提升健康指數外，還可以幫助減少醫療資源浪費，落實精準健康目標。

Chapter *2*

戰略陣列 ── 戰略文化與願景規劃

戰略文化與願景規劃		國際陣列		
		兩岸競爭	區域競合	全球合作
戰略陣列	戰略	敵意文化	善意文化	創意文化
	政策			
	機制			

資料來源：筆者自繪整理。

第一節　意涵與要素發展

壹、意涵

　　戰略陣列取自國際社會敵人、競爭者與朋友文化所營造的敵意與善意建構，進而延伸發展創意文化建構的國家健康利益觀點，並依國際陣列國家健康利益兩岸優勢競爭－區域經貿競合－全球議題合作之彈性取捨，回歸中國傳統戰略文化導引，依序分析說明臺灣源於戰爭與軍事略、術、鬥、技、具一貫思維轉化的和平與健康戰略－政策－機制整體管理作為。

貳、要素發展

一、戰略文化

　　國際關係與國家安全研究所形成的戰略文化論述，在後冷戰時代逐漸成為研究的主軸，更成為影響國家安全戰略思維與作為的重要指引。西方學者史耐德（Jack L. Snyder）曾率先使用「戰略文化」一詞，預測蘇聯軍政領導人接受有限核子戰爭的極大可能性。中共學者李際均進而摸索解讀「戰略文化」是一種戰略思想或理論，在一定的歷史和民族文化傳統基礎上形成，為指導戰略行動和影響社會文化與思潮的基礎，因

而差異性是其最顯著的特質。

臺灣戰略學者鈕先鍾指出，民族性（national character）是文化概念，充滿歷史、地理、社會、經濟等綜合因素，了解一國民族性才能了解其戰略思想。莫大華更明指戰略文化是國家戰略社群成員共享的習慣行為模式與價值符號體系。王崑義則用戰略觀、安全觀與戰爭觀三道座標受世界觀與地理觀影響，立體化描述戰略文化。可見戰略文化指的是影響國家決策體系的民族習性，反映在個人主觀認知與際遇則有惡意、善意與創意三大取向，而具體顯現在戰略、政策與機制整體思維與作為。

鈕先鍾不諱言戰略本質是經世之學，須要思想、計畫與行動一貫，即將戰爭略、術、鬥、技、具與軍事力、空、時冶於一爐整體運用與發揮，美國當代戰略學者奈伊（Joseph S. Nye Jr.）更進一步透視戰略，是達到所望目標的議題設定與吸引力，此即羅建波所指出的，國際戰略環境急遽變遷，使軍事和經濟的戰略比重逐步下降，文化教育要素急速上升。簡言之，戰略除了有本質的一貫性，更有層次的統合性，亦即在國家整體戰略與思維研究層次上，講求預防戰爭，追求安全與發展的健康布署，在國防政策計畫與教育作為上，做好應變整備，專注提升全民國防素養，以持續蓄積增長整體戰力資源。在防衛機制與行動上，尋求出奇制勝的優勢作為與不對稱戰法，成功消弭戰爭與災難，以充分發揮中華民族戰略思維陰柔之利與陽剛之力最高效益，破除戰爭之霧與追求戰略之悟，達成國家的長治久安與人類可持續和平發展目標。

二、中國傳統戰略文化

臺灣戰略學者施正權精心整理鈕先鍾所著中國古代戰略思想史指出，總體戰略思維與出將入相作為，是中國戰略文化兩大特點。國家欲求長治久安，必先深謀遠慮，長治久安是國家治理目的，深謀遠慮是國

家體制經略。五經七書總彙中國傳統戰略文化精義，道盡中國地緣戰略影響，廣闊陸域孕育農戰文化，既用武力更用懷柔，關注文化同化重於武力降伏，重面子朝貢勝過於爭殖民裡子，民族性導引陸防賽過海防，文武相輕又軍文共治，尤其農戰所修練的耕讀文化，使人民皆以文武兼修又智勇雙全自我期許與高度實踐，農民秀才革命更成為歷代王朝興滅繼絕循環的主要關鍵。

（一）軍政一體總體戰略

　　最顯著的現代戰略思維體現，就是國民革命戰爭（含解放戰爭）三分軍事、七分政治的真諦，也是國家安全與國家發展的相輔相成。中國戰略思想講究陰柔之利勝於陽剛之力，既能解戰爭之霧又能引領實踐戰略之悟，自先秦戰略思想即未自限於戰爭與軍事，儒道墨法各大學派戰略思想同兵家之書皆崇尚軍政一體的大戰略，典型的兵書《孫子》十三篇，全書以計畫為起點，以情報為終點，形成一個完整的軍政統合理論體系，深符戰略總體（全）、主動（行動）、未來（前瞻——先）、實用（現實）四大導向之至理。

　　《吳子》全書六篇，雖是語錄，但討論戰爭性質論及政治與軍事關係，更是先於西方克勞塞維茲之論，其他《六韜》詳述為政之道，更形同平時大戰略之經營與說明，如《司馬法》雖龐大複雜但軍政兼論、《尉繚子》偏重軍事亦不忘政治，儒家思想的民本主張更是歷久而彌新，直可與現代西方民主政治爭輝，軍政一體的總體戰略思想所薈萃的文治武功不勝枚舉，漢唐盛世更是不朽美譽。

（二）軍文共治管理政策

　　最亮眼的表現就是現在所謂全民國防體制的要旨。鈕先鍾綜整秦朝大一統中國前後的政策運作體制指出，秦朝從商鞅變法、張儀（連橫——外交戰略）與司馬錯、范雎遠交近攻（外交軍事整合為一的國家

戰略）至李斯完成統一，歷經六個朝代，共 140 年之久，其體制運作經驗，實爲軍文戰略家共治所體現之農戰及總體性大戰略的持續性和一貫性之實踐。

楚漢相爭，劉邦個體孱弱幾乎屢敗屢戰，眾所皆知，但最終卻大勝人生勝利組項羽，建立數百年大漢王朝基業，關鍵實得力於蕭何、張良與韓信軍文三大戰略家籌謀劃策，所鎔鑄之軍文共治體制，劉邦自評謀不如張良、治不比蕭何、兵不勝韓信，但三人皆心甘情願、臣服於他，甘心爲其出生入死，賣命效力，所以能助劉邦成就大業。

漢朝成於軍文共治，似也敗於軍文分途，終成三國分立紛亂之局，曹操挾天子以令諸侯、獨步孕育曹魏，劉備稱德、孤帝漢中，孫權據地、完勝東吳。宋朝的戰略無知、起於黃袍加身、杯酒釋兵權，文人管兵又監軍分權制衡，整個朝廷文虛武弱，整體社會重文輕武，虛幹弱枝誘引外患頻仍，滿朝國勢貧弱、欲振乏力，終至淪喪蒙古鐵蹄。

元朝蒙古繼起，馬上得天下，卻無緣馬上治天下，武功了得西征無敵，版圖橫跨亞歐，成陵大典永誌其盛，但文治則蒼白無印，難載史乘，明朝倭寇擾邊，東廠肆虐、武將開海禁海依違，坐失海權發展良機，導致清代中興名臣儒將禦海無方，割地賠款、喪權辱國，足見軍文均權共治管理，實爲國運興衰之根本。

（三）文武合一教育機制

最具現代意涵的解釋就是素養教育，不僅注重理論與實務兼具，生活與戰鬥合一，更強調軍事與行政合成的全民防衛實踐綜效。學生軍訓要旨是文事與武藝結合，知行合一，亦即古書古禮所強調的士習軍旅、劍氣書香。周朝井田制度是農戰合一思維的制度體現，耕讀相傳爲文武合一成功註腳，孔子主張有文事必有武備，提倡的「六藝」教育，至今仍能與現代教育推崇的素養相契合，使禮、樂形塑態度，射、御體現能力，書、數擴展知識。

　　唐代科舉分文武兩途，文選由吏部辦理，武舉由兵部辦理，宋代除武舉仿唐制，更進一步官辦武學，爲國主動蓄才，但兵制與教育疏離，導致有兵無才、有才無兵，國勢日弱，外侮日亟。明代官箴右文左武，武學儒學同尊，文采武備齊一，清朝文武分途，連番戰敗受辱，記取教訓，從教育出發，頒布中等以上學校「學務綱要」，將兵學融入體操，中等以下學堂一體練習兵式體操，高等學堂政治學門講授兵法要義，爲國防學門立基。

第二節　敵意戰略文化──競爭與對抗

　　兩岸敵意嚴格上肇生於先總統蔣公對中共的敵意，說是國共兩黨對中國政權的敵意亦不爲過，先總統蔣公所領導的中華民國政府敗退中國大陸，對中共政權充滿敵意，自是無可厚非。到了民進黨所形成的兩岸敵意，則爲民進黨與國民黨爭奪臺灣政權的催化劑，民進黨是土生土長的臺灣政黨，卻同樣對中共甚至中國大陸乃至中國人充滿敵意，則是別有用心。

　　臺灣民進黨與中共無歷史恩怨情仇，對中共理應刮目對待、重新認識，另起爐灶，但卻如國民黨蔣中正執政時期，對中共顯現相同敵意，且有過之而無不及，並逐漸升級爲國族之仇，則爲不可思議，只能姑且視之爲民進黨靠著反共敵意的形塑與強化，將不斷坐收兩岸敵意之紅利。

壹、戰略指導──對抗

　　不論敵意本質與內涵如何，先總統蔣公的軍事反攻與對峙及民進黨執政的住民自決與公投戰略指導，皆不約而同指向對抗，並力求固守強化，似沒有轉圜空間。

一、軍事反攻與對峙

先總統蔣公承繼 1911 年國父推翻滿清建立的中華民國政府，又領導對日抗戰勝利，卻在國共內戰失利轉進臺灣，戰略指導無視中共建政成立中華人民共和國推翻中華民國的事實，一貫視之爲中華民國政府的叛亂團體，自是以軍事反攻爲最高戰略指導，臺灣定位爲反攻大陸基地。

隨著幾處離島零星的戰鬥與中美共同防禦條約及冷戰的箝入，表面看到的是美國對中華民國政府的支持與聲援，暗地裡看不到的卻是美國抑制中華民國政府軍事反攻大陸與僅限自衛的圖謀，甚至根本上只是作爲遏制共產蔓延美國的鏈島工具。中國大陸深陷文化大革命動亂，中華民國本有王師西定中原之契機，完備軍事反攻大陸計畫未得美國政府點頭，始終無用武之地，八二三慘烈的炮戰，也僅在離島響徹雲霄，終歸煙消霧散，船過水無痕，加上當時中共海空軍的相對弱勢，從此雙方被動進入不過海峽中線的長期軍事對峙。

1971 年中華人民共和國取代中華民國，成爲聯合國中國政府席次的唯一代表，僅存的表徵從中華民國頭上硬生生摘除，緊接的噩耗是領導中華民國政府轉進臺灣的靈魂人物先總統蔣公逝世，代表軍事反攻大陸的戰略指導也正式落幕。

二、住民自決與公投

民進黨第一次執政雖是在 2000 年，距離先總統蔣公逝世的 1975 年已有 25 年之時差，但相關戰略指導沿襲先總統蔣公敵意對抗，雖可說是陰錯陽差，但其實是殊途同歸。民進黨創黨後成立的「大陸政策研究小組」經過一番激辯與爭論，選擇主流「新潮流系」的兩岸國與國關係，作爲民進黨政治運作的最高指導，蔣經國的統一指導與李登輝的國統綱領權宜之計，自始即不在民進黨的選項籃子裡，注定深化與強化兩

岸敵意是民進黨執政的最高準繩。

中共與國民黨執政當局同聲把民進黨兩岸國與國關係斥為臺獨，卻讓民進黨因禍得福、順理成章且義不容辭的把臺灣兩個字深深烙印在自己身上，民進黨成為臺灣的化身，滋享臺灣無盡的專利與特權，臺獨成為民進黨成長壯大的無限養分，卻絲毫不受任何有力制裁，反而在臺灣選舉政壇節節獲勝，越挫越勇。

民進黨理論大師林濁水曾明確指出，民進黨主要由海外臺獨人士、島內黨外人士與臺灣事實獨立人士組成，兩岸政經分離、積極西進與政經脫離指導相互激盪徘徊，其中激進者主張公投正名制憲，創造臺灣主權，穩健者透過住民自決公投，保護臺灣主權現狀，隨著激進者在民進黨內逐步銷聲匿跡，臺灣獨立從來都未曾躍上民進黨政治指導的主流，但民進黨卻在臺獨的炮火掩護下日漸茁壯穩固。

民進黨創黨後臺灣獨立主張始終是虛的，僅是極少數人的主張，全力獲取臺灣政權才是實的，也才是多數人加入民進黨的主要目的。臺獨之所以曾迷惑國民黨也刺激共產黨，主要是 1991 年民進黨對黨綱的修改，提到建立主權獨立自主的臺灣共和國一小條，1999 年民進黨臺灣前途決議文，已開始利用中華民國國號掩護臺灣全體住民公投，分享李登輝兩國論的臺灣政治紅利。2007 年民進黨政權處於陳水扁貪汙風暴，出現的正常國家決議文，企圖蠱惑臺灣人心，追求正名、制憲、加入聯合國、落實轉型正義，及其他琳瑯滿目的提議與主張，如臺獨大老的獨立建國、陳水扁的一邊一國、呂秀蓮的九六共識、謝長廷的憲法一中等，都是建立民進黨正當性，持續獲得臺灣國家政權專利的助攻，也就是穩固民進黨現任執政總統蔡英文臺灣共識的主要憑藉。

臺灣共識早在蔡英文 2012 競選總統時即已提出，蔡英文奠基於民進黨第一次政黨輪替的成功經驗，不僅顯現對中共的平視，更底氣十足正面迎戰國民黨，爭取中華民國政權的正朔，首度喊出「中華民國是臺灣、臺灣是中華民國」、「國民黨已經不是外來政府」。2016 年當選

總統後，蔡英文在兩岸政策延續民進黨執政立場，自然強力否定國民黨與中共具有中國統一與反獨傾向的「九二共識」，民進黨長期藉臺獨之反作用力攫取臺灣政權正朔後，臺灣 817 萬票的資源，已經毫無保留的倒給正在增長的臺灣共識小英路線，乘著中美高漲的敵意風帆，民進黨競爭甚至對抗的指導纜繩，將再也不會鬆弛。

貳、政策計畫

先總統蔣公漢賊不兩立的反共主體政策雖受制於美軍協防，但內政卻保有高度自主與彈性，使臺灣成為中華文化復興的堡壘。民進黨執政顯露的是臺灣主權利益，全力推動民主深化與本土化政策計畫，不僅反中國與中國人，甚至不惜連民族也一併捨棄。

一、仗勢謹守自主

國共內戰失利止於金門古寧頭戰役的有效阻擋，隨著韓戰爆發，冷戰籠罩與美軍協防，兩岸分立形勢初步獲得確立，在美軍協防提供的保護傘庇護下，臺灣的中華民國政府已有底氣與中共抗衡，故所有對外政策計畫緊隨美國冷戰外交政策，軍事對外行動與核武發展雖也受美軍強力牽制，但軍隊內部事務與相關國防軍事政策計畫，並沒有像韓國一樣，讓美軍全盤介入軍事體制與司法運作，而能保留國格與民族尊嚴，謹守協防分際，為臺灣爾後軍事國防自主變革保留戰略彈性，亦為仰賴外援卻不受制於人樹立典範。內政施政計畫作為則實施三七五減租與耕者有其田農改政策，釋放多餘土地投入工業生產，通過限制進口促進本土工業發展，進而開啓一系列經濟建設計畫，讓臺灣快速進入工業社會，為轉型外向型經濟奠定深厚基礎。

二、倚內縱情發揮

民進黨 2000 年第一次獲得執政，臺灣的民主化正值進入本土深化轉型階段，民進黨的國與國關係在李登輝兩國論與陳水扁一邊一國論助長下，所有政策計畫作為開始背離兩岸轉向兩國建制，最明顯的是相關國防法制如「國防二法」、《全民防衛動員準備法》與《全民國防教育法》等國防法制工程的大刀闊斧，使臺灣「軍隊國家化」、「文人領軍」、「軍政軍令一元化」及「全民國防」獲得法制實踐保障與全民肯定支持，也使中華民國與臺灣主體發展出現歧異。

陳水扁執政初始，為了確保朝小野大不穩政局，最朗朗上口的是中國大陸不動武，臺灣四不一沒有（不宣布獨立、不更改國號、不推動兩國論入憲、不推動改變現狀的統獨公投、沒有廢除國統綱領與國統會問題）及一連串釋放兩岸關係正常化的政策計畫作為，但因兩岸政策決策當局嚴重互信不足，大陸採取聽其言、觀其行的冷處理態度，加上陳水扁的第二任政局始終貪汙疑雲罩頂，充滿質疑聲浪，中共的冷處理成為陳水扁加大臺灣民主化轉入本土化深耕的力度，民進黨進而獨攬臺灣的民主成就與利益，並倚之為民進黨在國際恣意叫板中共的籌碼與資源，臺灣人民被民進黨綁上國際作為衝撞中國大陸的火戰車。

最明顯的例證，有 2002 年陳水扁總統兼黨主席，為抗議諾魯與中共建交，提出一邊一國、2004 年啟動公投綁大選制定新憲，積極推動正名、去中國化等政策，並解讀 2005 年國民黨連戰中國之旅為北京分化策略，進而將臺灣軍事戰略「防衛固守、有效嚇阻」修正為「有效嚇阻、防衛固守」，提出「境外決戰」構想，並在外交場域與中共展開邦交國爭奪的肉搏戰。2006 年更趁著臺灣 228 的悲情高漲，順勢公布中止國統會運作與國統綱領適用、宣布開始制憲行動，並自期在 2008 年給臺灣一個合身、合宜的憲法。2007 年發起世界衛生組織臺灣觀察員名義申請活動，2008 年公投臺灣名義加入聯合國等恣意揮灑臺灣民主

深化利益，2016 年民進黨蔡英文繼起執政，前車之鑑使民進黨執政繼續坐失邦交國，甚至上不了既有的國際組織與經貿舞臺。

參、機制行動

一、文化教育

　　蔣中正時期，臺灣不僅是反共基地，更是復興中華文化的堡壘。臺灣在中華民族文化的復興對比於中國大陸的文革浩劫，有著神聖不可抹滅的超然地位與貢獻，也是臺灣的中華民國政府存在之所繫，面對中國大陸對中華文物的破壞與摧殘，中華民國政府面對中共的敵意，在臺北故宮文化瑰寶的保存與帶至臺灣各鄉鎮的優秀教育人才獲得重生，尤其國民義務教育的延長與補習教育的推動實施，對提升國民素質以備國家經建所需及中華文化的保存與發揚貢獻卓著，臺灣因而成為保存與復興中華文化最重要的歷史載臺。

　　遺憾的是民進黨第一次執政的臺灣，卻變成製造國家分裂獨立的革命基地，臺灣主體意識經過臺灣歷史史觀的催化，顯現在國家教育研究院的課綱教學與輔教活動竟是一邊一國的兩國政治主張。張亞中指出民進黨視兩岸為「敵我關係」與「異己關係」，不僅視大陸為想併吞臺灣的敵人，也是想要完全控制臺灣的對手。極少數臺獨基本教義派主張兩岸敵我分明，相關機制行動激烈冒險，大多數臺灣主體認知者則強調兩岸為異己對手，利用執政有力機制，以去中國化作為歷史文化教育核心，透過不間斷的選舉，持續深化不容置疑的民主與本土化政治社會化工程。蔡英文「和而不同、和而求同」，基本不同概指的是臺灣和中國的歷史記憶、信仰價值、政治制度和社會認同；需要「同」的是，追求和平穩定、掌握發展契機，兩岸異己關係似已逐漸成為臺灣大多數人民尤其青年階層逐漸接受的現實與事實，此即明指臺灣是個主權獨立國家，國號依憲法名稱為中華民國。2002 年陳水扁更拉入全體臺灣人

民，直指要改變一邊一國的獨立現狀，須經臺灣人民公投決定。

先總統蔣公敵意機制行動聚焦一貫堅持的反共抗俄，且獨尊軍事，舉動全國一致準備反攻大陸，不惜長期灼傷民主，實施威權戒嚴，臺灣的民主活動成為限量品，少數人權更成為犧牲品。民進黨在基本的異己關係認知下，藉著民主化與本土化的深化進程，持續不斷加強形塑敵意，雖然看似少數執政，但暗藏的是民主本土化與歷史教育異國化的強大機制與行動。

大陸學者趙景剛指出，民進黨以史明的《臺灣人四百年史》為宗師，執政時運用杜正勝的《臺灣心‧臺灣魂》主張，在全盤教育體制上建構有別於大陸的歷史記憶。臺灣學者謝大寧認為臺灣史地教科書課綱調整，歷經李、扁執政 20 年，臺灣、中國、世界的歷史敘事脈絡已為臺灣認同鋪好路基，張亞中更直指民進黨臺灣史的源頭根本不是堯舜禹湯，而是原住民、荷蘭、西班牙，甚至不惜美化日本殖民統治，課綱修改更大膽打破十年一修的慣例，簡直急如星火，棄中國如敝屣，與先總統蔣公的復興中華文化實大相逕庭。

二、軍事防衛

無獨有偶的是兩岸敵意卻造就先總統蔣公與民進黨執政對於軍事防衛能力的強化趨同。先總統蔣公對於軍事防衛的機制行動嚴謹密集，當然不在話下，而且臺灣區區一隅竟然塞了近六十萬大軍，軍需物質用度浩繁，所有民生物質優先軍用，所有政經建設國防優先，自是無可爭辯亦不容置疑，尤其在中美共同防禦條約與美軍協防的加持下，卯足全力操練軍事勤務自可理解。弔詭的是，民進黨執政，也在軍事上與中國大陸不斷較勁，更有決戰境外的戰略臆想，尤其僅是獲得美國政客舌粲蓮花般的政策口水與在無止盡且操之在人的軍購箝制下，還全心全意仰賴軍事經略，更奢望美軍及時馳援，簡直是活生生的敵我共生翻版。

　　陳水扁在軍事防衛體系的經略可說青出於藍，在軍方年度例行漢光演習上，仿美國政軍指揮，首創玉山國家政軍兵推，創設國安建制「圓山指揮所」分權國防體制衡山指揮所，尤其戰爭資源協調中心的轉移，使直接指揮臺灣整體防衛作戰的是三軍統帥不再是參謀本部，加上國防二法的建置，名爲軍隊國家化，實則軍隊臺灣化，最顯著的成效是在文人領軍的掩護下，弱化軍人爲主的參謀本部，強化文人爲主的國防部，甚至是國安會，就如鄭浩中所指的，陳水扁自第二任期開始的「玉山兵推」，是由國家安全會議主辦，總統府與行政院各相關部會共同參與，國防部僅是協辦角色，玉山兵推之後才是國防部主辦的漢光軍演，從此國安團隊與國防部尤其是參謀本部的職掌功能成爲臺灣國防重要話題。

　　較令人費解的是民進黨的玉山演習課題，始終圍繞的是臺灣元首安全的防衛問題，不是預防戰爭乃至國家發展問題，而且次數十分頻繁。《中華民國九十七年國防報告書》曾爲此釋疑說明國安會代號「復安專案」的玉山政軍兵推構想及其內容，陳水扁更在序言中詳細解讀，國防部更協助表示，「復安專案」與「玉山演習」是全民國防典範，更是政府彰顯自我防衛決心的例證。丁守中指出的國安會演習想定與國防部漢光軍演銜接嫌隙，如何弭平，需要時間進一步驗證，不過，誠如報人俞雨霖所指，臺灣的軍事永遠不會是嚇阻大陸攻臺的主角，美國的助力只是讓大陸的攻臺更周延，大陸是否攻臺關鍵終究不會在臺灣軍事防衛能力，而是大陸主政者對臺灣民心走向是否已無可挽回的判讀。

肆、安全威脅因子分析

　　民進黨執政較諸先總統蔣公軍事反攻與對峙的敵意，顯然已不是兩岸政權漢賊不兩立與王師北定中原的豪情壯志，而是更具威脅與毀滅性的國族之爭，具體顯現的威脅因子分析如下：

一、敵意螺旋升高

中共與先總統蔣公是中國政府政權之爭，民進黨執政與中共卻進一步惡化爲國族之爭，中共與民進黨執政的政治理念，顯然日趨不可調和，敵意更是不斷螺旋上升。中共定調民進黨執政的政治行動，爲「法理臺獨」，陳水扁連任前夕的 2004 年，中共胡錦濤提出「五一七聲明」警告，臺灣走向臺獨，意含面對戰爭，並於 2005 年制定「反分裂國家法」，特別加註宣稱要以「和平方式」與「非和平方式」解決臺灣問題，並把臺灣問題與中美關係掛勾。中美關係良善，指稱民進黨爲麻煩製造者，操作「經美制臺」與「美中共管臺海」，中美關係惡化，在軍事上，對美軍積極布署軍事拒止與反介入，對臺海加大威脅力度與密度；政治上，提高對臺統戰聲量，擴大拉攏臺灣人民廣度與深度。

李登輝執政 12 年的軌跡，在 1999 年提出「特殊國與國間關係」顯露心路歷程貼近民進黨路徑的佐證，使國民黨李登輝執政 12 年的民主修憲成效，成爲民進黨接續執政的重要指導與資產，就如翁明賢所指出的，2002 年陳水扁「一邊一國」的主張應該不是臨時起意，而是延續李登輝兩國論主張的深思，在民進黨「正常國家決議文」指引下，接續終止國統會與國統綱領運作、正名制憲進入聯合國工程自然不斷，其實效就如呂秀蓮在《臺灣的大未來》生動描述中華民國從在大陸、來臺灣、在臺灣、是臺灣的蛻變歷程。

臺灣透過自由民主憲政程序，主權國家與中共政權所建立的國家已是兩個不同的獨立個體，臺獨在大選不斷洗禮下已潛移默化爲獨臺傾向，中共反獨，不論臺獨或華獨，一個中國原則絕不妥協，兩岸這種螺旋敵意似已不可逆，且深陷不獨就不武與不武就不獨的閉鎖迴圈。

二、西方民主極限

先總統蔣公的敵意建立在威權體制上，改變只在一念之間，民進

黨的敵意則深入自由民主體制，一旦形成則似不可逆轉，加上中華民國建立的是西方民主自由體制，源自中華民國國父孫中山所領導的國民革命，當時的中華民國雖採間接選舉總統制，但也自許為亞洲第一個民主共和國。中華民國憲法通過後，整個國家正值國共內戰，結果被視為叛亂團體的中共，卻在 1949 年在中國大陸成立中國共產黨為主體的中華人民共和國，率先拋棄中華民國成立時即已成立的國民政府，讓轉進臺灣的中華民國政府仍存有一席之地，不僅成為美國所領導的自由民主世界陣營的一分子，參與美國自由民主集團與國際共產集團對抗所形成的冷戰格局，演變至今雖歷經波折，但西方民主自由價值共同體則成色不移，只要中美競爭本質不變，臺灣總能有恃無恐。

民進黨執政把西方的民主自由體制轉向兩岸的統獨之爭，偏偏臺灣所施行的西方民主制度無法有效解決臺灣定位與角色之爭，不僅是東西方文化本質的差異，更是戰略抉擇與民主選項的博弈，西方選舉民主使臺灣朝野逐漸沉淪於統獨紛爭，進而深陷無法統與不能獨的窠臼，加上美國在太平洋安全的關鍵角色與地位，與中美爭議不斷升級，臺灣幾沒有迴旋妥協的空間和餘地，說不定還被綁入日本掙脫和平憲法枷鎖的天秤上。

三、阻滯發展空間

先總統蔣公的軍事強人背景與一黨獨大的黨國決策體系，及有利的冷戰國際環境，使國家安全利益獨步發展，進而為後續的國家發展利益奠基。民進黨第一次獲得政黨輪替執政，選擇主權生存與獨立利益優先，因而異化為不同國族利益發展，則勢所必然，這樣的選擇顯然增加兩岸衝突的高度風險，對臺灣的安全利益反而減分多於加分。

臺灣四面環海，處於海島區位，需要的是全方位的發展，越發展應越安全，民進黨應發揮臺灣海洋優勢地位發展國家利益，擴大李登輝戒

急用忍加大南進東南亞甚至跨海東向歐美經貿發展力度，貫徹其從國際走向大陸的基本策略。民進黨《2006 國家安全報告》也深知海洋發展對臺灣的獨特利益，但民進黨執政卻從挑動中國大陸敏感神經的主權安全利益開始，最後不僅發展沒有突破，南進與東向都抵不住西進的強大誘惑，國際活動空間甚至受到空前擠壓。

先總統蔣公的國際空間至少占有世界的一半天空，但不是他獨自的功勞，而是國際環境使然，民進黨執政時，臺灣在亞太地區已沒有大國甚或重要邦交國，這當然不是民進黨的錯，但僅存的少數邦交國又在民進黨手上不斷減少則是不爭的事實，最慘的是連國際非國家組織與經貿活動空間也一再遭排擠，就不是單純的仇恨怒火與謾罵能有效解決的。

面對中國共產黨，民進黨是新手，且握有成分十足的臺灣本土資源，選擇走向敵意的兩岸戰略指導與政策機制，終究不是明智的抉擇，且有負大多數臺灣人民的付託，臺灣移民之所以不懼黑水溝橫阻，選擇落居臺灣，求的只是改善生活，不是華僑追求的新國家新身分，幸福安康的生活永遠是臺灣人民選擇前途的第一順位，民進黨只要忠實行憲，展示行憲成果，努力讓臺灣人民過好幸福生活，就有機會長期執政，至於是否有王師北定中原之志，那就另當別論了。

第三節　善意戰略文化──競合

兩岸善意戰略文化的營造者，應歸屬國民黨執政的蔣總統經國先生，發揚光大者則為馬英九，善意應屬一脈相承。蔣經國流放俄國並曾加入國際共產黨的背景，使蔣經國傾向不排斥共產黨，馬英九深受蔣經國耳濡目染，大膽擴大交流廣度與深度，使兩岸同蒙和平競合發展之利，應是值得推崇的。

壹、戰略指導

一、王道統一

　　三民主義統一中國是蔣總統經國先生王道統一的具體實踐，蔣經國總統以威權之手結束威權統治，爲兩岸政治體制競合優勢取得先聲，更成爲李登輝臺灣民主憲改工程的有力指引。蔣經國總統執政時，親歷美國背棄中華民國政府撤離美軍的慘痛教訓，對美國在臺協會的軍購保持高度的戒心，全力推動國防現代化，走自己的路，並因應大陸鄧小平的一國兩制政治號召，提出對等的三民主義統一中國，接替軍事反攻大陸，並全力推動以國父三民主義爲最高指導原則的政治經濟與社會建設。時任國防部長宋長志更於立法院公開宣示國防政策改採戰略守勢，進而解除與中國大陸的三不接觸政策，大膽宣布解嚴、開放黨禁與報禁，開放探親，實質扶正中共叛亂團體，宣示承認中共政權合法性，並展示兩岸競合政績的氣度與胸襟，具體顯現在街頭運動的高度容忍，與政治組黨，爲李登輝往後的憲政改革工程與務實外交掃平障礙，可說爲中國西式民主經驗的實踐開創新局。

二、《中華民國憲法》

　　2008 年國民黨馬英九獲得總統大選勝利當選，臺灣政權重回國民黨手上，馬英九傳承蔣總統經國先生開放探親的善意指導，積極突破李登輝的戒急用忍與陳水扁的統獨紛爭，回歸《中華民國憲法》，兩岸在各自解讀的九二共識基礎上，開創兩岸大交流的盛事。馬英九基於與中共共同的歷史經驗與對中華民族的認知，以《中華民國憲法》作爲發展兩岸關係的最高戰略指導，馬英九指出，《中華民國憲法》是政府處理兩岸關係的最高指導原則，兩岸政策在《中華民國憲法》架構下，維持臺海「不統、不獨、不武」現狀，在「九二共識、一中各表」基礎上，

推動兩岸和平發展。

代表馬英九會晤中共總書記胡錦濤的國民黨榮譽主席吳伯雄提出的一國兩區，也成為馬英九兩岸關係的定位基準，馬英九表示，《中華民國憲法增修條文》第十一條規範的兩岸框架，既非一邊一國，也不是兩個國家，而是大陸地區與臺灣地區一國兩區，兩岸同屬一中架構，臺灣地區依《中華民國憲法》，大陸地區依《兩岸人民關係條例》，李登輝的兩國論與陳水扁的一邊一國只是口頭論述，想突顯的僅是事實，並未法理更改。

兩岸都有憲法，都無法容許自己的領土上還有另外一個國家，衝突主要肇因於國共內戰，兩岸在法理上只有一個中國，沒有兩個中國，更沒有一中一臺，中華民國領土主權涵蓋臺灣與大陸，任何分裂中國主權和領土完整的行為都是違反兩岸法律，目前兩岸政府各自統治現有領土，兩岸應正視現實，參考前分裂德國，有效區分主權和統治權，在法律層次上相互不承認，在務實層面相互不否認，以此方式，求同存異，建立「互不承認主權、互不否認治權」的共識，解決兩岸法律上與政治上的困擾

三、反臺獨與九二共識

馬英九當選中華民國總統後表示，依照《中華民國憲法》，臺獨是一個違背憲法的選項，依照《中華民國憲法》處理兩岸關係，就是反對臺獨，險被李登輝兩國論誤導與被民進黨執政棄置八年的「九二共識」與「一中各表」，也再度浮上檯面獲得正視。「九二共識、一中各表」話題也在美國總統布希與中共國家主席胡錦濤熱線通話時，首度觸及，中國大陸的九二共識，是各自以口頭方式堅持一個中國原則，臺灣的九二共識則是一中各表，馬英九受訪時更欣喜表達「一中各表」是結合美、中、臺的黏著劑。

2008 年北京博鰲亞洲論壇，副總統當選人蕭萬長以兩岸共同市場基金會董事長身分會見中共總書記胡錦濤，在 2005 年連胡會共識內涵基礎上，提出「正視現實、開創未來、擱置爭議、追求雙贏」十六字箴言，「兩岸直航、陸客來臺、經貿關係正常化、恢復兩岸協商機制」四個希望，胡錦濤則善意回應提出兩岸同胞應「抓住難得機遇、共同應對挑戰、切實加強合作、努力共創雙贏」，行政院研考會同年民調顯示，民眾高度支持馬英九繼蔣總統經國先生三不精神的「不統、不獨、不武」三不政策及「九二共識」基礎。

國、民兩黨是臺灣主要政黨，九二共識最大的分歧，在於國民黨承認，民進黨否認，2012 年大選，馬英九連任成功，證明馬政府的兩岸關係與九二共識主張獲得再度信任。

大陸對九二共識更是立場鮮明，不僅明指九二共識是發展兩岸關係的政治基礎，更直指否認和偏離九二共識，將造成兩岸協商中斷，導致兩岸關係和平發展停頓。北京更一再呼籲兩岸，應共同追求民族的偉大復興，馬英九曾以孫中山的理想與中華文化最大資產天下為公善意回應，並重申歷史文化血緣的兩岸民族一家，然而，2016 年國民黨又再度失掉政權，九二共識再度沉入大海深淵。

《中華民國憲法》、九二共識、一中各表究竟是兩岸關係不致倒退或變質的資產或負債，只能繫於臺灣多數人民的政治取向。臺灣人民要正視的是 1992 年兩會對建立兩岸互信的貢獻，北京不可能退讓一個中國原則，一個中國原則也是中華民國憲政立場，北京雖占有中國國際話語權，但真正接受中國話語權內涵的還是要看臺灣人民的決定，兩岸要共同正視的是九二共識、一中各表的一中表述，因臺灣沒有人再多提或避提，正逐漸從臺灣主流論述消退，甚而被視為是認同北京話語的嚴重警訊。

貳、政策計畫

一、十大建設開創新局

蔣總統經國先生留下膾炙人口的十大建設與新竹科學園區，映照出用人唯才與不分省籍地域出身的大公無私情懷，為臺灣現代化奠基，功不可沒，尤其解除戒嚴、開放組黨、改選國會、開放大陸探親等民主貢獻，實不亞於十大建設，相對大陸鄧小平同步的經濟現代化改革，蔣經國總統的政治民主現代化改革起步更具高瞻遠矚。

1970 年代對臺灣是充滿危機與轉機的動盪年代，位在臺灣的中華民國政府退出聯合國中國代表權，美國總統尼克森訪問中國大陸，與中共簽署《上海公報》，日本和中國大陸建交，臺灣外交陷於孤立無援，又爆發全球石油危機，嚴重衝擊能源匱乏的臺灣，導致物價飛漲，經濟發展陷入困局。為了全面提升臺灣總體經濟發展，在蔣經國力排眾議，提出今天不做，明天將會後悔的堅定意志支持下，決定不惜一切代價開始規劃實施十大基礎建設工程，主要包括六項交通運輸建設、三項重工業建設與一項能源項目建設，以提升並轉化臺灣勞力密集型輕工業結構，建立現代化交通運輸和鋼鐵與石化工業，為臺灣經濟奇蹟發展奠定重要基礎，也為民主改革引燃火種。

二、交流協議彰顯優勢

馬英九執政八年，兩岸在九二共識的共同政治基礎上，透過兩岸海基會與海協會的不斷溝通與努力，共經歷七次陳江會談，達成十八項交流協議，其中《海峽兩岸空運協議》、《海峽兩岸海運協議》與《海峽兩岸郵政協議》標誌著兩岸基本實現通郵、通航、通商的直接三通，《海峽兩岸經濟合作架構協定》（ECFA）則標誌著兩岸建立了制度性的經貿關係。2012 年的總統大選，九二共識成為兩岸穩定的替身，臺

灣人民多數支持馬英九連任，充分反映九二共識獲得基本肯定，也如邱坤玄所提示的，九二共識不必然是一個神聖不可侵犯的準則，也可以是一個操作性的概念，就如 1972 年中國大陸與美國簽署的《上海公報》，其根本精神是求同存異。

大陸問題專家張五岳更說得明白，兩岸關係不僅是政治問題，更是臺灣民眾關切的民生問題，九二共識被民眾當成一個民生相關議題時，中間選民特別是經濟選民自然深受影響。政治學者左正東也表示，九二共識淡化一個中國色彩，與一個中國脫鉤，可有效作為兩岸正向關係開展的基礎，九二共識成為維持兩岸和平穩定的標記，更成為兩岸經貿關係持續發展的保證。2005 年國民黨在野，國共善意和解建立「國共經貿平臺」，2008 年國民黨重獲執政，中國大陸觀光客大舉來臺，兩岸兩會協商突破不斷，中共「胡六點」更自信表達，在一中架構下不排除與民進黨員接觸，進而商討終止敵對狀態，甚至擴大協商「兩岸經濟合作協議」、「軍事安全互信機制」與「和平協議」等議題。

2012 年馬英九獲得連任，兩岸穩定促使進一步揭櫫國家發展五大支柱與臺灣安全鐵三角，優先兩岸和解與活路外交，而不侷限國防武力嚇阻。「兩岸經濟合作架構協議後續協商」更成為加速與新加坡、紐西蘭等重要貿易夥伴洽簽經濟合作協議與加入「跨太平洋經濟夥伴協定」的基準，2009 年首度成功以大會觀察員的身分重回睽違 38 年的「世界衛生大會」，2010 年順利加入世界貿易組織下的「政府採購協定」，充分證明兩岸關係進展與國際空間擴大是互補的事實。美國的軍售也未見遲滯，反而質與量都超越以往，更冷對美國國會通過的國防授權法案修正案，在「防衛固守、有效嚇阻」的戰略下，自信提出「創新、不對稱」思維，尋求量少質精綜整國防武力。

馬英九「親美、友日、和中」政策作為，使兩岸關係與對外關係，從負債變成資產，變成良性循環，主張以和解消弭衝突，以協商代替對抗，在國際上成為和平締造者、人道援助者、文化交流推動者、新科技

與商機創造者與中華文化領航者，完成「壯大臺灣、連結亞太、布局全球」的國家發展構想，讓臺灣創新、持續發展與永續經營的素質優勢充分發揮。

參、機制行動

一、文化教育

（一）三民主義教育

中國青年反共救國團與蔣經國三民主義教育密不可分，1952 年成立時首位主任即爲中華民國國防部總政治部的蔣經國，1969 年解除國防部隸屬關係，回歸社團本質，直到 1973 年辭職由李煥繼任，主任一職長達 21 年。團旗青天白日意涵爲三民主義精神，蔣經國時期可說主要使命就是藉助其教育性、服務性、公益性之非政府組織（NGO）、非營利組織（NPO）之工作屬性，協助教育輔導青年團結實現三民主義統一中國。

《天下雜誌》調查資料顯示，蔣經國總統至今受到 50 至 59 歲年齡階層者的高度推崇，其中最值得稱道的政績，就是爲了推動十大建設所開創的臺灣技職教育。蔣經國在國防部政治部建立劉少康辦公室，專責軍隊政治教育督考，在學校透過救國團系統建立「孔知忠辦公室」，專責青年反共知識教育，蔣經國始終堅信兩岸最後的決戰不是經濟，而是民主，在擔任國民黨人才培育機構的革命實踐研究院主任時，博士高學歷與年輕均占五成、臺籍菁英也有四成。蔣經國率先以黨的革新帶動行政革新，以行政革新帶來全面革新，時任國民黨副祕書長的馬英九譽之爲無改革之名，但有改革之實，最明顯的如建立國家安全法取代「解嚴」，中央民代改選稱爲「充實中央民意機構」，「開放組黨」稱爲討論民間社團組織等，改革召集人正是接替嚴家淦的李登輝。

蔣經國也與黨外進行高層溝通，雙方同意爲推動民主憲政努力，

黨外人士突襲宣告成立「民主進步黨」，鎮壓風暴瀰漫，蔣經國卻堅持指示革新召集人李登輝，採取冷靜、旁觀不取締，並同意運用三方會談協調，讓臺灣順利步入兩黨政治，對比 1989 年大陸天安門的鎮壓，臺灣民主成為華人社會的典範，也實現蔣經國把臺灣建設為三民主義模範省，把權力漸漸還給人民的願望與目標。

（二）中華民國與臺灣並列

　　馬英九親自與聞蔣經國的民主改革，在歷經李登輝兩國論風波與民進黨執政 8 年的去中國化與臺灣主體政策後，馬英九代表國民黨重獲執政，不僅未能及時撥亂反正，反而默許中華民國與臺灣，甚至臺灣與中國並列稱呼，甚至不時倡導臺灣主體意識，更仿效民進黨強調臺灣人民自決臺灣前途，造成臺灣同胞與中國人民關係的持續疏離。

　　馬英九強調兩岸關係是一種地區的特殊關係，不是國與國關係，甚至要求政府部門公文稱對岸為大陸，不要稱中國，但臺灣社會普遍並列稱呼臺灣與中國的事實，馬英九政府並未積極在文化與教育面向上尋求導正，反而讓國民黨與民進黨逐漸趨同，坐讓語言表述變化侵蝕兩岸政治定位，逐漸加深臺灣國家化的認知風險。馬英九執政尾端的 2011 年民調已顯示，認同中國人的比率呈現激烈下滑，認同自己只是臺灣人的比率則呈現上揚過半趨勢，希望與大陸完成統一的比率更僅存個位數，民調顯示，馬英九執政並未有效提升臺灣人民的中華民國認同，反而加速滑向民進黨執政時期的臺灣主體認同。

　　九二共識的核心是兩岸對一個中國有相同的認知，但存在不同的內涵，馬英九政府強調一個中國、各自表述，大陸沒有接受，臺灣內部也沒有獲得回響，迫使馬英九退而強調中華民國主權獨立的事實，並逐步坐視中華民國等同臺灣的認知情勢發展，本質上實與民進黨主張的臺灣主權獨立沒有區別，亦即馬英九執政已失守《中華民國憲法》意義上的中華民國。

　　馬英九政府沒有積極修改民進黨去中國化教科書的相關內容，仍延續中華民國不屬於中國史，而屬於臺灣史的臺獨史觀，藍綠兩大政治陣營更同聲表達反對臺灣是中國的一部分，馬英九連任提出臺灣路線，不僅強調中華民國是一個主權獨立的國家，又強調臺灣前途由臺灣人民決定。談到經濟、文化交流時，也不再強調海峽兩岸的經貿往來與文化交流，而是希望加強跟全世界的文化交流、經貿往來，讓臺灣在世界經濟及文化的版圖上能夠昂然豎立，成為推動文化交流及經濟發展重要的力量。國民黨更極力強調臺灣的主體性，一切以臺灣為主，對人民有利為處理兩岸關係互動與合作的最高原則，民進黨主張中華民國是臺灣、臺灣是中華民國的顯性獨臺，與國民黨主張中華民國是主權獨立國家的隱性獨臺日趨合流，主張臺灣是主權獨立國家似已無法挽回。

　　馬英九執政的陸委會文宣短片，經常出現中華民國是個主權獨立的國家、捍衛國家主權、臺灣的命運 2,300 萬人來決定等宣導重點，一個中國原則、謀求國家統一等文字幾乎極少出現在馬英九的文字中，馬英九的《中華民國憲法》架構已日趨蒼白與空洞，是否隱藏某些政治性考量不得而知，但所產生的政治社會化效應則可能是一個中國原則與謀求國家統一在臺灣成為政治不正確的反證。退役空軍上將夏瀛洲有關國軍共軍理念不同，但是為了中華民族統一，目標完全一致的一席談話，招致臺灣朝野的一陣撻伐可看出端倪。

　　馬英九似退守一個中國、各自表述的九二共識原則，僅強調表述中華民國是一個主權獨立的國家，避提堅持一個中國原則與謀求國家統一，主張兩岸不統、不獨與不武的新三不政策，與原蔣經國總統的三不政策實已不可同日而語。李登輝首先將九二共識的一中原則擴大解讀為歷史、地理、文化、血緣的一種概念，以脫離政治框架的束縛，歷經民進黨的否認九二共識，馬英九執政初期回歸《中華民國憲法》後對一中原則既不尋求正本清源又抱持消極閃避態度與作為，連任時雖試圖修正暗示獨立的文字選項，但臺灣主體意識如何連接中華民族意識，構建兩

岸命運共同體的價值，增進雙方共同利益，已非臺灣獨力可以面對，需要兩岸共同努力。

二、國防訓練

（一）政治作戰

　　蔣經國總統不同於先總統蔣公的軍事背景，被派付的任務也與軍事戰備訓練本身無關，他出身於情治系統，尤其曾投入過國際共產情治工作，對軍事政治工作的關心似勝過於軍事戰備演訓，他最大的貢獻應是一手重建中華民國軍隊的政工體制，專責軍隊政治思想教育工作。蔣經國是先總統蔣公在臺復行視事後的第一任國防部政治部主任，之後改為總政治部，又改總政治作戰部，現為國防部政治作戰局。政工制度就是在講求統一指揮的軍隊上設立關卡，造成軍隊與蔣經國總統不少的隔閡，軍隊高階將領反彈聲浪更時有所聞，美軍顧問團對政工制度造成的雙重指揮問題亦頗有微詞。

　　隨著政戰人員在部隊的增加，蔣經國總統對軍隊的影響力日漸擴大，軍隊指揮階層風波不斷並接連下臺，部隊不滿情緒亦日漸增加，美軍除貶損為共黨模仿者，並認為軍中政戰制度影響軍隊作戰效能，但蔣經國堅持政治作戰體制對部隊的士氣不可或缺，是教育官兵為何而戰的重要屏障。

　　政戰制度源於蘇共控制軍隊所創造出來的軍事制度，先總統蔣公完成北伐統一中國後，為了徹底清除共黨勢力，廢除軍中的黨代表制，直到轉進臺灣檢討內戰失敗原因後重新恢復，為了避免與中共混淆，更名為政戰制度。政戰制度主要能幫助政黨控制軍隊，民主轉型後成為軍隊政治思想教育工作者並肩負維護部隊安全與官兵心理健康輔導，政戰體制是轉進臺灣後，保衛臺灣軍隊免受中共侵略與滲透的重要軍種。

　　國防部政治作戰局（原總政治作戰部）、心理作戰大隊（原政治作

戰總隊）、心戰大隊五中隊（原國防部藝工總隊）、政戰學院（原政工幹校）所鎔鑄的政戰體制，曾在冷戰期間，尤其是韓戰與越戰期間，發揮國際援助效用，隨著臺灣民主化和軍隊國家化、法制化，尤其政黨輪替後，政戰功能轉型為心理輔導、心戰文宣、福利服務、民事慰問及新聞處理等工作，對於維護士氣、照顧官兵生活及堅定軍人信念，至為重要，國家階層的政治作戰能量，亦逐漸由國安會結合國防部智庫國防安全研究院吸收，負責反制中共「三戰」與「認知作戰」，國防部政治作戰局則專責執行軍事階層政治作戰並負責全民國防教育。

（二）國土防護演練

馬英九是蔣經國總統的祕書，對於蔣經國總統重塑軍隊政戰體制的心志應有深刻體會，在重獲執政後，主動回歸國防部主導的例行「漢光演習」模式並出現總統首度未全程參與漢光演習的先例，而在「萬安演習」及災害防救演習上，則顯現其沿襲蔣經國總統軍隊政治作戰發展型態，而把重心置於軍隊支援地方政府災害防救的國土防護演練。

馬英九不僅將民進黨國安會主導玉山兵推模式，回歸漢光演習例行兵推，並力求使國防部「漢光演習」常態化與例行化，而以視察了解替代參與主推，並僅在第一任期的最後一年 2012 年才首度在漢光演習親身視導，由於僅在媒體前花六分鐘觀看裝甲車機動後就轉身離去，又在漢光 28 號演習出訪國外，遭外界諸多批評，但在軍隊投入災害防救任務則顯現特別關注，除主導軍隊災害防救任務納入《國防法》與《災害防救法》規範，並再三提示軍方預置兵力的重要性與必要性，更多次親臨視導中央與地方災害應變中心，使得災害防救與全民防衛動員準備體系日趨緊密結合，對全民國防實踐深具啟示意涵，並對構築臺灣整體國土安全網助益甚大。

肆、安全威脅因子分析

善意戰略指導歷經蔣經國總統的三民主義統一中國與國民黨馬英九重回執政的檢視發現，馬英九的第二次政黨輪替較諸三民主義統一中國失去統一主要政治目標，而出現下列威脅因子：

一、民主統一迷失

國民黨堅持《中華民國憲法》，建設臺灣爲三民主義模範省，促進中國民主政治現代化，完成中國統一理應是國民黨奮鬥的主要目標，號稱爲中國民主統一政黨亦不爲過，民進黨基於政治鬥爭，將國民黨譏爲統派或親中賣臺亦情有可原，國民黨要努力的是加強論述能力以正臺灣人民視聽，獲得臺灣大多數人民的認同與支持才是正途，馬英九卻在任內提出「不統、不獨、不武」的三不主張，並以之爲兩岸最重要的政策主張，美其名爲維持現狀，實際上已喪失民主統一的靈魂，成爲民進黨的政治附屬與精神俘虜，臺灣人民自然日漸離心離德。

臺灣人民要的不多，以前只求溫飽，現在滿足小確幸，面對大陸文攻武嚇，臺灣人民也很無奈更是無助，也很想靠美日外援與國際支持，但靠別人會倒，靠自己最好，臺灣人不是不知道，如果統一能讓臺灣人過好日子，臺灣也沒有排斥的理由，重點是兩岸生活方式實在差距過大，現在談統一實在強人所難，說清楚講明白，也不會沒有人不明白甚至不支持，但割肉又去骨的臺獨去中國化，是孰可忍、孰不可忍的大是大非問題，應頭腦清楚、據理力爭才是，這就是對馬英九最不能諒解的地方，故譏之爲溫良恭儉讓！

國民黨開始出現臺灣前途由臺灣 2,300 萬臺灣人民決定的主張，放棄中華民國國民的尊稱，不時在兩岸往來或相關協議中公開反對一個中國原則，甚至反對臺灣是中國一部分的表述與主張，顯然聲勢已不如民進黨，甚至看不到民進黨長久在臺灣主張的車尾燈。臺灣主體意識不必

然是去中國化的臺獨意識，藍綠政黨甚至臺灣全體人民主張臺灣優先與臺灣中心主義也不是不可理解，但臺灣優先或臺灣主體也沒有一定要棄祖背宗到傷筋動骨不可。

馬英九兩岸政策以臺灣優先、臺灣爲主，對人民有利、臺灣利益至上，這是兩岸政策之果，不是兩岸政策之因，統一在臺灣既找不到有力的支撐，則倡導民主統合也未必喪失統一的眞諦，畢竟臺灣的民主有美國式的民主背景，香港的民主有英國式的因素，都不脫選舉民主的範疇，而新疆的民族自治與西藏的宗教自主也在大陸的協商式民主獲得共同成長的空間，找到協商民主與選舉民主共榮共贏的政策與方向，進而共組一中架構下的大中華民主聯邦才是重點，人心惟危、道心惟微的中華文化，是兩岸不斷精進與深化民主的重要屏障，也才是兩岸中國人幸福之所繫。

二、認同危機加劇

馬英九長久追隨蔣經國總統，深刻體會時代在變，黨要跟著求新改變，任命賴幸媛爲陸委會主委，改變一個中國原則的模糊表述方式則是一個顯例，1992 年兩岸兩會會談所提及的堅持一個中國原則、謀求國家統一、一中各表三項原則，僅強調一中各表，表的一中也因中共的冷處理，而不再侷限於《中華民國憲法》的框架。國父創建中華民國時，臺灣因中國滿清政府戰敗而割讓給日本，二次大戰中華民國雖不是主導者但卻是貨眞價實的戰勝方，收回臺灣理應不受質疑，且也實際行政管轄，此時再論臺灣地位未定實屬多餘。

1992 年中華民國政府主動終止戡亂時期並廢止《動員戡亂時期臨時條款》，正式承認中華人民共和國政府對大陸的統治權，中華民國增修憲法定義兩岸爲中國大陸與臺灣兩區，《中華人民共和國憲法》稱臺灣屬於中國，則兩岸同屬一個中國，兩岸人民都是中國人是不會改變也

不容改變的事實，就算 1996 年在臺灣的中華民國政府舉行第一次不包括大陸地區人民的總統直接選舉，也是於法有據，以此便論及臺灣人不再是中國人實在過於牽強，明顯只是一種政治圖謀，但縱讓這種形勢發展成臺灣的共論，來自中國大陸的國民黨政府顯然沒有盡到撥亂反正的責任，坐讓認同危機逐漸深化與加劇。

民進黨執政，加上第一任直選總統李登輝兩國論助威，臺灣與中華民國畫上等號是勢所必然，但是國民黨應有勇氣指出，這是一種閉門鎖國的心態使然，更是一種鴕鳥心態，顯然不負責任。臺灣人是應該不懼戰，但也不求戰更不妄戰，畢竟古有明訓，忘戰必危，好戰必亡，動不動就說戰到一兵一卒，只是政治語言。強調臺灣主體性、臺灣利益、臺灣優先本身沒錯，且應該被普遍接受，但以此強調認同己不認同彼則顯屬偏激與過當。民進黨從避提中華民國到中華民國臺灣甚或直稱或慣稱臺灣，國民黨也跟著混同或等同中華民國與臺灣，藍綠政治人物競相表態共抒忠誠，新的憲政矛盾不斷蠱惑臺灣人心，臺灣新一代年輕社會漸漸以臺灣取代中華民國甚至中華意識，而普遍存有臺灣是臺灣、中國是中國，彼此互不隸屬的強烈認知與歸屬。

認同是會改變的，它是情感的昇華，也是一種歸屬感，一個能讓人產生好感的共同體，才有認同的吸引力，臺灣主體意識並不必然就是一種否定中華民國的認同，敵視中華民國的民進黨，能從臺灣認同趨向中華民國臺灣認同，國民黨的中華民國認同為何就不能大膽跨越，尋求兩岸的中國認同，這不僅是國民黨的責任更是國民黨對中國現代化民主與中國人認同的使命。

臺灣人認同的變化可從臺灣相關民調資料顯示獲得概略輪廓。歷經李登輝與陳水扁近 20 年的執政，在臺灣的中國人認同自己既是臺灣人也是中國人的比例最高，這是合理的，不解的是，經過馬英九兩岸的大交流發展，臺灣民眾認同卻從「既是臺灣人又是中國人」退縮到只認為自己是「臺灣人」，尤其是年輕人的比例更高，這種趨勢並沒有減緩

的跡象。其實這也不值得大驚小怪，分別心人類皆然，加上爲政者的有心爲之甚或蓄意曲解，社會化自然朝此方向發展，誠如湯紹誠所指，臺灣的國民黨政府曾以中華文化復興運動對抗文革時期中共對於中華文化的摧殘，而以中華民國爲正統中華文化繼承者自居，又在國際上廣受支持，內部實施戒嚴，自然沒有臺灣人意識成長空間，中華民國人等同於中國人乃天經地義。

隨著中共進入聯合國，大國陸續歸隊，改革開放持續，中國因素日益彰顯，中華人民共和國等於中國不脛而走，反之臺灣國際地位不振，解嚴民主與本土化並行，臺灣人意識抬頭實在不能單純歸咎於臺獨人士尤其是民進黨之操弄，一再歸責民進黨，反而把臺灣的民主桂冠奉送給民進黨，而忘卻民主是中國現代化的光明大道。況且，政治認同所指的民族認同與國家認同，都離不開文化認同的基石，主要的原生因素如種族、語言、宗教等不會改變，建構因素如共同歷史經驗、情感與利益等又可經營，只要兩岸有心認同總會趨同。

三、安全經貿利益兩難取捨

臺灣的主權生存利益歡迎美日安保條約解釋範圍不斷擴充，美國依據三公報與臺灣關係法奉行「一中政策」，與中共「一個中國」原則不斷相互競逐，但是這樣的利益保障應該有個限度，最起碼不能讓臺灣成爲西方圍堵或遏制中國發展的工具或鷹犬，臺灣的主權利益保障也不是臺灣政權存在的終極目的，而僅是保障臺灣生活發展利益的主要憑藉，如何促進兩岸中國人的共同利益發展，才是兩岸政權存在的目的與價值。

臺灣國民黨政府與民進黨政府，在臺灣優先的競逐中，出現「兩岸與外交的權重分配問題」，國民黨傾向兩岸高於外交，先兩岸才有外交，民進黨顯現外交高於兩岸，先外交後兩岸，實證檢驗得出外交與兩

岸不是前後依從關係，而是左右相互依存，相輔相成。親中造成華府弱化對臺承諾，加深臺灣內部賣臺陰影，親美引發北京加大加劇文攻武嚇，助長臺灣分離戰爭風險。

互相尊重主權和領土完整是中共國際外交準繩，美國則以國家利益彈性解讀，臺灣的利益與立場，並沒有出現在美國國家利益的天秤權衡，美國雷根總統六大保證中的「不促談」，曾在美國歐巴馬政府與北京胡錦濤同時出現支持兩岸盡早展開政治談判的立場，馬英九以擱置主權爭議，彈性名稱與說辭取得中國大陸諒解與支持，順利打開國際通路並拓展國際空間，但中國大陸官員對中華民國存在的漠視與不屑，也讓國民黨的親中成為賣臺的代名詞，讓親美成為民進黨獨享的特權，民進黨獨得臺灣紅利又坐享親美厚利，使國民黨親美與親中兩頭受損，平白喪失兩岸和平發展與經貿共享共同利益利基。

民主與和平是臺灣現今確信的價值與真理，發展更是保障臺灣安全利益的充要條件，有發展才能生存，越發展越有生存空間，政治傾美但不盲從，經濟傾中但賭注不能全壓，保持戰略彈性才能兼顧安全與發展，進而從安全中求得發展，從發展中確保安全。臺美終究是一種微妙互動關係，臺日也僅止於民間感情，兩岸則是血濃於水的親情，有著鬩牆於內外禦於侮的民族渴望與期盼，內戰狀態終究要結束，前提是有利人民，民心之所向，大勢之所趨。

中美角力日漸加劇，臺灣選邊壓力日增，臺灣長久深受西方民主自由價值洗禮，安全與美相依，經貿與大陸共享也是自然天成，何況又是同文同種，共享中華文化與歷史經驗，同胞相殘總不樂見，只有耐心保持不斷交流與溝通，不斷互動修正，共同經驗與念想才能終底於成。

冷戰時，臺灣在美軍協防下，曾為自由世界遏制共產集團擴張亞太的反共堡壘，冷戰後，臺灣也曾以中共政權民主和平演變的催化者自我期許，然而，中共綜合國力的竄升也是有目共睹，對中共極權專制的有色判讀也並不能改變中國大陸高度發展與日趨茁壯的事實，中共安全威

脅與發展利益並存，臺灣須在遏制中國安全咽喉與西方發展橋頭堡及兩岸自由民主燈塔戰略地位做出明智抉擇。

四、國際空間進退失據

　　馬英九不統、不獨、不武的兩岸政策方針宣示，顯然迎合美方維持臺海現狀的最佳利益，但美國對臺灣需求的臺美貿易暨投資架構協議（TIFA），甚至美臺自由貿易協定（FTA），跨太平洋戰略經濟夥伴協定（TPP）或跨太平洋夥伴全面進步協定（CPTPP），也從來沒有特別青睞，臺灣不敢也不能加入中國大陸主導的區域全面經濟夥伴協定（RCEP），又無法加入美方主導或支持的區域經貿合作協定，更無法在現存岌岌可危的少數邦交國家或非政府國際組織尋求突破，國際政治與經貿雙重孤兒的沉重壓力令人窒息，加上完全不能操之在我的美國軍售，與口惠實不至的政策承諾，臺灣獨立自主處境受到極度壓抑，臺灣上空苦悶陰霾著實籠罩不退。面對美國強勢重返亞太，臺灣親美政策再上層樓，兩岸交流不止幾近停滯止步，對美國政客口惠示好與緊密來訪，不僅朝野同聲叫好，更幾乎達到大旱之望雲霓的地步，對大陸幾乎口惠又實至的示好，譏為舔共就憂讒畏譏、瞻前顧後，進而驚慌失措、畏首畏尾，對美國的空穴來風，卻舉國歡騰，競相朝拜，國格與尊嚴何在。

　　美國為求制衡蘇聯，背棄在臺灣的中華民國政府，轉而與中國大陸的中共政府建交，發現中國大陸國勢日漸增強，改採壓制，911 事件受創，反恐與區域安全有求於北京，美中共管太平洋呼聲隨之高漲，現在又察覺中國大陸國力直逼美國，有取而代之之勢，剛好臺灣的中華民國政府轉趨更對立中國大陸的臺灣本土政府，遂又多方誘引，遊走一個中國政策邊緣，在中共不武與臺灣不獨間挑起兩岸矛盾與衝突，以求確保美國在西太平洋的安全利益，甚或打擊中國大陸崛起，固守美國全球獨

霸利益。

　　馬政府將臺灣的世衛參與兩岸關係結合，因而得以獲得中國大陸諒解參與多項重要國際組織會議，實不脫一中各表的實際運用，本質上仍是兩岸事務性質在國際場合的運用，重點在保障臺灣國人健康與實質利益，若據此認定為自降國格而受阻於國際組織大門，則又顯為差之毫釐失之千里之謬誤。兩岸循著 WTO 與 APEC 模式摸索前進，不僅保有獨立會員資格，也獲有國際活動空間，為了避免臺灣陷入「一個中國」框架，而藉由第三者介入協助爭取參與相關國際組織資格，幾乎從來沒有成功先例，自行成功參與了，就疑為經過中國同意、批准或帶領進場，如果連參與都成問題，奢談彰顯獨立自主效益。

五、紅藍綠三角[+]習題

　　美國與中共建交卻留下有美國國內法實質意涵的《臺灣關係法》，如何執行取決於美國國內態度，臺灣幾無置喙空間，長久以來《臺灣關係法》一直停留於軍售問題，忘卻經過美國兩黨政治的不斷角力與運作，已深入臺灣全盤問題，更進而與兩岸問題緊密結合，紅藍綠三角[+]習題所形成的問題才是兩岸真正剪不斷、理還亂的問題。

　　隨著中國大陸綜合國力日漸增長與快速崛起，中國大陸與美國關係發展日趨緊密，美國有求於中國大陸日漸增多，臺灣民進黨綠色政權獨臺傾向彰顯，美中共管呼聲揚起，國民黨藍色政權力促兩岸經貿交流，兩岸門戶洞開，美國警訊頻傳，抑制遏阻動作頻頻，使維持現狀呼聲不絕於耳，偏偏現狀又與時俱進，不斷竄擾精進，只好淪於各自解讀。

　　臺灣距中國大陸近在咫尺，同文同種，經濟倚中，人情之常且勢所必然，與美國體制相近、理念相通，安全親美，水到渠成，無法阻擋。兩岸從單純的紅、藍＋美國角力，進展為紅、藍、綠三角＋美國關係，而盡情顯現於檯面上的臺灣選戰勝負。

綠營發展得力於蔣經國總統的解除黨禁，又受到李登輝的呵護，經過 8 年執政，在臺灣影響力已非單純臺獨勢力所可同日而語，甚至有後來居上之勢。戰略學者李黎明指出，在紅、綠對抗不改情勢下，馬英九延攬賴幸媛入主陸委會主委，又在綠營力邀達賴喇嘛來臺時，馬英九以總統身分拍板定案，讓綠有機會透視紅、藍、綠三角關係的奧祕，更讓綠在臺灣選戰中以藍混紅屢得勝選之先機，進而在美中臺三邊關係成為一個棘手的角色。

國民黨馬政府核心利益，是堅持九二共識，一個中國涵義是中華民國，以求同存異、擱置爭議和外交休兵推進兩岸關係，但不統的三不政策，卻讓藍色政權陷於目標的迷失與使命的背棄，進而日漸傾向民進黨的臺灣主體性與兩個中國甚或一中一臺目標，直接與中國大陸的一個中國原則正面對撞，讓兩岸和平發展甚或和平統一機會渺茫。美中臺與紅藍綠的三角迴圈如何參透，進而共創多贏，藍色政權有著與美國與中國大陸的恩怨情仇，又有直球對決綠色政權的實地經歷，在這個三角迴圈實握有創機造勢的優勢與空間，2005 年藍色在野，藍營首腦連戰創造連胡會，進而藍色重獲政權，共創紅藍雙贏，究竟是個典範還是絕響，有待時間證明。

六、經貿發展後勁不足

臺灣經濟騰飛曾被譽為經濟奇蹟且並列為亞洲四小龍，為大陸改革開放提供不少啓示與借鏡，臺灣和大陸在經濟上相繼實現高速發展，並成長為世界主要經濟體之一，是兩岸共創雙贏的實踐，也是當今中國人的驕傲與福氣。然而，政治陰影揮之不去，主權安全利益凌駕經貿發展，臺灣經濟奇蹟式發展曾受挫於戒急用忍，兩岸 ECFA 正式經濟協議又受阻於太陽花民粹，使得臺灣經濟效益成長密度與交流頻率對比於香港與澳門，皆顯後勁不足，而不是一般認知的過於依賴中國大陸市場。

臺灣對中國大陸單一市場的占比是否偏高，經貿交流程度是否形同依賴，不是政府說了算，最主要的是經濟結構的判斷，臺灣沒有原料優勢也沒有足夠市場腹地，外向發展型的經濟型態是臺灣必然的選擇，歐美高端市場進不去，政府與業者都有責任，大陸市場占比過高，主動滑向東南亞市場與基地也是業者的責任，政府既禁不了也扶不起，但如果過度政治操弄或介入，甚至善意合作轉向敵意對抗，則將沒有贏家。

第四節　創意戰略文化──合作發展

創意可化解兩岸敵意之兵凶戰危，強化善意之堅守正道，一切惟民心是尚，民意似流水，可載舟亦可覆舟，中華戰略文化崇尚王道，回歸民之所望、政之所向、道之所依。

壹、戰略指導創新

一、真誠溝通

強調現實主義的美國學者摩根索（Hans J. Morgenthau）指出，權力利益意義沒有固定，隨政治行為改變，政治行為又受政治與文化環境制約，美國前國防部長裴利（William J. Perry）亦為書倡導風險判準，決定利益優先次序。中共以 1950 年的弱勢國力參與對抗優勢美軍的韓戰、英國投入萬里之遙的福克蘭群島爭奪戰役，顯然都不是對價的利益取捨，翁明賢更直指戰略建構與目標確認，緣於客觀利益變動與主觀價值認知的結合，尤其安全困境與國家利益始終難分難捨，如影之隨形，只有雙方互為主體相互建構，才能化解安全困境永續保障及增長彼此利益。

交流是相互建構、彼此認知的前提與主體，文化結構狀態不是恆久不變，而是隨環境轉移，溫特等國際社會建構主義者肯認文化認知狀態

游離於霍布斯式敵意、洛克式善意與康德創意變動狀態，而形成敵人、競爭者與朋友三種不同身分的交織狀態，進而顯現在執政當局乃至執政者本身的客觀與主觀利益抉擇指導。簡言之，透過相互主體交流溝通建構，可改變彼此認知狀態，進而改變彼此身分認同與角色定位，確立客觀與主觀利益取捨，形成不同戰略指導。

戰略學者許智偉極度推崇哈伯瑪斯溝通行動理論，其要旨主述透過語言普遍語法的中介進行溝通行動時，應具互為主體性溝通關係的基本認知，其中特須透過實踐檢視的眞誠性，在成功言辭的理想言談情境行動中扮演重要角色，透過集體認同、相互依存、共同命運、同質化與自我約束等方法實踐相互主體溝通建構，雙方文化結構才得以從相關規則與規範中解構與重構再造。

二、交流互補

相互主體交流溝通建構有利集體身分之強化，進而追求發展共同合作利益，從而形成互補戰略指導，達成互利雙贏目標。國際體系不能淪爲大國權力分配角逐場，是國際社會的共識，文化認知起源於歷史史觀，只有透過社會文化與教育力量，才能穿透國際體系與國內政治權力的藩籬與障礙。

臺灣民進黨第一次獲得執政，中共主觀認知民進黨臺獨色彩，對民進黨執政採取冷漠敵意，民進黨借力使力，假戲眞做，假臺獨眞臺灣，有恃無恐，加速推展軍隊國家化與國防法制化，不僅極力鬆脫兩岸文化聯繫臍帶，更異化甚至惡化雙方身分與角色認同，主觀利益凌駕客觀利益，大步取向敵意戰略指導，臺灣人民成爲雙方敵意惡化的祭品。馬英九代表國民黨重回執政，善意強調「憲法一中」，回歸「九二共識、一中各表」，推崇連胡會談成果，大陸回以準蕭副總統成功博鰲論壇善意，後續江陳會密集開啓，使兩岸和平發展共創雙贏光明顯現，但買辦

頻傳，少數獲利，在野民進黨助威民粹，終致為德不卒，自斷手腳，自廢武功，苟全求生。

三、相互主體

「九二共識」意涵容或各自解讀，但政治智慧奠基的政治基礎受過實踐檢證則是不爭的事實，美中臺皆獲實效，怎能視若無睹。沒有政治智慧，美中不同文化與語言就不會在「承認」或「認知」的模糊空間完成建交公報，更不會有至今數十年的中美關係舞臺，沒有兩岸「九二共識」的相互保留解釋空間，怎會有後續海基與海協兩會的多項協議，尤其具參與區域經貿整合關鍵的《兩岸經濟合作架構協議》（ECFA）。

民進黨不接受「九二共識」，等同不接受兩岸關係建構的基礎，單方面的臺灣共識未經溝通實踐檢證，有誤導臺灣鎖國之嫌，改良或進化的九二共識才具相互主體良善溝通的基礎。臺灣是一個民主自由憲政檢測的社會，政黨總有輪替的時候，但臺灣的利益只能向前不斷提升，倒退將是一種災難，民進黨不承認九二共識，也不接受「一中各表」，更提不出民進黨版九二共識，一再歸罪中國大陸只是一種選戰伎倆，終有黔驢技窮的時候，臺灣人不可能一直裝睡，總有清醒的時候。

看得出民進黨的黨綱指導有緩步前進的跡象，從臺灣地位未定，轉而主張臺灣主權獨立國家現狀，進而接受中華民國國號，直至現在尚待檢證的中華民國臺灣主張，但附帶強調任何有關獨立現狀的更動，必須經由臺灣全體住民以公民投票方式決定，其實是一個不折不扣的假命題，也是一種私心作祟，承認中華民國就得依據《中華民國憲法》是基本常識，也是一種真理，詭辯是逃不過真理的檢驗的，要努力的是，讓中國大陸也承認中華民國存在的事實，進而透過相互主體溝通尋求共同解決，才是戰略指導最高準則。

四、人心所繫

　　臺灣政黨競爭複雜性高出西方民主先進國家勞工與資本家的左、右之爭，主要是陷在國家認同的統獨之爭，在統獨皆遭遇不同困難而顯窒礙難行時，就地中華民國化的炒短捷徑，成爲藍綠兩黨逐漸浮現的共識。不過，要享中華民國的福利，就要盡中華民國的義務，承擔中華民國的責任，畢竟中華民國是千千萬萬中國人的心血灌漑而成，尤其是生長於中國大陸的中國人，臺灣人不能自棄於中國人的血脈，也逃脫不了，尋求兩岸戰略互補是使命也是榮耀。

　　「九二共識」當然是一種政治議題，但經過檢證後，更顯現經濟性議題的價值與意涵，臺灣的技術與資本優勢不可能一直存在，中國大陸的市場結構則不斷成長與蛻變，民進黨有義務也有責任把政治性的「九二共識」轉化爲經濟性與生活性，民進黨取得臺灣的優先權，有著臺灣人民的託付，實在責無旁貸，臺灣人民不是要跟民進黨過苦日子的，臺灣人顧佛祖更要顧肚子，唐山過臺灣不是來建新國家，而是要過新生活，臺灣的先民來自大陸沿海的貧瘠，奮鬥出頭天過好日子才是臺灣民心之所繫，也是大陸廣大人民終生的夙願，這也是兩岸交流溝通對話萬世不移的根基。

五、政治智慧

　　中國國民黨除了九二共識外，須以完成中國政治現代化歷史使命自我期許，中國國民黨可以不談統一，但不可以沒有靈魂，中國政治現代化尚待中國國民黨的承擔與再造，大陸的協商民主與臺灣的自由民主，如何殊途同歸，進而萬流歸宗還待兩岸共同交流溝通與檢證。根據紅藍兩方領導人不斷的互動經驗顯示，「擱置爭議」，是高度政治智慧的展現，也是穩定兩岸，創造共同歷史經驗的主要途徑。

　　中共歷任領導人承繼鄧小平改革開放路線，讓中國大陸躍居世界第

二大經濟體，綜合國力不斷成長茁壯，百年恥辱次第修復，自信面對世局與兩岸，和平發展成為主旋律，但是一黨專政格局不變，對臺政策思維與行動更繫於領導當局一念之間，鄧小平的一念，開啟和平統一的大門，江澤民的一念，臺灣與中國大陸加入 APEC 與 WTO，胡錦濤的一念，創造臺灣 WHO 的參與空間，習近平的一念，馬習會登上兩岸交流高峰，臺灣積極建設性角色獲得國際見證，中國大陸和平發展主張更獲得實效檢證，兩岸共蒙其利，持續共創雙贏新局。

貳、政策計畫作為

一、優勢定位

先總統蔣公在臺復行視事，任命蔣總統經國為國防部政治部主任時，臺灣的國防體制發展與中國大陸實已無重要區別，只是國防體制的上位組織，中國大陸沿用國民政府抗戰時的軍事委員會體制，進而強化共產黨黨國體制，臺灣的中華民國政府則繼續沿著憲政體制，而以動員戡亂時期臨時條款凍結部分憲法條文，繼續發展一黨獨大政局。隨著臺灣解嚴與政黨輪替，臺灣的國防體制隨著國防二法的法制進程，已進展至包含總統、國安會、行政院與國防部，幾乎與美國總統制亦步亦趨，美式民主已深入臺灣人心，成為臺灣優位發展路徑，而中國大陸的共產黨一黨專政，則回歸中國千年帝制傳統，由王朝一家進化為共產黨一黨統治，形成中國特色的優位發展路徑，有點近似英式民主的進程，目前的進展是協商民主，透過兩岸不斷的交流與溝通實踐，臺灣的美式民主不斷糾偏，中國大陸的協商民主在納入香港英式民主元素後將不斷進化，中國特色的民主體制與國防建置緊密結合，自有水到渠成之日。

二、協商發展

2005 年《連胡公報》首次提出兩岸關係和平發展，之後具體顯示

在 2007 年中共《十七大政治報告》與 2008 年《告臺灣同胞書》的「胡六點」，胡錦濤多次強調「和平發展」政策原則與宣示，並確立和平協商發展爲對臺政策主要指導方針，2011 年馬英九受外國媒體專訪時提到，和平發展有利維持臺灣海峽現狀，至於兩岸未來的最終走向，可透過比較長階段的深度交流，共同協商找到解決的方案，雖然臺灣希望維持現狀追求和平，中國大陸志在「和平統一、一國兩制」，和平協商發展則是現階段可共同接受的選項，並可爲建立兩岸軍事互信機制創造談判契機。

2012 年臺灣大選，兩岸正值大力開放階段，大陸因素首度參與臺灣民主化與本土化的社會轉型，馬英九獲得勝選連任，爲兩岸和平發展提供有力檢證，臺灣民眾親身感受大陸的眞實存在與成長茁壯，大陸人民亦多批次親身體驗臺灣的民主現況，雙方不僅驚喜交集，更帶動臺灣主流民意趨中，進而影響政黨政策的明顯走向，如馬英九就在提出和平協定後補充提出國家需要、民意支持、國會監督三個前提，與承諾事先公投等十項保證，更進而脫口說出臺灣也是我們國家的說法，民進黨則接受在臺灣的中華民國。新聞學者胡凌煒指出，兩岸政治核心議題是兩岸相互定位，需要經歷由下而上的共同構建過程，有共同社會基礎才能逐步孕育產生。

2009 年開啓的兩岸海峽論壇，由兩岸五十多個單位共同倡議創辦，主要是面向基層，搭建民間交流平臺，擴大民間交流，民進黨侷限於政治利益不鼓勵參與，除了和大陸互信不易外，是否選舉紅利永遠眷顧民進黨不得而知，2012 年馬英九的獲勝，曾使民進黨的蔡英文，走向鼓勵黨員跟大陸互動的進程，2016 年蔡英文勝選卻又走回猜疑與不信任的民進黨老路，民進黨的大陸路徑始終口惠而實不至，臺灣的政黨輪替是臺灣民主的驕傲，民進黨的大陸政策卻把臺灣民主的驕傲，蛻化爲媚共與害臺，民進黨與其糾結於制度架構論述的迷惘，不如尋思在行動中，找出民共雙方可以共同接受的政治基礎，愛鄉愛臺的臺灣意識，

畢竟不能混同於分裂中國的臺獨意識，尤其是居心叵測離間民族意識。

　　況且現代的軍隊也不是建在殘殺人民的基礎上，臺灣延續的國民革命軍與大陸的人民解放軍，都是同樣背負著人民的付託，而不僅僅是黨的政策運用工具，中華民國海軍曾協助海峽海上船難救助，中國大陸亦曾表示有意協助亞丁灣臺灣商船的安全維護等，軍隊參與「非戰爭性軍事行動」（MOOTW）越來越多，這種新軍事任務，大陸解釋為軍隊執行「搶險救災」、「打擊走私販毒」、「支援地方建設」、「維護社會穩定」和「維護世界和平」，臺灣亦法制認定為軍隊核心任務，這一類軍事行動屬於不需動用大規模軍力、非戰鬥性和少傷亡性的措施，兩岸可透過這類互助建立軍隊互信，進而為政治互信奠基。

三、憲政思維

　　兩岸在九二共識取得一個中國原則的大同，而保留一個中國政治意涵的小異，作為推動事務協商的政治基礎，取得嘉惠兩岸人民的多重協商成果，《臺灣地區與大陸地區人民關係條例》已就兩岸定位建立法律架構，接著應是雙方就兩岸定位的上層法律架構憲政層次取得共識。1947 年在大陸開始施行的《中華民國憲法》，適用於中國大陸與臺灣，應可獲得理解，當前臺灣憲政運作，主要依據增修條款，實施一國兩區的實體運作，兩岸定位從未改變，大陸則依據 1982 年 12 月 4 日全國人民代表大會公告施行的《中華人民共和國憲法》，爾後歷經 1988 年、1993 年、1999 年、2004 年與 2018 年多次憲法修正，可見中國大陸的憲法也有與時俱進的修正空間，以中國大陸不斷累積的戰略自信與定力，假以時日與《中華民國憲法》取得一致的協商，也未嘗沒有可能或不能期待，畢竟中國大陸在兩岸握有實質的主導權，主動釋出尊重《中華民國憲法》的政治主張應無爭議，就如其序言所述，1911 年孫中山先生領導的辛亥革命，廢除封建帝制，創立中華民國，而中華人民共和

國的創建就是爲了完成中國人民反對帝國主義、封建主義和官僚資本主義統治，建立新民主主義過渡到具中國特色社會主義現代化，實現中華民族偉大復興的歷史任務。

蔡逸儒曾指出，兩岸在完成經濟合作協議架構後，中國大陸曾進一步希求推動文化、教育、媒體等協議，尤其是有關兩岸政治對話與政治協議討論，臺灣轉而瞻前顧後、裹足不前，馬英九更多次聲稱，不會在任期內展開兩岸政治對話，並爲政治協議設下嚴苛條件，結果經濟合作架構後續協議，受阻於臺灣民粹運動，教育更持續受去中國化困擾。李黎明曾指出，臺灣在兩岸政治性協議也未必見得就必然屈居劣勢，政治性議題牽涉國家自主性，臺灣若善加運用這種自主性，中共統一政策基本原則也必然遭受衝擊。

作爲兩岸和平協議的緩衝，民進黨謝長廷曾提的憲法位階共識，不僅適用臺灣朝野，也可試用於兩岸憲法的思維，1992 年李登輝執政初期，邱進益提出類似說法時，大陸王兆國也認同一個中國原則下，可簽訂和平協議，江八點也支持雙方可就一個中國原則談判，正式結束兩岸敵對狀態，並達成協議，爾後經過李登輝 12 年與民進黨 8 年長達 20 年的執政停滯，直到馬英九執政，兩岸和平協議雖重新搬上檯面，但似已質變爲和平發展，而不是大陸的和平統一。

《和平協議》寫入 2005 年連胡會的五大願景，經馬英九 8 年執政運作，反而越離越遠，兩岸現狀是內戰的遺留及延續，國共內戰轉變至中華民國與中華人民共和國的長期隔海對抗，是否有這個價值與必要，實在值得存疑，爭的不過是，誰才能帶給中國人民的生活幸福與安康，由內戰論述轉入和平發展協議，進而商談統一或統合架構的可能性，兩岸中國人的政治智慧，總會找到化解兩岸僵局的巧門。

參、機制行動運作

一、安全發展

2006 年陳水扁根據國家安全會議之諮詢，發布國防體制總統層級第一份《國家安全報告》，讓 1993 年即已開始發布的《國防報告書》有了具體明確的依循。2009 年國防部因應「《國防法》第 31 條條文修正案」的通過，發布《四年期國防總檢討報告》，又依例發布《國防報告書》，之後，馬政府卻未延續陳水扁發布總統層級之國家安全報告，不知是不需要，還是不重要，如果不需要，表示總統與國防部的國防體制政策同等級，則有悖官場倫理，不重要，表示國安會議的諮詢機構是多餘。

馬英九總統致力改善對外關係，特別是恢復兩岸中斷多年的對話與協商，並務實推動交流與合作，國防、外交與兩岸都是總統國家安全大政方針的範疇，有國防政策報告書，卻沒有《國家安全報告書》，容易滋生政策倫理的紊亂，照理說，國防、外交與兩岸政策都應該服從於國家安全，而國家安全更不可偏廢國家發展，尤其臺灣四面環海缺乏本土資源的處境，更是位處越發展越安全的際遇，擁有「固若磐石」的國防，以成為亞太地區的「和平締造者」，總不能就地無所事事，何況國防武力主要作為政府與周邊國家，尤其是兩岸協商談判的堅實後盾，更是國家安全與發展的重要保障，因此，《總統國家安全報告》重要性與價值不亞於國防報告書，甚且有過之而無不及。

馬英九曾提出國安鐵三角概念，對如何付諸實現的構想與行動則始終付之闕如，民進黨陳水扁總統則國安政策一貫，教育訓練構想與行動完備，成功持續加大臺灣與中國認同的距離，深化中華民國與臺灣的連結，民進黨與中共殊途同歸，共同夾殺中華民國，使聯繫中國與中華民族臍帶的中華民國，不斷受到強力打壓，兩岸同胞情感斷裂憂慮，加速

上升。

　　然而，拒統不必然挺獨，臺灣主體更不等同臺灣獨立，蔡英文接受中華民國，但強調臺灣是一個有主權意涵的地方，用「主權意涵」「拒統」，接受中華民國表達「不獨」，不僅是綠營群眾的需求，也是臺灣多數人民的期求。馬英九獲得中共善意回饋，造就兩岸緊密交流，真可說是盛況空前，尤其 2012 年的總統大選，更可說是藍綠對九二共識的對決，馬英九獲得勝選連任，卻並沒有深刻體會民意的付託，縱讓國家安全戰略觀點與國家安全教育網絡機制，持續鬆脫與惡化，讓兩岸交流密度及頻率加深的同時，卻出現兩岸國家身分認同分歧加大的弔詭現象。

　　馬英九代表國民黨以《中華民國憲法》為依歸，強調中華民國主體認同，出現中國人認同持續下降卻束手無策，民進黨執政卻一本初衷，知道臺獨虛假轉而全力奪取臺灣主體認同制高點，並不惜藉殼中華民國，持續質變中華民國認同為臺灣主體認同。其實，民進黨利用中華民國掩護也不一定全然負面，民進黨既不可能明言廢棄黨綱，則利用《中華民國憲法》搭建民共對話平臺，也是一種可供稱道的嘗試，除非民進黨斷然認定與大陸交流一定失分，臺灣人民也認定與大陸交流一無可取。

　　臺灣的法律定位和政治運作，不可能背棄或脫離《中華民國憲法》，法理一中是鐵錚錚的事實，其他都是詭辯與託辭。臺灣雖然多次修憲，但增修的只是凍結文本，修憲前提更明載因應國家統一前之需要，《臺灣地區與大陸地區人民關係條例》更以臺灣地區和大陸地區，暢順運作於兩岸事務。民進黨前主席謝長廷任高雄市長時，為了促進高雄經濟發展，曾在憲法一中基礎上處理兩岸關係，並把高雄和廈門定位為一個中國兩個城市，也獲得中共前副總理錢其琛的善意回應。

　　不論民進黨如何稱呼臺灣與中華民國，《中華民國憲法》仍然是最高依據與準繩，除非出現臺灣憲法或臺灣大法官釋憲案，坐實法理臺獨

與兩國論，中華民國認同畢竟是臺灣當前趨同的現況，臺灣守住中華民國，中共就沒有理由指責臺灣背棄中國，更不可能脫離中華民族，中國主權歸全體中國人所共有，是沒有爭議的，有爭議的是，中華人民共和國有沒有氣度與胸襟，接受轉進的中華民國政府擁有臺灣地區治權的事實，中華民國畢竟率先創造廢除中共動員戡亂時期叛亂集團的先例，接下來就看中共當局的一念之間了。

二、政治擔當

2005 年民進黨連任執政，在野國民黨主席連戰，不顧個人毀譽與黨的前途發展，成功率團訪問中國大陸，開創兩岸國共再度會談的歷史新頁，緊接著，中國國民黨代表大會將連胡會的「兩岸和平發展共同願景」列為政綱，2008 年國民黨馬英九成功勝選，國民黨重回執政遂以此為兩岸交流發展藍圖，開創兩岸交流盛事，兩岸雙贏新局繁榮可期。

國民黨根據《中華民國憲法》、法律、行政體制，及國民黨黨章、政綱處理兩岸政事，走大路、行大道，心安理得，理直氣壯，何懼之有，選舉勝負只是一時，不須如驚弓之鳥，受阻於選舉困局。兩岸求同存異是不得不背負的十字架，國民黨要有這個擔當，民進黨能夠撥開國民黨所撒布的臺灣陸障，認清臺灣四面環海的地利事實，進而勇於倡導海洋興國，為臺灣尋求嶄新開創之路，亦值得推崇與讚許。國民黨努力謀和兩岸，共圖兩岸和平發展，民進黨守成努力開創海洋發展利基，貫徹海洋興國綱領，也未嘗不利於兩岸，畢竟一個中國是不會有任何改變的，少數跳梁小丑，何足道哉。

臺灣人從也是中國人轉而不認中國人是人謀之贓，不是天性使然，李登輝經歷首次民選總統，就曾 12 次提到中國人，陳水扁初次就職演說，也講了 2 次中國人，李、陳總統在執政近 20 年後，混淆民族認同為國籍問題，使得中國人一詞漸成臺灣政治禁忌，何以致之，私心作祟使然，馬英九就任後，面對認同問題，處處顯露投鼠忌器，國民黨

兩位榮譽主席連戰與吳伯雄的中國人宣示，也沒有讓馬英九振聾啓聵，則為缺乏決心與魄力使然，使得中國認同問題隨波逐流，尤其具有里程碑意涵的《兩岸經濟合作架構協議》（ECFA）簽訂後受阻於太陽花民粹運動，後續各項簽署遂亦戛然而止。在此同時，大陸為弘揚中華文化反而在世界各地陸續設立多所孔子學院，臺灣則相對設立臺灣書院，顯然主動放棄復興中華文化的優先權，國關學者嚴震生比較扁馬時代的兩岸關係指出，政治不論分合，經濟互賴合作則是共同現象。

臺海危機使民眾不僅飽受兩岸關係激烈動盪之苦，政客的政治掛帥更嚴重干擾經濟提振，企業界人士曾與陳水扁筆戰兩岸和平共處法，顯現兩岸和平雙贏是臺灣社會經濟發展的主要企求，2012 年馬勝選更標誌兩岸和平發展是臺灣主流民意，大陸鄧小平開啓的改革開放更是不可逆轉，面對和平、合作、發展的世界大潮流，大陸明確指為國家發展的重要戰略機遇期，要集中精力搞好自身建設，實現和平發展的戰略目標。

國民黨領導對日抗戰勝利，是中華民族的功臣，卻一敗於大陸共產黨，轉進臺灣成功拒止中共侵臺，建設臺灣為三民主義模範省與中華文化復興基地，功不可沒，卻又再敗於臺灣民進黨，所幸，臺灣地區是民主社會，政黨輪替為常態發展，只要國民黨不負初衷，以國民革命為念，兩岸政治關係的糾葛與困擾，國民黨總有一席之地，而且終究是不可或缺，畢竟兩岸還是信守著孫中山的革命理想，共產黨打敗國民黨曾背離孫中山革命理想創建新國號，造成兩岸今日內戰延續的困境，民進黨如未記取共產黨的前車之鑑，在穩獲臺灣主導地位後，妄圖脫軌自治甚至獨立建國，最終還是要拱手寄望共產黨主動實踐中國政治現代化的時代工程。

Chapter 3

管理陣列 —— 國防體制與自我管理

國防體制與 自我管理		戰略陣列		
		戰略	政策	機制
管理 陣列	思維 計畫 行動	《四年期國防總檢討報告》與總統國家安全戰略思維	《二年期國防報告書》與行政院全民國防政策計畫	年度施政計畫、績效報告與國防部全民防衛機制行動

資料來源：筆者自繪整理。

第一節　意涵與要素發展

壹、意涵

　　管理陣列源自於戰略陣列的文化創意－善意－敵意啟示與中國傳統戰略文化指導，而以管理陣列思維－計畫－行動為主軸，體現於總統以《四年期國防總檢討報告》為基礎的國家安全安戰略思維指導報告－行政院以《二年期國防報告書》為基礎的全民國防政策計畫報告－國防部以年度施政計畫、成效為基礎的全民防衛機制行動報告之國防體制與自我管理報告實踐體系。

貳、要素發展

一、政策白皮書

　　白皮書是國家政府、議會為詮釋重要政策而發表的書面正式文件，因其封面一般為白色，所以稱之為「白皮書」（White Paper）。二戰後，世界各國日趨重視以白皮書形式，闡述政府相關政策與計畫作為，尤其是攸關國家重大興衰的國防軍事政策，其主要用意為對外宣示國防或軍事動向，增加軍事透明度，以強化釋疑、增加互信和消除威脅爭論，努力樹立自身良好國際形象；對內，則可讓國內民眾了解國防全

般事務，尤其是對國防武力籌建與運用情況的了解與掌握，以爭取他們對於國防建設的理解與支持，並減少寡頭政策決策人員誤判與誤導的風險。

二、國家政策白皮書

「國家政策」（national policy）又稱爲「國家策略」（national strategy），有廣義、狹義兩種定義方式。廣義國家政策形塑國家追求基本目標，狹義國家政策指達成目標具體作爲，政策層次不同，政策意涵跟著不同，使用工具亦不同。由於國家資源運用有限，政策計畫始終存在本位相互競爭，但誠如美國前國務卿季辛吉（Henry Alfred Kissinger）所指，政府的主要責任在保衛國家安全，維護國家安全是國家政策最重要部分，也是政府首要責任。爲確保國家安全政策目標優先達成，應力求發揮政策倫理效益，追尋殊途同歸，以利統合發揮。

「國家安全政策」（national security policy）定義指陳甚廣，有稱「國家安全戰略」（national security strategy）或「大戰略」（grand strategy），日本稱爲「綜合安全保障戰略」。美國政治學者杭廷頓（Samuel P. Huntington）將國家安全政策水平劃分爲軍事（military security policy）、內部（internal security policy）與情境（situational security policy）三種型態，臺灣戰略實踐學者孔令晟則將「國家安全政策」稱爲一種大戰略構想，重點在追求國家安全總體戰略構想的具體實踐。我國國家安全局並未對國家安全政策做出官方定義，僅指出國家安全政策旨在維護國家生存不受威脅、國家領土完整，不受任何侵犯、政治獨立和主權完整，維持政府運作和國家預算、維持經濟制度及發展正常、確保國家傳統生活方式，不受外力干涉與控制等國家利益，亦即含括國家安全與國家發展整體利益。

1986 年美國高尼法案，在國防部每年向總統與國會提出年度國防

報告書時，進一步要求總統也必須定期發表國家安全報告，1987 年美國共和黨雷根政府因應國會要求，首度提出總統層次之國家安全戰略書面報告，1994 年民主黨柯林頓總統獲得執政，延續共和黨做法，繼續發表《國家安全戰略報告》，因而形成美國總統慣例。

三、國防政策白皮書

「國防政策」（defense policy）亦稱「國防策略」（defense strategy），直接目標達成建軍、戰力整備，以有效因應危機或戰爭發生，間接目標則為支持國家政治目標之達成，創造有利和平發展環境。美國國防部每年向總統與國會提交書面之國防報告書已形成慣例，根據政治學者楊永明的研究，1970 年日本繼美國國防部提交國防報告書後，率亞洲風氣之先，首度發表《防衛白皮書》，卻受到中國、北韓、蘇聯等鄰國強烈抨擊，認為是日本軍國主義心態復出，戰略學者王崑義研究發現，日本直到 1976 年才繼續出版第二本防衛白皮書，之後，形成每年發表一本的慣例。

中國大陸自 1998 年起，每隔 2 年發表一次國防白皮書，美國國防部更在 1997 年進一步發表《四年期國防總檢討報告》（Quadrennial Defense Review, QDR）報告，之後亦形成國防部慣例，2005 年美國國防部根據 2001 年 QDR 及布希《2002 國家安全戰略報告》，緊接著又提出第一份《國防戰略報告》，美國因應國家安全戰略環境的發展，從 1987 年總統層級的《國家安全戰略報告》公布開始，歷經近十年的發展後，引導出 1997 年國防部的《四年期國防總檢討報告》，最後再出現 2005 年國防部的《國防戰略報告》，提供《國家安全戰略報告》、《國防戰略報告》、《四年期國防總檢討報告》相互指導與支持鏈結的重要啟示，就如國防管理學者陳勁甫評估戰略效益時指出，美國在後冷戰時期對戰略的正確運用，讓美國獲得最低代價塑造全球新秩序的實證效益。

　　戰略學者黃介正指出，美國 QDR 以總統任期爲主，主要內涵依國家安全戰略→國防戰略→國家軍事戰略→軍事任務與目標→兵力結構→國防預算等程序執行規劃，以有效達到戰略與資源結合的目標。政治學者丁樹範分析美國 QDR 報告指出，QDR 主要根據美國國防戰略（National Defense Strategy），涉及「建力」，爲日後可能的「用力」做準備，屬於建軍規劃層次，可見《美國國家安全戰略報告》、《國土安全戰略報告》、《國防戰略報告》、《四年期國防總檢討報告》等政策白皮書報告並無固定形式，只要能掌握不同層次需求，與現行政府運作體制密切結合，使戰略與政策相互指導與支持發揮最高效益，即符合政策白皮書公開發布之效用。

第二節　臺灣國防體制報告書

　　《國防法》第 2 章國防體制與權責規範，包括總統、國家安全會議、行政院與國防部。總統是三軍統帥，藉助國家安全會議之諮詢，決定國防大政方針，行政院依行政院會議制定國防政策，國防部則本於國防之需要，依軍政、軍令、軍備專業功能，提供行政院制訂國防政策之建議，並制定軍事戰略。有關國防報告之規範，則出現於第 6 章中的第30 條，規定國防部應根據國家目標、國際一般情勢、軍事情勢、國防政策、國軍兵力整建、戰備整備、國防資源與運用、全民國防等，定期提出國防報告書，國防政策有重大改變時，應適時提出之。

　　根據國防體制權責規範，總統與國家安全會議決定國防大政方針，行政院制訂國防政策，國防部僅提供政策建議，本身主要權責規範爲提出軍事戰略，與爲提升國防預算審查效率所應送交立法院的國防施政計畫及績效報告。國防政策報告顯然非國防部所能單獨完成，亦非國防部之主要權責，國防報告書的製作如非國防體制的集體運作，則依國防體制權責，分層發表國防報告書實有必要。

壹、國防部年度施政計畫與績效報告

一、法令依據

《國防法》第 31 條規定，為提升國防預算之審查效率，國防部每年應編撰中共軍力報告書、中華民國五年兵力整建與施政計畫報告送交立法院，其中十年建軍構想與五年兵力整建計畫，主要依據國防政策與軍事戰略制定；施政計畫指導，主要依據總統國家安全理念與行政院國防政策、年度施政方針，並配合四年中程施政計畫與國家發展委員會《行政院所屬各機關年度施政績效評估作業注意事項》及《行政院所屬各機關施政績效管理作業手冊》，採「分層負責」與「目標管理」及核定預算額度，編定年度施政計畫。

二、計畫要旨分析

國防部公開施政計畫讓民眾直接審閱，起自 107 年 06 月 21 日公布的 106 年度施政計畫，內容含括 103-105 年度預算，106 年度施政計畫與施政績效合併公布，主要區分關鍵策略目標與關鍵績效指標，篇幅計 29 頁。關鍵策略目標含括國軍兵力整建計畫之提升聯合作戰效能、強化官兵基礎戰力、募兵制配套、鼓勵官兵進修、弘揚武德、國防科技發展、災害防救整備、軍事交流對話、官兵照護、妥適配置國防預算資源等 10 項，關鍵績效指標則有兵力整建計畫達成率、部隊演訓合格率、體能測驗合格率、志願士兵招募與續服人數、官兵證照培訓成果、國軍優質形象行銷、軍民學術合作成效、救難專業訓練成效、交流對話成效、官兵照護成效與預算執行成效等 17 項，含一致性之關鍵績效指標 2 項。

107 關鍵績效指標，將燈號顯示改為關鍵績效指標－評估體制－評估方式－衡量標準－年度目標值－與中長程個案計畫關聯單一年度格式

化，因同時開始依關鍵策略目標達成情形（關鍵策略目標與關鍵績效指標）編製國防績效篇幅 21 頁，施政計畫篇幅縮小為 6 頁，關鍵策略目標同 106 年度 10 項，關鍵績效指標刪除建立溝通管道、提振軍隊士氣，增加軍備科研專案管理成效，仍維持 17 項，並特別在前言指出依據防衛固守，確保國土安全，重層嚇阻，發揮聯合戰力之軍事戰略指導，並將關鍵策略目標概略區分為防衛國家安全、建制專業國軍、落實國防自主、維護人民福祉及促進區域穩定 5 項。

108 年度施政計畫，將關鍵策略目標改為施政目標及策略，年度關鍵績效指標改為重要計畫，篇幅進一步縮小為 2 頁。施政目標及策略同 107 年度關鍵策略目標為 10 項，其中在提升官兵基礎戰力項，特別指出戰力防護、濱海決勝、灘岸殲敵整體防衛構想，重要計畫指出厚植聯合戰力——兵力整建計畫、強化訓練作為——部隊訓練訓令、夥力兵制轉型——國軍留營成效獎勵作業要點、優化人才培育——國軍營區教學點獎勵作業要點、積極國防自主——結合國內學研單位資源，執行學術合作研究計畫、精進災害救援——每年度配合各地方政府辦理災防示範演習計畫、拓展軍事交流——友盟國家軍事交流（高層互訪、戰訓、智庫、教育訓練、軍陣醫學交流等）、落實官兵照顧——推動老舊營區整建計畫等 8 項。108 施政績效報告同 107 年度，篇幅 29 頁。

109 施政計畫篇幅 4 頁，施政目標及策略同 108 年度 10 項，重要計畫亦同 108 年度 8 項，109 施政績效報告主要修正有依年度目標及策略推動成果，格式依年度施政目標（10 項）－執行策略作為－達成效益／成果編製，篇幅 35 頁。110 施政計畫篇幅 3 頁，施政目標及策略較諸 109 年度 10 項刪除預算項，剩 9 項，其中凝聚官兵精神意志、弘揚武德修改為弘揚國軍光榮歷史，凝聚全民愛國意志，持續推動與友盟國家軍事交流，拓展戰略對話修改為持續拓展友我國家軍事合作，鞏固夥伴關係。重要計畫亦同 109 年度 8 項，其中厚植聯合戰力小修為建構可恃戰力。

　　111 施政計畫篇幅則為 4 頁，施政目標及策略較諸 110 年度修正為 10 項，增加推動後備制度改革，發揮全民國防戰力項，重要計畫綜整為一般裝備類、教育訓練類、軍事行政類、一般科學研究類、軍事合作交流類、非營業特種基金類等 6 類別 10 項，其中強化訓練作為──部隊訓練訓令項改聯合作戰訓練測考綱要計畫，優化人才培育──國軍營區教學點獎勵作業要點，改現役軍人營區在職專班招生辦法，增加後備戰力轉型──提升後備戰力綱要計畫項、維護官兵權益──官兵權益保障會工作實施計畫項等（內容要旨分析說明詳如國防部年度施政計畫與績效比較分析表）。

　　經由下表統計分析，施政計畫與施政績效公告後，首先合併報告，後來又分開報告，主要基於當年度施政績效報告須經核定後始能公告，遂有延遲情形。但當年度施政計畫主要基於上年度之施政績效而定，故當年年度施政計畫結合上年度核定之施政績效，應是合理的報告形式，施政計畫指導普遍依總統國家安全理念及行政院國防政策指導，其依據主要有中程施政計畫、國家發展委員會「行政院所屬各機關 106 年度施政績效評估作業注意事項」及「行政院所屬各機關施政績效管理作業手冊」，行政院年度施政方針，並配合核定預算額度編定，採「分層負責」及「目標管理」。

　　關鍵策略計畫或施政目標及策略主要內容大致不變，約在 10 項左右，重要計畫也始終維持約 8 項左右，111 年度重要計畫修訂為 6 類 10 項是否因此而形成慣例，尚待後續觀察。依施政目標及策略或重要計畫而延伸出的關鍵績效指標則維持在約 17 項左右，可說已經大致形成一個常態發展型態，至於如何與《二年期國防報告書》與《四年期國防總檢討報告》對接，以符應各層級之需求，則仍須回到戰略─政策─機制的思路尋求有效接軌。

國防部年度施政計畫與績效比較分析表

時間	施政計畫 關鍵策略目標 施政目標及策略	施政績效 年度關鍵績效指標(重要計畫)	分析
106年	**關鍵策略目標** (一) 整合三軍武器系統作戰效能力,提升聯合作戰效能。 (二) 勤訓精練,提升官兵基礎戰力。 (三) 招募志願役人力,穩定留營成效。 (四) 鼓勵官兵進修,以滿足各職類專業需求。 (五) 凝聚官兵精神意志、弘揚武德。 (六) 前瞻國防科技發展趨勢,支援建軍備戰目標。 (七) 積極從事災害防救整備,強化國軍救災效能。 (八) 持續推動與友盟國家軍事交流、拓展戰略對話。 (九) 改善官兵生活環境,持陌推動各項官兵照護措施。 (十) 妥適配置預算資源,提升預算執行效率。	**關鍵績效指標** 1. 兵力整建計畫達建率。 2. 三軍聯合演訓。 3. 基地訓練。 4. 國軍三項體能測驗合格率。 5. 年度志願士兵招募人數。 6. 志願士兵留營續服人數。 7. 官兵參與證照培訓訓成果。 8. 建立溝通管道、提振軍隊士氣。 9. 策辦多元活動、結合國軍網路宣傳、行銷國軍優質形象。 10. 學術合作計畫成效。 11. 精實救難專業訓練。 12. 高層互訪、戰略對話。 13. 推動老舊營區整建。 14. 強化官兵醫療保健。 15. 提供法律服務。 16. 機關年度資本門預算執行率(103-106年度)。 17. 機關於中程歲出概算額度內編報情形(104-106年度)。	1. 106年度開始公告,格式為施政計畫與施政績效合併報告,公告日期為107年06月21日,包含103-105之年度預算,篇幅29頁。 2. 關鍵策略目標(10項),關鍵績效指標(17項含一致性之關鍵績效指標2項)。 3. 依據中程施政計畫(106至109年度)、國家發展委員會「行政院所屬各機關106年度施政績效評估作業注意事項」及「行政院所屬各機關施政績效管理作業手冊」,採「分層負責」及「目標管理」。

時間	施政計畫 關鍵策略目標 施政目標及策略	施政績效 年度關鍵績效指標	分析
107 年	**關鍵策略目標** 同 106 年度 10 項。	**關鍵績效指標** 刪除建立溝通通管道、提振軍隊士氣，增加軍備科研專案管理成效，同 106 年度仍維持 17 項。	1. 關鍵績效指標燈號改單一年度格式化（關鍵績效指標一評估體制一評估方式一衡量標準一年度目標值一與中長程個案計畫關聯），篇幅 6 頁。 2. 關鍵策略目標（10 項）、關鍵績效指標（17 項）同 106 年度。 3. 增加說明 5 項國防戰略目標反達成目標途徑「防衛國家安全」、「建制專業國軍」、「落實國防自主」、「維護人民福祉」及「促進區域穩定」即強調國防產業發展策略。 4. 指出軍事戰略指導為衛固守，確保國土安全；重層嚇阻、發揮聯合戰力。 5. 依據行政院 107 年度施政方針，配合中程施計畫及核定預算額度編定施政計畫。 6. 國防施政績效情形（關鍵策略目標達成情形與關鍵績效指標）編製，篇幅 21 頁。

管理陣列——國防體制與自我管理

時間	施政計畫 關鍵策略目標 施政目標及策略	施政績效 年度關鍵績效指標（重要計畫）	分析
108年	**施政目標及策略** 施政目標及策略同107年度關鍵策略目標為10項，其中在提升官兵基礎戰力項，特別指出達防衛作戰、濱海決勝、灘岸殲敵整體防衛構想。	**重要計畫** 1.厚植聯合戰力——兵力整建計畫。 2.強化訓練作為——部隊訓練訓令。 3.戮力兵制轉型——國軍留營成效獎勵動作業要點。 4.優化人才培育——國軍營區教學點獎勵動作業要點。 5.積極國防自主——結合國內學研單位資源，執行學術合作研究計畫。 6.精進災害救援——每年度配合各地方政府辦理災防示範演習計畫。 7.拓展軍事交流——友盟國家軍事交流（高層互訪、戰訓、智庫、教育訓練、軍事醫學交流等）。 8.落實官兵照顧——推動老舊營區整建計畫。	1.關鍵策略目標改施政目標及策略、年度關鍵績效指標改為重要計畫，篇幅2頁。 2.施政目標及策略10項同107年度關鍵策略目標，重要計畫指出8項。 3.指導總統國家安全理念及行政院國防政策。 4.依據行政院108年度施政方針，配合中程施政計畫及核定預算額度。 5.施政績效報告格式亦依關鍵策略目標達成情形（關鍵策略目標與關鍵績效指標），篇幅29頁。

時間	施政計畫 關鍵策略目標 施政目標及策略	施政績效 年度關鍵績效指標（重要計畫）	分析
109年	**施政目標及策略** 同108年度10項。	**重要計畫** 同108年度8項。	1. 施政計畫篇幅4頁，施政目標10項，重要計畫策略同108年度8項。 2. 指導總統國家安全理念及行政院國防政策。 3. 依據行政院109年度施政方針，配合中程施政計畫及核定預算額度編定。 4. 施政績效報告格式改依年度施政目標及策略推動成果（年度施政目標（10項）—執行策略作為—達成效益／成果），篇幅35頁。
110年	**施政目標及策略** 施政目標及策略較諸109年度10項刪除預算項剩9項，其中凝修武德改為弘揚官兵精神意志、弘揚軍光榮歷史、凝聚全民愛國愛軍意志，持續推動與友盟國家軍事交流、拓展戰略對話持續拓展友我國家軍事合作、鞏固夥伴關係。	**重要計畫** 同109年度8項，其中厚植聯合戰力小修為建構可恃戰力。	1. 篇幅3頁。 2. 指導總統國家安全理念及行政院國防政策。 3. 依據行政院110年度施政方針，配合核定預算額度編定。 4. 施政績效待核定。

時間	施政計畫 關鍵策略目標 施政策略目標及策略	施政績效 年度關鍵績效指標（重要計畫）	分析
111 年	**施政策略目標及策略** 施政目標及策略較諸 110 年度修正為 10 項，增加推動後備制度改革，發揮全民國防戰力項。	**重要計畫** 一、一般裝備類 1. 建構可恃戰力——兵力整建計畫。 二、教育訓練類 2. 強化訓練測考綱要計畫。 3. 後備戰力轉型——提升後備戰力綱要計畫。 4. 精進災害防救——每年度配合各地方政府辦理災防示範演習計畫。 三、軍事行政類 5. 優化募兵機制——國軍留營成效獎勵作業要點。 6. 優化人才培育——現役軍人營區在職專班招生辦法。 7. 維護官兵權益——官兵權益保障工作實質施計畫。 四、一般科學研究類	1. 篇幅 4 頁，施政目標及策略（10 項），重要計畫歸為一般裝備類、教育訓練類、軍事行政類、一般科學研究類、軍事合作交流類、非營業特種基金類 6 類別 10 項，其中強化訓練作為——部隊訓練測考綱要計畫改聯合作戰訓練測考綱要計畫；優化人才培育——國軍營區教學獎勵作業要點，改現役軍人營區在職專班招生辦法；增加後備戰力轉型——提升後備戰力綱要計畫；後備戰力綱要計畫：維護官兵權益——官兵權益保障會工作實質施計畫項等。 2. 指導總統國家安全理念及行政院國防政策。 3. 依據行政院 111 年度施政方針，配合核定預算額度編定 111 年度施政計畫。 4. 施政績效待編製。

時間	施政計畫 關鍵策略目標 施政目標及策略	施政績效 年度關鍵績效指標（重要計畫）	分析
111年		8. 落實國防自主——國防先進科技研究計畫及軍民通用研究計畫。 五、軍事合作交流類 9. 軍事合作交流——友我國家軍事交流（高層互訪、戰訓、智庫、教育訓練等）。 六、非營業特種基金類 10. 落實官兵照顧——推動老舊營區整建計畫。	

資料來源：筆者自製。

貳、國防部二年國防報告書

一、法令依據

《國防法》31 條規定國防部每年須提出施政計畫報告送交立法院，第 30 條規定國防部應定期提出國防報告書，所謂的定期並沒有指定時間。1992 年陳履安任部長時國防部首度出版國防報告書，之後形成 2 年一次出版的慣例，至今沒有改變，國防報告書並沒有指定要送交總統或立法院，是否要經過國家安全會議諮詢或行政院指裁，也沒有相關規範，因此，由國防部長署名出版的國防報告書，是否代表整個國防體制仍存有疑慮。

2019 的《國家安全法》第 4 條規定，警察或海岸巡防機關依職權實施必要檢查時，得報請行政院指定國防部命令所屬單位協助執行，第 5 條為確保海防及軍事設施安全，並維護山地治安，得由國防部會同內政部指定海岸、山地或重要軍事設施地區，劃為管制區，並公告之。可見國防有關事項與國安事項密不可分，最重要的是，國防部還有上層機關行政院，尤其行政院才是國防政策制定機關，則國防報告書出版由國防部長署名，顯然與《國防法》規範相左，且恐有遺漏非軍事之國防事項，使行政院全民國防政策出現漏洞甚或淪於空談。

二、報告要旨分析

國防報告書由國防部戰規司國防政策處成立編纂委員會，自第一份國防報告書於 1992 出版至今已有 16 版本。陳履安部長文人主政展現新氣象，主動率先公布第一次國防報告書，內容主要區分軍事情勢、國防政策、國防資源、國防現況與戰備整備及國民與國防五篇；1994 年第二本報告書，主要將軍事政策改防衛政策，警備安全明確為海岸巡防部隊、國民與國防篇縮小為國民與國軍篇；第三本 1996 年出版，俟逢

臺海飛彈危機，國防現況篇改武裝部隊篇、特別提列憲兵部隊與軍隊動員、增加國防重要施政篇、國防公共事務篇，似有點兵意涵。

1998年第四本報告書，主要將武裝部隊改列常備部隊、後備（預備）部隊、軍隊動員改軍事動員與全民防衛動員、民防。第五本報告書在2000年出版，俟逢第一次政黨輪替民進黨執政，也正值《國防法》修正公布，其中第30條對國防報告書內容定有法制規範，此次內容恢復1996年的武裝部隊篇，但用常備與後備部隊，軍隊動員則改軍事動員，並提出國防重大興革與施政篇（精實案、組織再造），第一次增列役政改革。

2002年報告書出版時，修正《國防法》正式實行，國防報告書內容正式依法制規範書寫，逐第一次在國防重要施政篇提出全民國防之實踐，其他則在國防政策篇提出國家安全戰略、國家安全政策、國防政策與軍事戰略之分項說明，武裝部隊篇改國軍部隊篇。第七本國防報告書在2004年出版，第一次結合國防體制，出現總統序，第一次提出國防政策與軍事戰略篇，第一次在國防組織與國軍部隊篇提出國防體制，第二次提出全民國防理念（在國防重要施政法制篇的全民防衛章），軍事教育則列在國防重要施政的戰備篇。

第八本在2006年出版時，是歷年來篇幅最少的一次報告，僅三篇，又俟逢總統運用國家安全會議之諮詢，同時出版一份《2006國家安全報告》，並出現第二次總統序，在革新轉型篇第一次提出軍事戰略調整，全民國防第一次正式單列成篇。2008年出版第九本，俟逢第二次政黨輪替國民黨執政，政權交接前出現第三次總統序，也是最後一次，第一次提出臺灣價值、文人領軍、玉山兵推，延續全民國防篇並第一次提出國防教育，第一次在防衛動員提出國土安全。

第十本比較特殊，於隔年即2009年出版，主要因應第二次政黨輪替國民黨執政調整，僅三篇，雖然政黨再度輪替，卻延續2000年役政改革，提出兵役制度主要針對募兵制的實踐，且第一次提出軍事互信。

2011 年，第十一本出版，第一次提到國防轉型，全民國防改列於國防戰力篇。第十二本於 2013 年出版，第一次提出國防方略篇、國防策略章（國防政策戰略、軍事戰略），恢復全民國防篇，含括全民防衛章。2015 年出版的報告書，則將國防策略篇改回國防政策篇，延續全民國防篇。第十四本於 2017 年出版，中間俟逢政黨第 3 次輪替，民進黨蔡英文執政，為貫徹其國防施政理念，第一次提出國防自主篇，第一次提出國防治理篇，強調施政成效與夥伴關係，全民國防則改列於榮耀國軍篇軍民同心章的全民國防一節，並第一次提出職涯發展章。

2019 年第十五本則配合美國政策主張，第一次提出印太區域，並第一次提出國防產業軍民通用，全民國防則列於榮耀傳承篇深耕國防章的全民國防節。最新剛出爐的 2021 第十六本報告書，第一次提出灰色地帶威脅，第一次在國防戰力篇提出戰略指導，主要包括國防基本理念、國防戰略與軍事戰略，全民國防則同 2017 年列於榮耀國軍篇軍民同心章的全民國防節。

全民國防在 2000 年《國防法》首次公布時，就在第 3 條規範我國國防為全民國防，範圍包括國防軍事、全民防衛、其他與國防相關事務，觀察這 16 本國防報告書的篇章節敘述，僅 2006、2008、2013、2015 四本單列成篇，2002 年為國防重要施政篇下的全民國防章，2017、2019、2021 年則退化為榮耀國軍或榮耀傳承篇的軍民同心或深耕國防章的全民國防節，顯見行政院全民國防政策實踐在國防報告書出現盲點，尚待澄清與精進，其內容要旨統計分析詳如下頁：國防報告書要旨統計分析表。

國防報告書要旨統計分析表

時間	篇章節摘要	分析
民 81 年 3 月（1992）	軍事情勢篇——當前世界全般軍事情勢、中華民國周邊軍事情勢、中共軍事情勢 國防政策篇——國家安全、國防組織、軍事政策 國防資源篇——國防預算、國防人力、國防工業與科技發展、後勤整備 國防現況與戰備整備篇——警戒監視、情報蒐集、地面部隊、海軍部隊、空軍部隊、警備安全、戰備整備 國民與國防篇——世界各國之國民與國防、國防之社會基礎、國軍愛民服務	文人部長陳履安 篇幅 306 頁
民 83 年 3 月（1994）	軍事情勢篇——當前世界全般軍事情勢、中華民國周邊軍事情勢、中共軍事情勢 國防政策篇——國家安全、國防組織、防衛政策 國防資源篇——國防預算、國防人力、國防科技研發與軍品採購、後勤管理 國防現況篇——警戒監視、早期預警、地面部隊、海軍部隊、空軍部隊、海岸巡防部隊、後備動員 國民與國軍篇——處理軍民土地糾紛、推動環保工作、軍中與社會配合	文人部長孫震 篇幅 292 頁 軍事政策改防衛政策 警備安全明確為海岸巡防部隊 國民與國防篇縮小為國民與國軍篇
民 85 年 5 月（1996）	軍事情勢篇——世界全般軍事情勢、亞太地區周邊軍事情勢、中國大陸軍事情勢 國防政策篇——國防政策之意義及其制定之相關因素、現階段國防政策、戰備整備	部長蔣仲苓 篇幅 378 頁 1996 臺海飛彈危機 國防現況篇改武裝部隊篇，特別提列憲兵部隊與軍隊動員

時間	篇章節摘要	分析
民 85 年 5 月（1996）	國防資源篇——人力、物力、財力、研究發展 武裝部隊篇——軍隊編制與指揮、陸軍部隊、海軍部隊、空軍部隊、憲兵部隊、海岸巡防部隊、軍隊動員 國防重要施政篇——愛國教育與服務、人事、主計、作戰訓練、軍事教育、後勤、國防管理、通信電子、醫療、法律事務 國防公共事務篇——與國民大會、立法院、監察院之聯繫、政、軍聯繫、鼓勵民間參與國防事務、人民權益、愛民服務、展示活動	增加國防重要施政篇、國防公共事務篇似有點兵意涵
民 87 年 3 月（1998）	國家安全環境與軍事情勢篇——國際安全情勢、亞太地區軍事情勢、中共軍事情勢 國防政策與武裝部隊篇——國防的必要性、現階段國防政策、常備部隊、後備（預備）部隊、軍事動員、全民防衛動員、民防 國防資源與管理篇——人力、物力、財力、國防管理、國防科技 國防重要施政篇——愛國教育與服務、健全國防法規、精實部隊組織、鞏固部隊基層、加強軍事教育、堅實防衛作戰整備、維護官兵權益、配合政府提升國家競爭力作為 國軍與國民篇——爭取民意支持、尊重人民權益、主動為民服務	部長蔣仲苓 篇幅 296 頁 武裝部隊改列常備部隊、後備（預備）部隊 軍隊動員改軍事動員與全民防衛動員、民防
民 89 年 8 月（2000）	國際安全環境與軍事情勢篇——國際安全環境、國際軍事情勢、中共軍事情勢	部長伍世文 篇幅 358 頁 第一次政黨輪替民進黨執

時間	篇章節摘要	分析
民 89 年 8 月 （2000）	國家安全與國防政策篇——我國的國家安全概況、現階段國防政策、防衛作戰指導、全民防衛動員 國防資源篇——國防人力、國防物力、國防財力 武裝部隊篇——常備部隊、後備部隊、海岸巡防部隊、軍事動員 國防管理篇——國防法規管理、部隊管理、國防經費管理、軍事用地及營繕工程管理、國防資訊管理、械彈管理 國防重大興革與施政篇——國軍精實案、國防組織再造、精進國防決策品質、革新軍法體制、役政改革、國軍人才招募、加強軍事教育、福利與保險、持恆戰備精進動員、賡續政治教育凝聚共識、眷村改建 國軍與國民篇——擴大國防事務透明化、尊重人民權益、主動為民服務、九二一震災救援、增進軍民情誼	政 《國防法》公布實施 恢復 1996 年的武裝部隊篇但用常備與後備部隊、軍隊動員改軍事動員 提出國防重大興革與施政篇（精實案、組織再造） 第一次提出役政改革
民 91 年 7 月 （2002）	國際安全環境與軍事情勢篇——國際安全環境、全球軍事情勢、亞洲軍事情勢、中共軍事情勢 國防政策篇——國家安全概況、國家安全戰略、國家安全政策、國防政策與軍事戰略、兵力整建目標 國防資源篇——國防人力、國防財力、國防物力 國軍部隊篇——常備部隊、後備部隊、後勤支援部隊 國防管理篇——國防人力資源管理、國防法規管理、國防經費管理、軍事動員管理、後勤管理、部隊管理、通信電子資訊管理	部長湯曜明 篇幅 440 頁 《國防法》開始實行 國防政策篇提出國家安全戰略、國家安全政策、國防政策與軍事戰略 武裝部隊篇改國軍部隊篇 第一次在國防重要施政篇提出全民國防之實踐

時間	篇章節摘要	分析
民 91 年 7 月（2002）	國防重要施政篇——國軍的立場與使命、國防組織改造、全民國防之實踐、軍事教育、部隊訓練、軍事交流、國防科技成果與展望、軍人人權保障、保險福利醫療、眷村改建 國軍與社會篇——國防事務透明化、保障人民權益、為民服務	
民 93 年 12 月（2004）	安全環境與軍事情勢篇——國際安全情勢、亞太軍事情勢、中共國防政策與軍事動向、軍事情勢與國家安全 國防政策與軍事戰略篇——國防政策（當前國家安全政策）、軍事戰略 國防組織與國軍部隊篇——國防組織（國防體制）、常備部隊、後備部隊 國防資源與管理篇——國防人力、國防財力、國防物力、國防科技 國防重要施政法制篇——國防法規、全民防衛（全民國防理念） 國防重要施政戰備篇——軍事教育、作戰訓練、後勤、通信電子資訊、軍事動員 國防重要施政安全服務篇——軍紀安全、軍人權益保障、福利服務 國防重要施政軍民關係篇——人民權益保障、社會服務、軍民聯繫	部長李傑 篇幅 324 頁 第一次出現總統序 第一次提出國防政策與軍事戰略篇 第一次在國防組織與國軍部隊篇提出國防體制 第二次提出全民國防理念（在國防重要施政法制篇的全民防衛章） 軍事教育列在國防重要施政的戰備篇
民 95 年 8 月（2006）	迎接挑戰篇——安全情勢變遷（全球亞太兩岸臺灣角色）、中共軍事發展、中共對臺軍事威脅、國內環境考量（軍隊國家化） 革新轉型篇——軍事戰略調整、組	李傑部長 篇幅 234 頁 僅三篇 （2006.5.20 國家安全報告 162 頁）同時出版

時間	篇章節摘要	分析
民 95 年 8 月（2006）	織機能再造、優質人力強化、現代化武器籌建、聯合戰力提升 全民國防篇——全民國防的理念與願景、國防結合社會民生、全民支持參與國防（全民國防教育＋全民防衛動員體系）	第二次總統序 在革新轉型篇第一次提出軍事戰略調整 全民國防第一次單列成篇
民 97 年 5 月（2008）	迎接挑戰篇——全球局勢、亞太安全、中共軍力 開創契機篇——臺灣價值、國防政策、軍事戰略 厚植戰力篇——國防組織（文人領軍）、國軍戰力（玉山兵推、聯合作戰）、國防資源 全民國防篇——國防教育、服務全民（三安政策）、防衛動員（國土安全）	文人部長蔡明憲 篇幅 350 頁 2008.3 國安報告修訂版 173 頁出版 第二次政黨輪替國民黨執政 第三次總統序 第一次提出臺灣價值 第一次提出文人領軍 第一次提出玉山兵推 延續全民國防篇並第一次提出國防教育 第一次在防衛動員提出國土安全
民 98 年 10 月（2009）	面對挑戰篇——安全情勢（全球亞太臺海）、中共軍事 前瞻革新篇——國防政策、國防組織、兵役制度 開創契機篇——國防資源、堅實戰力、開創和平（軍事互信）	部長高華柱 篇幅 188 頁——募兵制 第一本 QDR2009.3 出版 104 頁（部長陳肇敏） 僅三篇 因應第二次政黨輪替國民黨執政調整隔年再出版 再延續 2000 年役政改革提出兵役制度（募兵制） 第一次提出軍事互信
民 100 年 7 月（2011）	戰略環境篇——安全情勢（全球亞太臺海）、安全挑戰	部長高華柱 篇幅 232 頁

時間	篇章節摘要	分析
民100年7月（2011）	國防轉型篇——國防政策、國防組織 國防戰力篇——國防武力、國防資源、全民國防（國防教育、防衛動員） 安邦定國篇——災害防救、服務全民	第一次提到國防轉型 全民國防改列於國防戰力篇
民102年10月（2013）	戰略情勢篇——安全情勢（全球亞太臺海）、安全挑戰 國防方略篇——國防策略（國防政策戰略、軍事戰略）、國防施政 國防戰力篇——國防武力、國防資源 全民國防篇——全民防衛（國防教育防衛動員）、服務全民（災害防救）	部長嚴明 篇幅216頁 第二本QDR2013.3出版72頁（部長高華柱） 第一次提出國防方略篇、國防策略章（國防政策戰略、軍事戰略） 恢復全民國防篇（全民防衛章）
民104年10月（2015）	戰略環境篇——安全情勢（全球亞太臺海）、安全挑戰 國防政策篇——國防策略（國防政策戰略、軍事戰略）、國防施政 國防戰力篇——國防武力、國防資源 全民國防篇——全民防衛（國防教育防衛動員）、軍民合作（災害防救聯合海巡護漁）	部長高廣圻 篇幅204頁 修國防策略篇改回國防政策篇 續列全民國防篇
民106年12月（2017）	戰略環境篇——安全情勢（全球亞太臺海）、國防挑戰 國防整備篇——國軍使命、戰力發展 國防自主篇——國防科技、國防民生 國防治理篇——施政成效、夥伴關係 榮耀國軍篇——軍民同心（全民國防）、人才傳承（職涯發展）	部長馮世寬 篇幅184頁 第三本QDR2017.3出版64頁（部長馮世寬） 第一次提出國防自主篇 第一次提出國防治理篇（施政成效、夥伴關係） 全民國防改列於榮耀國軍篇（軍民同心全民國防節） 第一次提出職涯發展章

時間	篇章節摘要	分析
民 108 年 9 月（2019）	安全環境篇——戰略態勢（印太臺海）、安全威脅 國防戰力篇——國軍使命、戰力發展 國防自主篇——國防科技、國防民生（國防產業軍民通用） 國防治理篇——施政成效、夥伴關係 榮耀傳承篇——深耕國防（全民國防）、人才傳承	部長嚴德發 篇幅 184 頁 第一次提出印太 第一次提出國防產業軍民通用 全民國防列於榮耀傳承篇（深耕國防章全民國防節）
民 110 年 10 月（2021）	區域情勢篇——安全環境、安全威脅（灰色地帶） 國防戰力篇——戰略指導（國防基本理念、國防戰略、軍事戰略）、戰力發展 國防自主篇——國防科技、國防民生 國防治理篇——施政成效、夥伴關係 榮耀國軍篇——軍民同心（全民國防節）、人才培育	部長邱國正 篇幅 196 頁 第四本 QDR2021.3 出版 54 頁（部長邱國正） 第一次提出灰色地帶威脅 第一次在國防戰力篇提出戰略指導（國防基本理念、國防戰略、軍事戰略） 全民國防同 2017 年列於榮耀國軍篇（軍民同心章全民國防節）

資料來源：筆者自繪。

　　經由上面統計分析，在出版時間序列方面，3 月分出版的有 1992、1994、1998 三本，5 月分出版的有 1996、2008 二本，7 月分出版的有 2002、2011 二本，8 月分出版的有 2000、2006 二本，9 月分出版的有 2019 一本，10 月分出版的有 2009、2013、2015、2021 四本，12 月分出版的有 2004、2017 二本，10 月分出版是否是最大公因數，值得持續觀察。

　　在主持部長人選上，同一部長的有 1996 與 1998 的蔣仲苓部長，2004 與 2006 的李傑部長，2009 與 2011 的高華柱部長，其他 10 位部

長都是單一本。16 本報告書縱貫 30 年，歷經 13 位部長，每任部長任期平均 2.3 年，對 2 年一版的報告書個人色彩實重於政黨意涵甚至國家意涵。在篇幅頁數上，以 2002 年版的 440 頁最多，300 頁以上的有 1992、1996、2000、2004、2008 五本，200 頁以上的有 1994、1998、2006、2011、2013、2015 六本，100 頁以上的則有 2009、2017、2019、2021 四本，顯見有越來越精簡的趨勢。

參、國防部《四年期國防總檢討報告》

一、法令依據

　　《國防法》第 6 章主要規定國防部應定期提出國防報告，其中第 30 條並無向立法院提出報告之規定。2003 年修正增列第 31 條規定指出，國防部應定期向立法院提出軍事政策、建軍備戰及軍備整備等報告書，並無時間限制。2008 年再度修正第 31 條條文，規定國防部應於每任總統就職後十個月內，向立法院公開提出《四年期國防總檢討報告》，開始重視與國防體制的總統相聯繫，且與民主選舉體制相契合。

二、報告要旨分析

　　《四年期國防總檢討報告》由國防部整合評估司彙整製作，自 2009 年起至 2021 年已發布四次國防總檢討報告，2009 年 3 月第一本 QDR 出版，部長為陳肇敏，篇幅 104 頁，較諸當年 10 月出版，部長改為高華柱的《二年期國防報告書》篇幅 188 頁精簡 84 頁，國防報告書內容區分面對挑戰、前瞻革新、開創契機 3 篇，QDR 內容則區分為國防核心挑戰、國防戰略指導、國防轉型規劃、聯合戰力發展方向 4 章。2013 年 3 月第二本 QDR 出版，部長為高華柱，篇幅較第一次 QDR 的 104 頁減少 32 頁，改為 72 頁，較諸當年 10 月出版，部長改為嚴明的《二年期國防報告書》篇幅 216 頁精簡 144 頁，國防報告書內容區分戰

略情勢、國防方略、國防戰力、全民國防4篇，QDR內容則區分安全環境與國防挑戰、國防政策與戰略指導、聯合戰力與整備、國防組織與轉型4章，與第一本QDR內容比較，其中第2章國防戰略指導改國防政策與戰略指導，第3章為原第4章聯合戰力與整備，內容大為精簡，第4章為原第3章改國防組織與轉型，內容亦精簡。

第三本QDR在2017年3月出版，部長為馮世寬，篇幅較第二次QDR的72頁略減8頁，改為64頁，較諸當年12月出版，部長同為馮世寬的《二年期國防報告書》篇幅184頁精簡120頁，國防報告書內容區分戰略環境、國防整備、國防自主、國防治理、榮耀國軍5篇，QDR內容則區分戰略環境、戰略指導、戰力整建、國防改革、國防產業、護民行動、友盟合作7章，與第二本QDR內容比較，章節大為增加，其中第2章刪除國防政策增加國防產業發展策略，第3章戰力整建內容大修，第4章國防組織與轉型改國防改革內容細化，增加第5章國防產業、第6章護民行動、第7章友盟合作。

第四本QDR於2021年3月出版，部長為邱國正，篇幅較第三次QDR的64頁再減10頁，改為54頁，較諸當年10月出版，部長同為邱國正的《二年期國防報告書》篇幅196頁精簡142頁，國防報告書內容區分區域情勢、國防戰力、國防自主、國防治理、榮耀國軍5篇，QDR內容則區分區域情勢——掌握新興安全挑戰、戰略指導——堅實國防確保安全、淬礪軍武——打造堅強鋼鐵勁旅、強韌國防——務實推動國防事務（全民國防）、永續布局——穩健發展國防自主、鞏固安全——應對灰色地帶威脅、戰略合作——創造臺灣戰略價值7章，與第三本QDR內容比較，篇幅再精簡成54頁，不分章節，與2017年共7章略同，但內容不盡相同，主要概分區域情勢、戰略指導、淬礪軍武、強韌國防、永續布局、鞏固安全、戰略合作七大部分，為QDR第一次提到全民國防，置於強韌國防部分，其內容要旨統計分析概要詳如〔表：《四年期國防總檢討報告》（QDR）內容要旨統計分析表〕之說明。

《四年期國防總檢討報告》（QDR）內容要旨統計分析表

時間	章節內容要旨摘要	分析
民98年3月（2009）	國防核心挑戰章——戰略環境趨勢與挑戰、軍事威脅與戰爭風險、國防轉型驅力與動能、國防革新的重要課題 國防戰略指導章——國防政策、國防戰略、軍事戰略 國防轉型規劃章——國防組織、兵力結構、全募兵制、建軍規劃機制、軍備發展機制、聯戰指揮機制、國防人才培育、國防財力運用、國防結合民生 聯合戰力發展方向章——聯合指管通資情監偵能力、聯合資電作戰能力、聯合制空作戰能力、聯合制海作戰能力、聯合地面防衛戰力、非對稱戰力、後備動員能力、聯合後勤能力、整體精神戰力	第一本QDR 部長陳肇敏 篇幅104頁 區分四章（國防核心挑戰、國防戰略指導、國防轉型規劃、聯合戰力發展方向）
民102年3月（2013）	安全環境與國防挑戰章——亞太安全環境變遷、臺海安全情勢發展、國內安全環境挑戰 國防政策與戰略指導章——國防政策、國防戰略、軍事戰略 聯合戰力與整備章——主要戰力、支援戰力、後勤整備、後備動員、協同救災、整體精神戰力 國防組織與轉型章——組織架構、資源管理、作戰能量	部長高華柱 篇幅72頁 第2章國防戰略指導改國防政策與戰略指導 第3章為原第4章聯合戰力與整備，內容精簡 第4章為原第3章改國防組織與轉型，內容精簡
民106年3月（2017）	戰略環境章——亞太安全環境、臺海軍事情勢、國防安全挑戰 戰略指導章——國防戰略、軍事戰略、國防產業發展策略 戰力整建章——建軍規劃、戰力整合、精進武獲、財力規劃	部長馮世寬 篇幅64頁遞減反增加章節 第2章刪除國防政策增加國防產業發展策略 第3章戰力整建內容大修

時間	章節內容要旨摘要	分析
民 106 年 3 月（2017）	國防改革章——完備募兵制度、優化人力素質、提升軍人形象、照顧官兵福利、精實國防法制、推動業務簡化 國防產業章——國防科技研發、武器自研自製、國防產業發展 護民行動章——執行災害防救、確保海洋權益、支援緊急救援 友盟合作章——國防軍事交流、國際人道救援、國際反恐合作	第 4 章國防組織與轉型改國防改革內容細化 增加第 5 章國防產業、第 6 章護民行動、第 7 章友盟合作
民 110 年 3 月（2021）	區域情勢——掌握新興安全挑戰印太安全情勢、中共軍事威脅、非傳統安全挑戰 戰略指導——堅實國防確保安全國防戰略、軍事戰略 淬礪軍武——打造堅強鋼鐵勁旅聯合戰力規劃、不對稱戰力發展、C4ISR 與資電戰力、後備能量整合、後備動員改革 強韌國防——務實推動國防事務部隊管理制度、募兵制度、福利與照顧、國防財力規劃、全民國防、護民行動 永續布局——穩健發展國防自主厚植國防科技實力、推動武器裝備國造、完善國防自主環境、建置在地供售與維修能量 鞏固安全——應對灰色地帶威脅反制中共認知戰、因應資訊戰威脅、應對中共侵擾 戰略合作——創造臺灣戰略價值發揮地緣戰略優勢、拓展國防交流合作、推動非傳統安全合作	部長邱國正 篇幅 54 頁最少不分章節與 106 年 7 章略同，但內容不盡相同，主要概分區域情勢、戰略指導、淬礪軍武、強韌國防、永續布局、鞏固安全、戰略合作七大部分 第一次提到全民國防置於強韌國防部分

資料來源：筆者自繪。

經由上表統計分析，在出版時間序列方面，從 2009 年、2013 年、2017 年至 2021 年四本，都是每隔 4 年的 3 月分出版，3 月分出版似已形成慣例，在主持部長人選上，4 本報告書縱貫 12 年，歷經 7 位部長，每任部長任期平均 1.7 年，對 4 年一版的報告書，政黨意涵實多於個人色彩，較具政黨輪替意涵。

值得進一步分析的是，國防報告書與 QDR 同一部長出版的 2017 年版與 2021 年版。2017 年版 QDR 在 3 月先出版，國防報告書則在 12 月出版，時間相距 9 個月，QDR 篇幅 64 頁，國防報告書 184 頁，相差 120 頁。2021 年版 QDR 也在 3 月出版，國防報告書則在 10 月出版，時間相距 7 個月，QDR 篇幅 54 頁，國防報告書 196 頁，相差 142 頁。可見 4 年出版一次的 QDR 較 2 年出版一次的國防報告書更精要，更具方向性，有統合國防戰略或軍事戰略之雛型，尤其 QDR 是法律規範須與總統相聯繫的報告，不能過於細瑣，且從 QDR 篇幅的發展趨勢，似也與國防報告書有越來越精簡的相同趨勢。

肆、總統國防大政方針報告

一、法令依據

國防體制架構包括總統與國家安全會議，總統統率全國陸海空軍，為三軍統帥，行使統帥權指揮軍隊，直接責成國防部部長，由部長命令參謀總長指揮執行之。依據 2005 年公告之《中華民國憲法增修條文》第 2 條，總統為決定國家安全有關大政方針，得設國家安全會議及所屬國家安全局，第 3 條規定，行政院院長由總統任命。《國防法》第 9 條規定，總統為決定國家安全有關之國防大政方針，或為因應國防重大緊急情勢，得召開國家安全會議，可見國防大政方針不僅是併入國家安全大政方針，且召開的地點是國家安全會議，不是國防部。

2003 年通過之《國家安全會議組織法》第 2 條指出，國家安全會

議，為總統決定國家安全有關大政方針之諮詢機關，所稱國家安全係指國防、外交、兩岸關係及國家重大變故之相關事項，第 4 條規定國家安全會議出席人員包括國防體制之行政院長、國防部長、國家安全會議祕書長與其他部會首長，總統並得指定有關人員列席國家安全會議，國家安全會議及其所屬國家安全局並受立法院監督，諮詢委員設有五至七人。

此外，2020 年公布之《國家安全局組織法》第 2 條規定，國安局隸屬於國家安全會議，綜理國家安全情報工作，對國防部政治作戰局、國防部軍事情報局、國防部電訊發展室、國防部軍事安全總隊、國防部憲兵指揮部、海洋委員會海巡署、內政部警政署、內政部移民署、法務部調查局等機關（構）所主管之有關國家安全情報事項，負統合指導、協調、支援之責，可見國家安全會議已具有充分且完整之國家安全職能，應課以獨立完成相關政策白皮書之作業能量。

二、方針要旨分析

《2006 國家安全報告》，篇幅 162 頁，是在陳水扁總統第二任期間透過國家安全會議諮詢發表，內容主要架構依序為前言（綜合安全）、安全環境（全球、東亞、臺灣）、內外威脅（優先議題 9 項）、策略（9 項）、結語（民主臺灣、永續發展），2008 年增刪後，篇幅從162 頁增加 11 頁為 173 頁。雖然臺灣施行的政府體制不是美國的總統制，也沒有相關法律規定總統必須提出國安報告，陳水扁國安團隊借鏡美國總統做法仍然值得高度評價與稱許，特別是增修憲法與《國防法》都有總統負責國家安全乃至國防安全大政方針的指導規範，以總統層級的位階又攸關國家安全與發展的重大方向指引，以正式的書面文件公開發表，還是有這個必要與價值，馬英九上任後以 SMART 的國家安全構想宣示，取代陳水扁總統國安報告的做法，未形成國防體制的慣例，不

能不說是一種缺憾。

　　《2006 國家安全報告》，是臺灣第一份在層次、形式及內容上具備國家安全整體思維的正式報告文件，針對環境分析與威脅評估，提出的國家安全策略計有加速國防轉型，建立質精量適之國防武力、維護海洋利益，經略藍色國土、以「民主」、「和平」、「人道」、「互利」為訴求，推動靈活的多元外交、強化永續發展且富競爭力之經濟體、制定因應新環境的人口與移民政策、落實「族群多元、國家一體」目標，重建社會信賴關係、復育國土，整合災害防救體系，強化危機管理機制、構築資訊時代的資訊安全體系、建立兩岸和平穩定的互動架構等九項，並以民主臺灣永續發展作為最後的結論指導。策略九項其中提出的加速國防轉型，建立質精量適之國防武力確保國家安全，更指出創造維護海洋利益，經略藍色國土、民主臺灣永續發展的國家發展前景，實含括國家安全與國家發展兩個面向。

　　總統掌握國家安全會議諮詢機關與統籌國家安全情報事項最高層級的情蒐機關國家安全局，因此足夠成為總統國家安全大政方針或國防大政方針的指導，至於名稱是否稱為大戰略、國家戰略、國家安全戰略或甚至是國防戰略則見仁見智，站在國防體制戰略—政策—機制的一貫思路，稱為大戰略或國家戰略均堪稱允當，強調的是國家安全與發展兩個面向，而不是單指國家安全一個面向。

　　總統層級之戰略指導是國家正常體制，不宜以相關政黨競選期間之候選總統競選政見報告替代或拘束，亦不宜以隨機指導之指示，視為可遵循之國防理念，經由正式合法之諮詢機關，發布正式之《國家安全戰略報告》白皮書，應是一種擔當和責任，尤其有助清除臺灣黨國不分之積弊，畢竟臺灣施行的不是美國的總統制，也不是英國的內閣制，更有別於法國的雙首長制，正確的說應是《中華民國憲法》制，總統當選後不宜兼任黨主席，應是臺灣的基本共識。

　　審視《2006 國家安全報告》內文要旨，國家安全戰略指導含括傳

統國防軍事外交安全與非傳統有關各型複合型災害防救之安全，以此銜接行政院層級之全民國防政策與國防部層級之全民防衛機制應可理解與接受，亦可避免形成誤解與誤判，而喪失原指導功能，更能以此負起應負之政治責任。

國家利益指導下的國家安全戰略焦點，已從安全威脅導向轉向能力發展導向，國家發展重點亦逐漸從經貿，轉向綜合國力與國民競爭力的整體提升，體現在國家兵役制度的教育訓練發展上，就如現任政府基於優質戰力良性循環與兼顧役男後備生涯規劃，所提出的志願役為核心，所實施的改良式募兵制，不僅有助縮短役期貢獻，亦對社會整體國力提升有積極助益。

《2006 國家安全報告》提出的時機，雖在總統第二任期，但其發布日期選在總統就職日上，在聯繫《國防法》所規範的《四年期國防總檢討報告》提出時機，即新任總統就職十個月內，應有適當的聯繫意涵，實可提供最高決策階層《國家安全戰略報告》實踐之先例（詳如《國家安全報告》要旨分析表）。

經由下面要旨分析，在公告時間序列方面，雖是出在第二任期，但日期選定為總統就職的 5 月 20 日，對照前面 4 次發布的《四年期國防總檢討報告》都選擇在 3 月期間發布，則總統層級透過國家安全會議所發布的《國家安全報告》，若能轉移至新任總統就職當日即可順利發布，則《國家安全報告》在 5 月分發布，《四年期國防總檢討報告》與《二年期國防報告書》及年度施政計畫與績效報告都能提至 2 月分前，則能與立法院每年 2-5 月的首次開議日期密切聯繫，如此即能深具戰略－政策－機制整體國防體制報告相互指導與支持的實質意涵。

其次，就篇幅與格式言，《總統國家安全報告》篇幅 162 頁，主要格式為環境－威脅－策略，《二年期國防報告書》與四年期 QDR 分別在 2017 年與 2021 年同一年出版時，2017 年 QDR 篇幅 64 頁，國防報告書 184 頁，2021 年 QDR 篇幅 54 頁，國防報告書 196 頁，可見四年

《國家安全報告》要旨分析表

時間	內容要旨	分析
2006.5.20	**前言** **臺灣的新安全環境** 911 後的全球安全環境、東亞安全情勢的發展、全球化的影響與衝擊、臺灣內部轉型的挑戰與價值、機會、優勢。 **國家安全的內外在威脅** 中國軍事崛起的威脅、臺灣周邊海域的威脅、中國外交封鎖的威脅、財經安全的威脅、人口結構安全的威脅、族群關係、國家認同與信賴危機的威脅、國土安全、疫災與生物恐怖攻擊及重大基礎設施的威脅、資訊安全的威脅、中國對我三戰及其內部危機的威脅。 **國家安全策略** 加速國防轉型，建立質精量適之國防武力、維護海洋利益，經略藍色國土、以「民主」、「和平」、「人道」、「互利」為訴求，推動靈活的多元外交、強化永續發展且富競爭力之經濟體、制定因應新環境的人口與移民政策、落實「族群多元、國家一體」目標，重建社會信賴關係、復育國土，整合災害防救體系，強化危機管理機制、構築資訊時代的資訊安全體系、建立兩岸和平穩定的互動架構。 **結語** 民主臺灣永續發展。	總統陳水扁 篇幅 162 頁 內容主要架構前言（綜合安全）、安全環境（全球、東亞、臺灣）、內外威脅（優先議題 9 項）、策略（9 項）、結語（民主臺灣、永續發展） 是借鏡美國總統每四年一任於上任後提出國安報告，以為國家總體方向以及美國軍事戰略規劃與兵力發展、預算編制的一主要官方文件，期望在國家安全與國防戰略規劃上亦能有一法定程序與官方依據之作為。《國防法》或《國安法》尚未正式立法公布要求前述作為，謹由國安會或決策小組視狀況而定之，馬英九上任後僅以 SMART 的國家安全構想宣示取代阿扁之國安報告做法 2008.3.26 為使內容不致過時，對相關安全情勢變化，作適當增刪調整，並對原報告一些疏漏予以補正修訂，篇幅從 162 頁增加 11 頁為 173 頁

資料來源：筆者自繪整理。

期 QDR 較《二年期國防報告書》精簡扼要，施政計畫與績效報告則約在 30 頁上下，尚未定型，但應較爲詳盡則大致爲可確定的努力方向。

第三節　安全威脅因子分析

壹、法令規範體系

國防體制的總統爲三軍統帥，決定國家安全有關國防大政方針，或因應國防重大緊急情勢，是否需要召開國家安全會議，由總統自由心證，缺乏法制明確規範，國家安全會議頻繁召開或定期召開或不召開，呈現不確定與不穩定狀態，且會議成果由何機關負責或需負何種責任，如何呈現，也未具體規範，使國家安全會議諮詢定位不明、權責不清。

行政院權責爲制定國防政策，統合整體國力，督導所屬各機關辦理國防有關事務，行政院向立法院負責，採集體會議制，行政院長雖爲當然主席，但行政院長由總統指派，行政院會議議決結果如與總統意見相左，如何決斷？行政院國防政策不爲立法院接受時，又如何取捨？尤其規定國防部本於國防需要，提出國防政策建議，並制定軍事戰略，國防部對國防政策僅是建議位階，由國防部長署名的國防報告書，暢言國防政策，究竟是代表行政院？還是國防部？提出的總統指導是否明確出自總統？是否吻合總統指導眞諦？難免啓人疑竇。

總統層級的《國家安全報告書》，2006 年出版，經修正一次後，歷經國民黨馬英九總統 2 任與再任的民進黨蔡英文總統，都未顯示有再度發布的任何跡象或需求，也未面臨任何壓力，國防部主管全國國防事務，具軍政、軍令、軍備專業功能，《二年期國防報告書》由國防部戰略規劃司國防政策處負責，《四年期國防總檢討報告》由國防部整合評估司負責，國防部施政計畫與成效檢討又由何單位負責？沒有完整的軍政系統，如何縱向連貫與橫向統整？何者才是國防政策的建議藍本？

　　國防部設參謀本部，由參謀總長負責軍令系統，且明訂為部長軍令幕僚及三軍聯合作戰指揮機構，承部長之命令負責軍令事項指揮軍隊，為執行軍隊指揮，得將三軍司令部等軍事機關及其所屬部隊編配參謀本部，但何時編配？如何編配？並無具體規範，參謀總長無權亦無錢，軍隊指揮權限形同虛設，既不如前四星總長位列三軍統帥之側，也不似美國參謀首長聯席會議主席角色分量，軍人最高職位形同閒差，令人不勝唏噓。

　　《國防部組織法》明定國防部次級軍事機關尚有政治作戰局、軍備局、主計局、軍醫局與新設立之全民防衛動員署，其中軍備局職掌為國軍軍備整備事項規劃，原與聯合後勤指揮部形成完整之軍備決策與執行體系，但後勤劃歸陸軍地區後勤系統後，整體後勤支援系統恐有形成斷鏈之隱憂。國防部三大專業系統，軍政系統不明、軍令系統閒置、軍備系統斷鏈，行政院負責國防政策，院長由總統指派，國防部提供政策建議，這些權責與定位都是影響國防體制順利運作的威脅因子。

貳、要旨聯繫發展

　　《國防法》第30條規定，國防部應根據國家目標、國際一般情勢、軍事情勢、國防政策、國軍兵力整建、戰備整備、國防資源與運用、全民國防等，定期提出《國防報告書》，第31條又規範《四年期國防總檢討報告》內容，主要有軍事政策、建軍備戰及軍備整備等三大面向，而每年須向立法院提交的中共軍力報告書、中華民國五年兵力整建及施政計畫報告，除了與預算有關聯外，如何與定期提出的國防報告切取聯繫，並形成一個指導與支持迴路甚為重要。

　　從目前規範內容看，2年出版一次的國防報告書不需向立法院提出，但內容似較《四年期國防總檢討報告》詳實，而《四年期國防總檢討報告》規定要向立法院公開提出，且時間限定在每任總統就職後十個

月內，內容反而侷限在軍事範疇，其意涵為何？難道總統只需要了解軍事事務，不需要關切國防整體面向？又國防政策是行政院制定，由國防部提出總檢討，合理嗎？

第一份國家安全報告在 2006 年 5 月公布時，主要內容區分環境、威脅與策略三段報告，當年 8 月出版的國防報告書內容則區分為迎接挑戰、革新轉型、全民國防三篇，有對應關係嗎？國安會與國防部需要相互聯繫嗎？有意見衝突時以何為主？指裁程序為何？2008 年 5 月出版的國防報告書則區分迎接挑戰、開創契機、厚植戰力、全民國防 4 篇。而同年 3 月提出的第一份《四年期國防總檢討報告》，主要內容則區分國防核心挑戰、國防戰略指導、國防轉型規劃、聯合戰力發展方向等 4 個章節，其間聯繫關係為何？又如何相互指導與支持？

《二年期國防報告書》由戰規司負責，《四年期國防總檢討報告》由整評司負責，兩者有連帶關係嗎？國家安全會議是諮詢機關，不是行政機關，國防部與國安會如何行政聯繫？行政院如沒有召開行政院會議，行政院與國防部又如何聯繫？行政院與總統府又如何行政聯繫？這些都將形成國防體制報告體系的干擾。此外，《四年期國防總檢討報告》目前公告 4 本，最先 2 本區分 4 章，後面 2 本 7 章，出版的 16 本國防報告書，區分 3 篇的有 2 本，4 篇的有 4 本，5 篇的有 6 本，6 篇的有 1 本，7 篇的有 2 本，8 篇的有 1 本，篇章多少如何決定？如何規範？已公布的施政計畫與施政績效，其中施政目標與策略主要區分 10 項，重要計畫 8 至 10 項，績效指標概略在 17 項，這些內容如何承上啟下，相互指導與支持，並逐年彰顯工作成效，都有待整合分析與思考。

《國防報告書》應根據國家目標、國防政策定期提出，其中國防政策根據行政院，國家目標所指為何？如何確認？來自何處？探究其前言所述，來自總統國防理念，則總統國防理念如何陳述？何者為真？實難定論。國際一般情勢與軍事情勢可合併作為戰略環境敘述分析，國防政策與全民國防可合併為全民國防政策，概屬軍政系統專業事項，國軍

兵力整建與戰備整備則可併為軍令系統專業所屬，國防資源與運用是否能歸併為軍備系統專業，以此符應《國防法》第 3 條全民國防所指國防軍事、全民防衛與執行災害防救及其他與國防相關事務三大範疇，則尚待釐清？以我國目前的政府體制，國防報告書由國防部署名提出實有疑慮，除非改行美國總統制，否則還是由行政院署名提出較合制，國防部則專責軍事戰略，或更明確點說是防衛戰略亦不為過。

2006 年《國家安全報告》由總統透過國家安全會議諮詢公布，屬政治創舉，非法制規範，陳總統的國安團隊有此擔當與認知，應給予推崇。《四年期國防總檢討報告》除規定向立法院提出外，進一步限定在總統就職十個月內的時間，顯然有與總統取得聯繫的期許與價值。尤其國防報告書所指稱的國家利益應回歸總統層級的法定所屬，國防建設範圍尤其所謂的全民國防基本理念與非傳統軍事安全內涵，則宜由行政院界定，較具政策公權力，否則僅具宣示意涵，至於所謂的國家安全戰略構想，則屬總統層次的國家安全報告指導內涵應無疑義。

國家安全報告可有效綜整總統競選政見、當選就職報告乃至各種臨機場合，有關國家安全的重要理念宣導或講演要點，避免出現前後矛盾乃至互相混淆的重大歧異。國防為國家安全的核心不容否認，但不能等同國家安全，國家安全也不能等同國家發展，讓國家安全回歸總統權責，進而包含國家發展，讓國防政策回歸行政院，進而體現全民國防，讓國防部專心國防施政計畫與防衛戰略，避免太多行政干擾，以讓軍隊回歸戰訓本位，國防政策指導與支持關係明確，國防政策與資源有效分配與運用，才是國防報告書出版之主要目的。

參、時間序列組合

2 年出版一次的國防報告書自 1992 年出版至今，時間序列選在 3 月分的有 3 本，2 本的有 5、7、8、12 四個月分，9 月分 1 本，10 月

分的有 4 本。《四年期國防總檢討報告》4 本則都選在 3 月分出版，唯一一本的 2006 國家安全報告則選在 5 月 20 日總統就職日公布，《國防法》規範國防部應定期提出國防報告，施政計畫配合年度預算審定，《四年期國防總檢討報告》特別規定在新任總統就職 10 個月內，但卻是規定向立法院提出，由於立法院每年兩次會期，分別在 2-5 月及 9-12 月，如果配合立法院開議日期，則選在第一次會期的 2 月分或第二次會期的 9 月分前公告出版，應是適宜月分，最佳狀況是自立法院 12 月分第二次會期結束至次年第一次 2 月會期前的一個月期間。

　　目前 2 年出版一次的國防報告書時間較不確定，3 至 12 月分都有，雖沒有規定要向立法院提出，但能與立法院會期連結似較具民主監督效益，《四年期國防總檢討報告》規定向立法院提出，但選在 3 月分立法院已開議一個月公布，其意為何？令人費解，反倒是僅出版一次的國家安全報告選在總統就職日公布，則甚為允當，若能調整至第一任期就職當日，則《四年期國防總檢討報告》就能成為總統就職發布國家安全報告的重要基礎，如此時間配當就能使《總統國家安全報告》與《四年期國防總檢討報告》、行政院施政方針與《二年期國防報告書》、國防部施政計畫與全民防衛施政成效有機鏈結，成為國防體制指導與支持完備的報告體系。

肆、政策縱向連貫

　　國家安全整體思維朝綜合安全發展，已是必然趨勢，焦點從安全威脅分析，逐步兼顧灰色爭端與災害綜合化的需求，有關國家利益的主張，不論是高階政治利益與低階經貿利益、或核心與次要利益、主要與周邊利益，甚至主觀利益與客觀利益，都在強調說明國家利益的主體，不再侷限於安全的利益，轉而為和平發展並兼顧危機處理能力與素養的強化與提升。國家安全戰略指導須整體觀照國家利益與戰略文化的綜

效，置重點於國家安全與發展指導，並依此開展全民國防施政方針與政策內涵規劃及全民防衛機制施政計畫與績效整體運作體系。

《國家安全戰略報告》、《四年期國防總檢討報告》、《二年期國防報告書》與年度國防施政計畫的政策連貫關係與指導支持鏈結，影響國家安全與發展整體成效，應確實就《國防法》規範要旨與國防體制整體需求，回歸各自機關與單位應有之法制職能，不應越俎代庖，亦不應消極怠惰而便宜行事或不作為，國防體制報告是否形成上游國家全戰略指導與中游全民國防政策網絡及下游全民防衛動員機制演練有效鏈結，端視政策是否無縫接軌。政黨輪替產生的上位戰略指導理念歧異，對行政體制運作的干擾始終無法迴避，為使國防體制政策智慧迭代相承，效應疊加增長，戰略─政策─機制三部曲理論要旨與思維邏輯值得借鑑與參考。

審視目前同為國防部定期出版的《四年期國防總檢討報告》與國防報告書內容，軍事國防之政策實踐，雖有局部爭議但問題不大，民事國防則出現軍政與軍民分際之迷思與作為之偏離，值得密切關注。國防軍事為國防部本務專責事項，行之有年、體系完整、事務嫻熟，全民防衛與其他國防相關事務則事涉行政院各部會權責，並與地方政府實務相連結，與民更是休戚相關直接緊密連結，國防部權責單位提供上級機關行政院之祕書職能，有責無權杆格顯現、齟齬騰昇，效能與效益難見彰顯。

《國防法》規定，《四年期國防總檢討報告》應在每任總統就職後十個月內向立法院提出，但並沒有明文規範是否該呈給總統作為國家安全戰略指導之參考，或須經行政院會議通過，由行政院長核可後提出，因此全民國防政策相關施政措施與成果，向上如何與總統國家安全戰略指導相連貫，橫向與其他各部會相連結，就容易成為政策實踐的缺口與漏洞。

四年期總檢討報告與兩年一次的國防報告書，分別由國防部不同

單位承製，兩者如何相互聯繫乃至層次劃分，並與國防施政計畫與成效相連結，並無具體規範。《四年期國防總檢討報告》就其規範意涵與要旨，除爲向立法院提出卸任總統指導的工作成果外，並有爲新任總統提出國家安全指導報告提供素材的準備，而其素材則應來自兩年一次的國防報告書，國防報告書的素材則來自於年度的國防施政計畫與成效驗證工作報告。

在釐清時序定位後，前任總統任職期間的《四年期國防總檢討報告》在新任總統就職後的十個月內提出，新任總統據此提出新的國家安全指導報告，進而形成《二年期國防報告書》與 1 年期國防施政計畫與成效驗證工作報告的政策指導文件，則其報告時限定在每屆總統就職後十個月內提出，對政策連貫與責任歸屬所預期產生的時效落差值得注意。

《四年期國防總檢討報告》不僅是國防施政工作的總彙整，也將是形成總統國防最高戰略指導文件的主要基礎，首部《四年期國防總檢討報告》有關國防核心挑戰、國防戰略指導、國防轉型規劃與聯合戰力發展方向的報告內容，就是在鋪陳新任總統國防戰略指導的論述，並且針對國防戰略、組織、兵力結構進行定期檢討，此外還可以檢視基礎設施、預算計畫及其他國防方案及政策，強化對於國防事務淨評估的整合，以作爲其他年度或定期戰略報告的依據。

國防體制相關國安報告指導，受制於行政體系的頻繁調動與政黨輪替的更迭，如何有效維持政策連貫指導的一貫性與穩定性，是一個值得持續關注的重要問題，國防體制相關政策報告內容對照分析表詳如下表說明。

國防體制相關政策報告內容對照分析表

層級	報告	基礎
總統	《2006 國家安全報告》	《四年期國防總檢討報告》
	前言 「國家安全」超越黨派，攸關全民福祉與安危，是全民共同的語言。 美國 911 恐怖攻擊事件發生後，「安全威脅」定義與型態產生很大的變化，國內外政經壓力與挑戰衝擊國家安全及未來長遠發展，「民主臺灣、永續發展」與「追求對話、尋求和平」是兩大戰略主軸，而確保國家安全、深化民主改革、建立永續經濟、完善社會公義與追求公民社會是全體國人須團結合作、戮力以赴的五個面向。 **主要段落** 一、臺灣的新安全環境 二、國家安全的內外在威脅 三、國家安全策略 （一）加速國防轉型，建立質精量適之國防武力。 （二）維護海洋利益，經略藍色國土。 （三）以「民主」、「和平」、「人道」、「互利」為訴求，推動靈活的多元外交。 （四）強化永續發展且富競爭力之經濟體。 （五）制定因應新環境的人口與移民政策。 （六）落實「族群多元、國家一體」目標，重建社會信賴關係。 （七）復育國土，整合災害防救體系，強化危機管理機制。 （八）構築資訊時代的資訊安全體系。 （九）建立兩岸和平穩定的互動架構。	**安全環境與國防挑戰章** （國防核心挑戰章、戰略環境章、區域情勢章） **國防戰略指導與政策章** （國防戰略指導章、國防政策與戰略指導章、戰略指導章 (2)） **國防轉型與改革章** （國防轉型規劃章、國防組織與轉型章、國防改革章、強韌國防章、護民行動章、國防產業章、永續布局章） **軍事戰略與戰力整建章** （聯合戰力發展方向章、聯合戰力與整備章、戰力整建章、淬礪軍武章、鞏固安全章、友盟合作章、戰略合作章）

層級	報告	基礎
行政院	111 年度施政方針（110.3.25 行政院會議通過）	《二年期國防報告書》
	前言 COVID-19 疫情肆虐全球，政府防疫工作超前部署，成功保護國人健康，其他防範強權挑釁，守護國家安全；加速國機（艦）國造，厚植國防能量；整備戰略民生物資，強固關鍵基礎設施等也達成多項成果。 臺灣位居印太地區地緣政治關鍵戰略位置，半導體產業鏈中占有舉足輕重地位，未來將持續落實疫病風險管控，守護國人健康；建構整體防衛作戰能力，鞏固國家安全；推動核心戰略產業發展，建構完整且安全的供應鏈；提供普及化、多元化及優質化長照服務，增進高齡者健康等；強化產學研鏈結，推升國際競爭力與影響力。 **施政工作** 一、內政、族群及轉型正義 二、外交、國防及兩岸關係 （一）秉持「防衛固守、重層嚇阻」軍事戰略指導，以「創新／不對稱」作戰思維，建構整體防衛作戰能力；精進各項戰演訓任務，蓄積部隊堅實戰力。 （二）推動後備戰力改革，精進組織調整、部隊整編、教召訓練、後備編管、裝備整備及優惠配套；強化現行後備體系，統一動員運作機制事權。 （三）推動軍風紀律改革；實施公允法紀調查，深化國軍人權工作，提升行政救濟效能。	**國家安全環境與軍事情勢篇** （軍事情勢篇 (3)、國際安全環境與軍事情勢篇 (2)、安全環境與軍事情勢篇、安全環境篇、迎接挑戰篇 (2)、面對挑戰篇、戰略環境篇 (3)、戰略情勢篇、區域情勢篇） **全民國防政策篇** （全民國防篇 (4)、國家安全與國防政策篇、國防政策篇 (5)、國防政策與軍事戰略篇、國防政策與武裝部隊篇、開創契機篇、前瞻革新篇、國防轉型篇、國防方略篇） **國防治理與整備篇** （國防現況與戰備整備篇、國防現況篇、國防重要施政篇 (3)、國防重要施政法制篇、國防重要施政戰備篇、國防整備篇、國防重要施政安全服務篇、國防重要施政軍民關係篇、國防重大興革與施政篇、革新轉型篇、國防治理篇 (3)） **國防戰力篇** （國民與國防篇、國民與國軍篇、國軍與國民篇 (2)、武裝部隊篇 (2)、國防

層級	報告	基礎
行政院	（四）依國軍聯合作戰需求，執行武器裝備研製任務及推動機艦國造；前瞻未來科技趨勢發展，整合產、學、研科技，厚植國防自主能量；強化國防科技管控，落實機密維護作為。 （五）採「質重於量」、「退補平衡」方式補充人力，逐步提升國軍人力素質；改善官兵生活環境，照顧官兵及眷屬；強化國軍執行非軍事性任務能力，協力救災、防疫。 （六）周全退伍軍人服務照顧，厚植學能促進穩定就業；營造榮家優質高齡頤養環境，整合醫療長照全人照護。 三、經濟及農業 四、財政及金融 五、教育、文化及科技 六、交通及建設 七、司法及法制 八、勞動、衛生福利及環境保護	公共事務篇、榮耀國軍篇(2)、榮耀傳承篇、國軍部隊篇、國軍與社會篇、國防組織與國軍部隊篇、厚植戰力篇、國防戰力篇(5)、安邦定國篇） **國防資源與管理篇** （國防資源篇(5)、國防資源與管理篇(2)、國防管理篇(2)、開創契機篇、國防自主篇(3)）
國防部	施政計畫 **施政目標及策略** 一、整合三軍武器系統作戰能力，提升聯合作戰效能。 二、勤訓精練，提升官兵基礎戰力。 三、招募志願役人力，穩定留營成效。 四、鼓勵官兵進修，以滿足各職類專業需求。 五、凝聚官兵精神意志、弘揚武德。 六、前瞻國防科技發展趨勢，支援建軍備戰目標。	施政績效 **年度關鍵績效指標** 1.兵力整建計畫達成率 2.三軍聯合演訓 3.基地訓練 4.國軍三項體能測驗合格率 5.年度志願士兵招募人數 6.志願士兵留營續服人數 7.官兵參與證照培訓成果 8.建立溝通管道、提振軍隊士氣

層級	報告	基礎
國防部	七、積極從事災害防救整備，強化國軍救災效能。 八、持續推動與友盟國家軍事交流，拓展戰略對話。 九、改善官兵生活環境，持恆推動各項官兵照護措施。 十、妥適配置預算資源，提升預算執行效率。	9. 策辦多元活動、結合網路宣傳，行銷國軍優質形象 10. 學術合作計畫成效 11. 精實救難專業訓練 12. 高層互訪，戰略對話 13. 推動老舊營區整建 14. 強化官兵醫療保健 15. 提供法律服務 16. 機關年度資本門預算執行率 17. 機關於中程歲出概算額度內編報情形

資料來源：筆者自繪。

第四節　發展方案

壹、總統以《四年期國防總檢討報告》為基礎、發布國家安全戰略指導報告

　　2006 國家安全報告除提出臺灣的新安全環境說明外，有關國家安全的內外在威脅提到中國軍事崛起、臺灣周邊海域、中國對我三戰及其內部危機等與國防較為相關，因應的國家安全策略中，特別提出加速國防轉型，建立質精量適之國防武力的指導，檢視已出版四本的《四年期國防總檢討報告》內容，經綜整其內容大綱，主要有安全環境與國防挑戰章，歸併其相似的有國防核心挑戰章、戰略環境章與區域情勢章，其次為國防戰略指導與政策章，歸併其相似的有國防戰略指導章、國防政策與戰略指導章、戰略指導章（2 次），接著是國防轉型與改革章，歸併其相似的有國防轉型規劃章、國防組織與轉型章、國防改革章、強韌

國防章、護民行動章、國防產業章、永續布局章，最後爲軍事戰略與戰力整建章，歸併與其相似的有聯合戰力發展方向章、聯合戰力與整備章、戰力整建章、淬礪軍武章、鞏固安全章、友盟合作章、戰略合作章，足見《總統國家安全報告》與《四年期國防總檢討報告》似有承接之必要與價值，亦即四年期國防總檢具有作爲新任總統檢討過去策勵將來發布國家安全戰略指導的重要基礎與價值。

總統層級國家安全戰略指導報告結合國家利益與戰略文化，在《四年期國防總檢討報告》的基礎上，體現國際戰略合作思維，以強化其上位指導意涵，且兼含國家安全與國家發展兩條思維路線，尤須特重國家發展之充實與增長，而將國防與健康發展結合、外交與兩岸整合並置重點於經貿發展與關注提升其他重大國安考量，以提升國力作爲行政機關擬定政策計畫作爲之最高指導，進而藉由行政院會議平臺，緊密結合行政院國家發展委員會、海洋委員會與國土安全辦公室等之施政方針指導。

總統國家安全大政方針畢竟與競選期間政黨層次身爲總統候選人所提出的競選報告書，如民進黨蔡英文提出的十年政綱報告與國民黨馬英九團隊所提出的黃金十年願景，屬不同等級亦須明顯區隔，以避免重蹈黨國不分之覆轍，並以此有效釐清政府與政黨之分際，維護國家文官體制之尊嚴與正常運作。

貳、行政院以《二年期國防報告書》爲基礎、發布全民國防政策施政方針報告

2021 年 3 月 25 日經行政院會議通過的行政院 111 年度施政方針內容，共分爲內政、族群及轉型正義，外交、國防及兩岸關係，經濟及農業，財政及金融，教育、文化及科技，交通及建設，司法及法制與勞動、衛生福利及環境保護等八個部分，其中外交、國防及兩岸關係共提出十二項政策方針指導，有關國防政策指導占了三項，主要內涵包括

「防衛固守、重層嚇阻」軍事戰略指導，以「創新／不對稱」作戰思維，建構整體防衛作戰能力；推動後備戰力改革與優惠配套；深化國軍人權工作；推動機艦國造；厚植國防自主與科技管控；提升國軍人力素質；改善官兵生活環境；強化國軍執行非軍事性任務能力；整合醫療長照周全退伍軍人服務照顧業等，與《國防法》所規範的三大範疇相比較，行政院的國防施政方針似過於聚焦在國防軍事，而忽略其他面向的方針指導，實際上也含攝在全民國防的全民防衛與其他國防相關事務，把行政院施政方針報告總結為全民國防政策施政方針報告亦不為過。

檢視已出版十六本的《二年期國防報告書》內容，經綜整其內容大綱，主要有國家安全環境與軍事情勢篇，歸併其相似的有軍事情勢篇（3次）、國際安全環境與軍事情勢篇（2次）、安全環境與軍事情勢篇、安全環境篇、迎接挑戰篇（2次）、面對挑戰篇、戰略環境篇（3次）、戰略情勢篇、區域情勢篇，其次是全民國防政策篇，歸併其相似的有全民國防篇（4次）、國家安全與國防政策篇、國防政策篇（5次）、國防政策與軍事戰略篇、國防政策與武裝部隊篇、開創契機篇、前瞻革新篇、國防轉型篇、國防方略篇。

在國防治理與整備篇，歸併其相似的有國防現況與戰備整備篇、國防現況篇、國防重要施政篇（3次）、國防重要施政法制篇、國防重要施政戰備篇、國防整備篇、國防重要施政安全服務篇、國防重要施政軍民關係篇、國防重大興革與施政篇、革新轉型篇、國防治理篇（3次），接著，是國防戰力篇，歸併其相似的有國民與國防篇、國民與國軍篇、國軍與國民篇（2次）、武裝部隊篇（2次）、國防公共事務篇、榮耀國軍篇（2次）、榮耀傳承篇、國軍部隊篇、國軍與社會篇、國防組織與國軍部隊篇、厚植戰力篇、國防戰力篇（5次）、安邦定國篇，最後是國防資源與管理篇，歸併其相似的有國防資源篇（5次）、國防資源與管理篇（2次）、國防管理篇（2次）、開創契機篇、國防自主篇（3次）。

經上述綜整分析發現，《二年期國防報告書》內容架構似較分散與分歧，若能聚焦於《國防法》三大範疇，置重點於全民國防政策全面實踐成效，當更能作為行政院施政方針全民國防政策之重要基礎。政策是一種重要的整合性計畫活動，分為政策方針與施政計畫，政策主張與指向容或需求無限，尤其政見更是包山包海、信口開河，但國家行政資源畢竟有限，在計畫預算資源限度內創造最高效益，是法律規範也是政治素養指標。

行政院為體現總統層級《國家安全戰略報告》要旨，以國防部《二年期國防報告書》為基礎，依據《國防法》三大範疇規範，回歸軍防與民防軸線的國防思路與途徑，納編民防事務，將全民國防政策概分成「軍事國防」與「民事國防」兩條政策軸線，於立法院會期提出全民國防政策施政方針指導報告，再由國防部透過軍政、軍令與軍備三大系統聯繫規劃全民防衛機制具體施政計畫實施與成效檢證。

「軍事國防」主要指全民國防軍事範疇，講求戰略─建軍─備戰有序指導，注重十年建軍構想，五年兵力整建計畫，一年備戰計畫等戰力實務驗證，重點在發展不對稱戰力打贏戰爭。「民事國防」指涉的即是全民防衛與執行災害防救、其他與國防相關事務範疇，依戰略─政策─機制思路，注重國防政策四年期國防總檢、國防報告書與年度國防施政計畫之規劃與運作，以此有效指導全民防衛機制之軍事動員與行政動員整體運作成效。

參、國防部以年度施政績效為基礎、發布全民防衛機制施政計畫報告

國防部已公告的施政計畫與績效報告，有關施政計畫的施政目標及策略（含重要計畫）主要有提升聯合作戰效能、穩定志願留營成效、鼓勵官兵進修、弘揚官兵武德，前瞻國防科技發展、強化國軍救災效能、

推動軍事交流、推動官兵照護、妥適配置預算等十項。施政績效的年度關鍵績效指標則有兵力整建計畫達成率、三軍聯合演訓、體能鑑測、志願士兵招募與流營人數、證照培訓、軍民溝通、國軍行銷、學術合作、專業訓練、高層互訪、營區整建、醫療保健、法律服務與預算執行等十七項指標。施政計畫例行性事務居多，施政績效尋求量化指標缺少質性分析說明，相關數據與說明如能結合國防報告書之出版，成為報告書之數據庫，尤其相關年度演訓如能循全民防衛機制之軍事動員與行政動員軸線檢視，進而彰顯在預備、常備與後備成效的橫向統整，則似更能彰顯機制聯繫意涵。

行政院施政方針報告顯露國防政策過於偏重軍事層面，輔以軍事國防與民事國防兩條軸線，則能彰顯全民國防政策整體施政指導效益，再透過年度施政計畫與成效檢討，不斷檢視全民防衛機制軍事動員與行政動員實效，以使預備、常備與後備運作體系成效年度關鍵績效指標呈現不斷增長。行政動員橫跨行政院各部會有關動員政務運作系統的實務運作，軍事動員的實效亦仰賴行政動員整體運作有效的支持，軍事國防聯繫軍事動員成效，民事國防政策聯繫行政動員成效，寄演訓於動員、寓動員於施政，使行政院有關國土安全、警政、海巡、移民等行政動員整備與國防部軍事動員緊密連結，以發揮全民國防政策整合效益。

聯合國發展計畫署（United Nations Development Programme, UNDP）《1994 年人類發展報告》（*Human Development Report 1994*），曾明確揭櫫人類安全（human security）包括經濟、糧食、健康、環境、人身、社群及政治等七大類型，指出國家安全發展形態已日趨多元與綜合，需要政府發揮整體作為才能有效保障。

《國家安全會議組織法》所稱的國家安全，指國防、外交、兩岸關係及國家重大變故，總統以《四年期國防總檢討報告》為基礎，透過國家安全會議擬定國家安全大政方針，形成《國家安全戰略報告》，以指導行政院層級全民國防政策方針之制定，全民國防政策方針則以《二年

期國防報告書》為基礎，結合行政院施政方針，形成全民國防政策施政報告。國防部層級的國防施政計畫與成效報告，則圍繞年度全民防衛動員機制的軍事動員與行政動員兩條施政計畫軸線，而具體彰顯在預備、常備與後備運作體系的成效指標實踐，以此力求國防體制政策指導與支持關係思維邏輯一貫，確保報告應有的戰略水平與意涵。

　　國防體制報告結合國家利益抉擇與戰略文化屬性，建立總統層級之國家安全戰略指導報告，其內涵兼具國家安全與發展兩條思路，而體現在國防（安全＋健康）、外交與兩岸（經貿＋戰略產業）與其他重大國安考量三大戰略指導與創新，以此銜接行政院全民國防政策施政方針報告，其內涵兼具軍事國防與民事國防兩條施政指導軸線，而顯現在國防軍事、全民防衛與執行災害防救及其他國防有關事務範疇。國防部全民防衛機制，經由軍事動員與行政動員兩條施政計畫工作路徑，而體現在預備、常備與後備體系整體運作的演練成效指標的不斷精進與突破（詳如下圖：國防體制報告健全發展體系）。

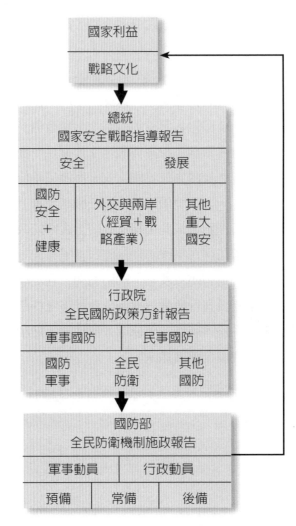

國防體制政策報告發展體系

資料來源：筆者自繪整理。

Chapter 4

教育陣列──課程發展與輔教活動

課程發展與輔教活動		管理陣列		
		國家安全戰略報告	全民國防政策報告	全民防衛機制報告
教育陣列	研究	總綱 軍事教育 與 學生軍訓	領綱 全民國防 教育	課綱 全民國防 教育 學科
	教育			
	訓練			

資料來源：筆者自繪整理。

第一節　意涵與要素發展

壹、意涵

　　教育陣列依國防體制政策管理報告發展體系的《國家安全戰略報告》–《全民國防政策報告》–《全民防衛機制報告》為基準，沿研究–教育–訓練的教育發展軸線，顯現在總綱研究層次的軍事教育與學生軍訓–領綱教育層次全民國防教育–課綱訓練層次的全民國防教育學科課程發展與輔教活動。

貳、要素發展

　　《國防法》第五章全民防衛中的第 29 條指出，中央及地方政府各機關應推廣國民之國防教育，增進國防知識及防衛國家之意識，對國防教育雖無具體規範與釋義，但列在全民防衛章內的條款，視為全民防衛整體機制之一環應不為過，而且《全民防衛動員準備法》第 1 條更明載，全民防衛動員體系，乃為落實全民國防理念而制定，更在第 14 條指出，精神動員準備分類計畫主管機關為宣揚全民國防理念，應結合學校教育並透過大眾傳播媒體，培養愛國意志，增進國防知識，堅定參與

防衛國家安全之意識，爲結合學校教育增進國防知識，教育部應訂定各級學校全民國防教育課程之相關辦法。

2005 年 2 月 2 日通過公布全民國防教育專法，卻明定中央主管機關爲國防部，不是精神動員準備分類計畫主管機關的教育部，但在 2021 年 6 月 9 日修正通過的《國防部組織法》，有關國防部掌理事項，僅在第 2 條第 4 款，提出軍事教育規劃與執行，並無國防教育事項；反而在 2012 年 12 月 12 日的《國防部政治作戰局組織法》第 2 條發現全民國防教育之規劃與執行，但其第 1 條卻開宗明義指出政治作戰局設立目的，爲辦理國軍政治作戰事項，顯見軍事教育、國防教育乃至全民國防教育與精神動員準備，截至當前尙無共同具體釋義可資遵循，其間關聯亦未有適切定論，但循著下述要素發展軌跡，似可爲國防教育與相關輔教活動在全民防衛機制，尋找定位與發展路徑。

一、軍事教育與學生軍訓

（一）軍事教育

1.法令依據

1999 年 7 月 14 日「軍事教育條例」頒布實施，2016 年 11 月 9 日修正，其中第 2 條指出，軍事教育爲國家整體教育之一環，依相關教育法律規定，兼受教育部指導，第 3 條規定軍事教育區分爲軍官教育及士官教育，培養階段區分基礎教育、進修教育、深造教育。基礎教育等同大學或專科教育，進修教育則以增進現職專業（專長）學能爲宗旨，深造教育以培養國軍指揮參謀、戰術、戰略研究、國防管理及技術勤務等領導人才爲宗旨，其授予軍事學資由國防部定之，相關研究所設立標準與學位授予，則由國防部會同教育部定之，相關軍事學資，除基礎教育依相關學位認定，進修與深造教育階段的學資，則尙無相關學位具體規範。

2. 軍教要旨

軍事教育為國軍提升人力素質、推動兵力精簡及強化作戰能力之基礎。滿清末年中國迭遭列強欺凌，1896 年清朝在河北保定首創「陸軍軍官學堂」，開啟中國近代軍事教育體制。國軍軍事校院歷史及組織文化，主要傳承自 1924 年國民政府創辦的黃埔軍校，為國民革命軍培養軍事骨幹的搖籃，國軍歷經精實案、精進案、精粹案及北部軍事校院調併案實施後，軍事教育如何結合國防轉型需要，達成建軍備戰及儲備軍事人才之目的，成為當前軍事教育重要使命。

3. 學經歷交織課程與活動規劃

2011 年 9 月監察委員的國軍軍事教育體系檢討與績效評估專案調查研究報告指出，軍事指參教育課程設計，以軍種指參學能與部隊實務管理為基礎，教學目標在建構具邏輯性與整體性之工作理念，以培養備戰幹部，亦即以「備戰用兵」課程為主，「一般軍事」知能為輔，課程區分軍事理論、軍種作戰、情報研究、作戰支援、聯合作戰、政治作戰及一般課程等七大類，並以軍事理論、軍種作戰及聯合作戰為核心課程。

因應指參教育學位學程制規劃，指參教育於「地緣戰略」、「中共軍事研究」、「兩岸關係專題研究」、「近代戰史研究」、「危機管理」、「國防資源管理」與「研究方法」等課程中，視各院實際需要，規劃碩士學分課程，個別專業課程另行分組實施。軍事戰略教育課程設計，則以國家軍事戰略與國防資源管理為基礎，教學目標在建構具開創性與前瞻性之宏觀理念，以培養建軍幹部，亦即以「建軍」為主，「備戰」為輔，課程區分國家安全、中共研究、國際關係、戰爭研究、聯合作戰、國防決策與管理等六大類別，並以中共研究、戰爭研究及聯合作戰為核心課程。

國防大學戰略、指參班次學資課程已逐漸分階段實施學分學位化，以提升軍事學術地位，戰院及國管戰略班優先完成學分學位化，亦

即修業一年完成碩士學分課程後，授予戰略學資，並在半年至一年半時間內，與指導老師及院部協調，排定接受論文口試，通過後授予國防大學碩士學位，指參教育則持續推廣碩士學分課程，並尋求相關大學合作。

　　大學基礎教育課程中的學分課程，依教育部規定有校訂必修、通識選修、院訂必修、系訂必（選）修，須修滿 128 學分，課程內容主要區分「通識課程」、「專業課程」兩部分，各占 33% 及 67%，前者以培養學生知識涵養與獨立思考能力，後者為軍種需求之基礎專業知識，依部頒基準表實施。

　　兵科學校課程則區分進修教育、基礎教育、專業教育、專長教育等 4 種軍官與士官各類短期班隊，進修班隊的軍官正規班，訓練連級主官及旅營級參謀，士官則訓練副排長及部隊師資為主，基礎班隊軍官分科班，依未來派職所需職能規劃相關課程，士官為班長及各專業士官，專業教育班隊以兵科專業技術職能為主，專長班隊則區分初、中、高級專長，訓練合格之專長士官、士兵。

　　軍事教育學經歷交織發展與「為用而訓、全職進修」構想雖甚良善，然就軍事基礎院校之碩、博士教育部分，宜再適度檢討放寬，使軍事學資證明授予的軍事專長，與適用的民間專長或教育學歷與學位等值，以兼顧軍人生涯規劃並充分利用軍事教育資源，目前受限於軍事機關高層選才思維，尚存努力空間，既不利軍中之留才，亦不利國軍與社會廣大人才之交織運用與發展。

（二）學生軍訓

1. 法令依據

　　「高級中等以上學校學生軍訓實施辦法」自 1962 年行政院核准備查後，歷經同年 9 月 20 日教育部的第一次修正，與 1973 年、1977 年、1999 年教育部與國防部三次會銜修正，2002 年再經教育部二次修正發

布，全文共計 9 條，第 1 條開宗明義即說明法源依據，為《全民防衛動員準備法》第 14 條第 2 項規定。

　　針對大學軍訓課程，在第 3 條指出，依大學自治精神，由各校自定為選修或必修科目，報教育部備查即可。專科及高級中等學校軍訓課程內容，則統一由教育部律定，其中二年制專科學制規定，軍訓為必修，每學期每週授課 2 小時；五年制專科學制，軍訓亦為必修，第一至第四學年每學期每週授課 2 小時；高級中等學校學生軍訓課程為必修，分三學年完成，第一、二學年每學期每週授課 2 小時，第三學年每學期每週授課 1 小時；高級中等學校附設進修學校學生軍訓課程為必修，分三學年完成，每學期每週授課 1 小時，已服完兵役學生，得依相關規定，申請免修軍訓課程。

　　軍訓課程包括軍訓護理，也就是戰傷急救與健康管理，授課人員規定由教育部甄選之軍訓教官與護理教師等軍訓人員實施，軍訓課程所需武器、彈藥及管理，由教育部協調國防部處理。2006 年教育部第三次修正，將大學校自治精神擴大至專科學校二年制與五年制後二年及專科以上進修學校，由各校自定，報教育部備查即可。同時為配合《全民國防教育法》之實施，將軍訓課程名稱修正為國防通識，並規定必修 4 學分，選修學分數則由各校自定，之後直至 2019 年廢止「高級中等以上學校學生軍訓實施辦法」，隔年改依「各級學校全民國防教育實施辦法」實施。

　　《兵役法》配合軍訓課程之實施，給予折抵役期之支持，並隨學生軍訓課程變革，歷經 2007 年、2008 年、2011 年、2013 年、2019 年多次增修訂，其中特別指出高級中等以上學校修習且成績合格之軍訓課程或全民國防教育軍事訓練課程，得以八堂課折算一日、分別不得逾三十日及十五日，折減兵役役期軍事訓練部分，相關折減課程內容、課目、時數與課程之實施辦法，由教育部會同國防部、內政部定之。

2. 軍訓要旨

教育部軍訓處主編的《學生軍訓五十年》指出，學生軍訓概可追溯自 1904 年清朝頒布「奏定學堂章程」所決議通過並送教育部實行的軍國民教育，1912 年政府曾明定國民軍事教育（軍國民教育）為教育宗旨之一，1915 年頒布教育綱要，以注重道德、實利、尚武並用為教育宗旨，在各級學校推行軍事教育，第一次世界大戰結束，軍國民教育思想式微，為避諱軍國民教育之名，改為「學校軍事教育」。

1922 年直奉內戰，北平學界組織婦孺保衛團，學生加入者三百餘人，經蔡元培之倡議，改為學生軍，軍事教育思潮乃逐漸恢復。1925 年因五卅慘案與國家主義思潮之刺激，軍事教育思想風靡一時，是年 10 月全國教育聯合會議，要求學校應注重軍事訓練。1926 年前後，南方各省學校均有學生軍之組織，1927 年國民政府奠都南京，1928 年大學院（教育部前身）於南京召開第一次全國教育會議，軍事委員會提出「軍事訓練計畫案」與「中等以上學校軍事教育方案」兩案，「中等以上學校軍事教育方案」獲得大會一致通過，我國學生軍訓，乃告正式創建，之後歷經十餘年之經營耕耘，在八年對日抗戰時，曾創造出十萬青年十萬軍的高度成效。

1948 年國民政府戡亂戰事逆轉，中央政府遷往廣州，全國高中以上學校軍訓停辦，1950 年總統蔣公復行視事後，同年行政院審度革命情勢，積極提倡文武合一教育，召集內政、教育兩部研究恢復學校軍訓以及學校軍訓教官訓練有關事宜。教育部簽擬關於高級中等以上學校實施軍訓報告後，國防部召開高中軍訓會議，討論恢復學校軍訓的實質問題，旋由內政、國防、教育三部會呈軍訓教官訓練意見及中等以上學校軍訓辦法大綱，決定恢復學校軍訓。

1951 年，行政院令臺灣省政府會同內政、國防、教育三部，共同擬訂臺灣省實施學校軍訓詳細計畫，教育部與國防部會頒「臺灣省中等以上學校軍訓實施計畫」，分別在臺中、臺北、臺南、花蓮、屏東、新

竹、嘉義、臺東八所師範學校先行試辦，1953 年全省高中全面實施，專科以上學校延至 1954 年全面實施。軍訓教官組成則由國防部選拔優秀軍官，委由政幹班實施職前訓練，成爲在臺實施學校軍訓的開拓者，也使軍訓教官與控制學生政治思想教育脫不了干係，軍訓教育罩上政治思想陰影。

3. 課程規劃

(1) 初始規劃

軍事委員會原規劃的軍事訓練計畫案，包括各級學校規範，如小學加重體育，普及童子軍課程，中等學校運動及體育、兵式操、星期遠足、軍事知識、普通教育傾向於軍事方面，如地理注重軍事地理、軍事地圖，歷史注重民族競爭史、國恥史，科學兼重軍用機械、軍事工程，文學多讀鼓勵勇氣的文章，中等以上學校軍事教育方案則偏重軍事訓練，如體育原則性規範，主要包括各個教練、部隊教練、技術、射擊、指揮法、陣中勤務、測圖、軍事講話、其他等九項（女生應習看護）。最後全國教育會議一致通過「中等以上學校軍事教育方案」，課程規劃依學術科教育要目表九項實施，並提出鄭重宣言說明凡高中以上，應以軍事教育爲必修科（女生應習看護），由大學院（現教育部）請軍事委員會派遣正式陸軍學校畢業的軍官爲教官，每年暑假期內，各校學生應受三星期連續的嚴格軍事教練，關於體育，尤其是國術訓練，應多方提倡，以增進國民奮鬥能力。

1934 年 8 月修正公布高中以上學校軍事教育方案，規定學校軍訓分平時訓練與集中訓練兩種，集中訓練以省市政府所在地爲主，由各省市國民軍事訓練委員會實施。1935 年 5 月全國學生開始集中訓練，1940 年 2 月教育部依據軍訓改制新方案，改訂課程標準，規定高中軍事訓練在各學年實施，每週均爲 3 小時（詳如下表：中等以上學校軍事教育方案學術科教育要目表）。

中等以上學校軍事教育方案學術科教育要目表

項目	各個教練、部隊教練、技術、射擊、指揮法、陣中勤務、測圖、軍事講話、其他等九項。
鄭重宣言	1. 軍事教育為必修科（女生應習看護）。 2. 教官由大學院請軍事委員會派遣正式陸軍學校畢業的軍官。 3. 每年暑假期內，應受三星期連續嚴格軍事教練。 4. 關於體育，尤其是國術訓練，應多方提倡，以增進國民奮鬥能力。
修正	1. 依高中以上學校軍事教育方案修正，學校軍訓分平時訓練與集中訓練兩種，集中訓練以省市政府所在地為主，由各省市國民軍事訓練委員會實施，1935 年 5 月開始集中訓練。 2. 依軍訓改制新方案修訂課程標準，高中軍事訓練在各學年實施，每週 3 小時。

資料來源：筆者參考《學生軍訓五十年》調製。

(2) 臺灣軍訓

在臺恢復學生軍訓後，軍訓教官改由國防部政治部負責，由政工幹校培訓，救國團管理，高級中學課程規劃改為愛國教育、軍事教育、生活訓練、體能訓練、技能訓練，專科以上學校除愛國教育改為精神教育外，其他與高級中學相同，僅在進度上增強內容程度並在軍事術科上銜接軍士一般養成教育及軍官預備教育。

在軍訓時間安排上，高級中等學校軍訓期間為三年，每週 3 小時，大專軍訓期間概為每學年每週 2 小時，除軍事管理，紀律訓練，寓教於日常生活外，所有課程均為正課時間，軍事學術科成績則單獨計算（詳如下表：在臺恢復學生軍訓課程）。

在臺恢復學生軍訓課程

階段	課程規劃	時數
高中	愛國教育、軍事教育、生活訓練、體能訓練、技能訓練	三年，每週 3 小時
專科以上	1. 愛國教育改精神教育 2. 其他軍事教育、生活訓練、體能訓練、技能訓練增強內容程度 3. 軍事術科銜接軍士一般養成教育及軍官預備教育	每學年每週 2 小時

資料來源：筆者參考《學生軍訓五十年》調製。

　　1973 年 6 月 19 日，教育部修訂「高級中等以上學校軍訓課程基準表」，高級中等學校男生軍訓課程，分一般課程、基本教練、兵器教練，另於第一、二學年各實施行軍演習一次。一般課程包括軍訓規範與軍事管理、軍人禮節、保防常識、民防常識、國軍獎懲法規、軍人讀訓淺釋、國軍軍事學校簡介、兵役法令、認識共匪。

　　基本教練包括單兵徒手教練、單兵持槍教練、步兵班基本教練、綜合複習，兵器教練包括機械訓練、射擊預習、基本射擊，女生則分軍訓及護理部分。大專院校男生軍訓課程增加認識匪軍與預官選訓服役兩課目，女生護理課程內容改授公共衛生與公共衛生護理（詳如下表：高級中等以上學校軍訓課程基準表）。

高級中等以上學校軍訓課程基準表

階段	課程規劃	備考
高中	**一般課程** 軍訓規範與軍事管理、軍人禮節、保防常識、民防常識、國軍獎懲法規、軍人讀訓淺釋、國軍軍事學校簡介、兵役法令、認識共匪 **基本教練** 單兵徒手教練、單兵持槍教練、步兵班基本教練、綜合複習 **兵器教練** 機械訓練、射擊預習、基本射擊	1. 第一、二學年各實施行軍演習一次 2. 女生分軍訓及護理部分
專科以上	增加認識匪軍與預官選訓服役	女生護理改公共衛生與公共衛生護理

資料來源：筆者參考《學生軍訓五十年》調製。

　　1995 年大法官 380 號釋憲案指出，大學軍訓課程改由大學自主後，教育部軍訓處爲能充分適應臺灣社會環境之變遷，並迎合時代思潮與掌握軍訓教育興革之關鍵，以國防通識教育六大領域之國家安全、國防科技、兵學理論、戰史、軍事知能、軍訓護理爲軍訓教學範疇，輔以學校類型及學生程度不同之考量，而調整授課科目與時數配當。高中職校相關課目發展以「高中職校軍訓課程基準表」爲基準，主要課目區分學生軍訓簡介、基本教練、地圖閱讀、方位判定與方向維持、野外求生、學生安全教育、國家安全概論、國防科技概論、射擊訓練、兵家述評、中外戰史、領導統御、兵役實務、軍警院校簡介、民防常識等 15 類，分三學年實施，總計 180 小時；大學則依六大領域彈性自主開課。

4. 輔教活動

(1) 戰時青年服勤訓練

A. 法令依據

　　《全民防衛動員準備法》第 14 條第 2 款指出，爲結合學校教育增

進國防知識，精神動員準備分類計畫主管機關教育部，應訂定各級學校全民國防教育課程之相關辦法。第 15 條第 1 款指出，為確保動員實施階段獲得所需人力，人力動員準備分類計畫主管機關內政部於動員準備階段，應對民間重要專門技術人員、民防、義勇消防、社區災害防救團體及民間災害防救志願組織，實施調查、統計、編組，並對學校青年動員服勤、戰時致受傷或身心障礙及退除役軍人安置等事宜進行規劃，直轄市及縣（市）政府並應配合辦理。

行政院每 2 年定期策頒全民防衛動員準備綱領，內政部據此策頒年度人力動員準備方案，並依《民防法》第 5 條第 2 項策頒「高級中等以上學校防護團編組教育演習及服勤辦法」，其中第 3 條指出，高級中等以上學校應編組學校防護團，學校教師、職員及學生應參加防護團編組，防護團設團部，下設消防班、救護班、工程班、防護班、供應班及其他必要之特業班，並視需要設管制中心。

防護團教育訓練課程應與動員服勤相結合，區分基本訓練 8 小時，每年度實施 2 次常年訓練，每次以 4 小時為原則，並依編組班別特性彈性實施訓練。防護團演習主要配合全民防衛動員準備演習實施，勤務或其他演習則依任務特性或實際需要實施，服勤範圍包括協助民防團隊，擔任空襲防護、救護、消防等工作，協助政府機關，擔任宣導工作，協助醫院、救護隊擔任救護工作，協助生產機構，擔任軍需物資生產工作，協助軍事、警察單位，擔任交通管制、疏導等工作。

B. 計畫實施

動員準備基本政策，係本全民國防理念，兼顧國防與民生發展，納動員於施政、寓戰備於經建，透過國家建設與政府施政過程，強化政府因應緊急情勢之能力。為適應作戰需要並兼顧平時災變、戰時社會秩序之維持，穩定社會，學校應適切完成學校青年動員服勤準備，俾於需要時能作最有效之運用。

學校青年動員服勤，依各需求核轉單位申請人數、專長、職類及服

勤地區之需求，以就地服勤為原則，以配合全民國防教育教學或多元活動，加強服勤基礎訓練，傳播學子危機意識，厚植潛在戰力，並運用集會時機舉辦青年動員工作研習活動，期能推動幹部及任務訓練，增進學生服勤技能與應變能力。

其全般執行構想以青年服勤動員編組為基本架構，平時運用全民國防教育教學、社團活動及集會時間培養專長教育，以交通管制、簡易急救、宣慰、消防、行政支援（人力支援、物力管理）等為主要服勤內容，服勤範圍以學校為基地，實施區域服務工作，平日以志工服務培養團隊默契與實務訓練，戰時或遇重大災害立即於學校基地開設緊急應變及收容中心成立社區服務，以務實之行動，有效之訓練，結合全民總動員，發揮青年服勤訓練之成果，展現全民防衛意志。

動員準備階段於每學年依據在學男女青年，完成編組訓練，區分核轉需求人員、學校青年防護團、各縣（市）鄉鎮青年服勤隊及返籍青年名冊以協助動員時支援醫療、救護、消防、搶修、修護、宣慰及軍需生產與服勤工作。

依據各需求核轉單位與各使用單位，在年度內需求支援動員時服勤人數，依其申請人數、專長、服勤地區等予以考量，妥為調製支援服勤工作預定表，造冊送直轄市政府教育局或縣（市）聯絡處。防護團選員編組原則，為應戰時保鄉、保校實施自衛、自保，平時克盡防護功能，得依實際需要，指定戶籍設在學校附近之鄉、鎮、縣、市內男女青年，編入學校防護團。

青年動員服勤所需之技能訓練，利用全民國防教育及有關之專業課程教學、社團活動及運用課外時間（社區服務）等方式加強訓練，培養團隊合作與實務工作演練。應急戰備階段學校停課後，指定專人帶領編組學生向需求核轉單位與各使用單位報到，返籍學校青年向設籍之地方政府指定處所報到，完成學校防護團之編組與待命工作，並協助政府宣傳、情報蒐集傳遞兩大任務。

　　納入動員編組者，則爲接近役齡男子及現年 16 歲（含）以上女性學生，對未納入動員準備階段服勤隊和學校防護團編組之返籍學校青年，於進入警戒戰備時期後，以直轄市、縣（市）爲單位，列冊分送各該直轄市政府教育局或縣（市）聯絡處（軍訓督導），俾其依據各校函送之返籍學校青年名冊，按其類別、專長，完成返籍學校青年服勤動員大隊編組，所需幹部由各該直轄市政府教育局遴選擔任。

　　大隊以下依任務需求或村里行政組織編成若干中隊，中隊以下依個人專長分設自衛戰鬥、民防、交通、運輸、醫護、生產、宣慰等區隊，區隊下設若干分隊，每分隊以 10 人組成爲原則；區隊長、分隊長由中隊長遴選優秀學生擔任。服勤工作範圍爲 1. 協助當地民防機構，擔任防護、搶修、救護、消防等工作。2. 協助當地政府機關，擔任宣傳、慰問、敬軍、勞軍等工作。3. 協助當地軍、民醫療機構，擔任醫療、護理、藥劑等工作。4. 協助當地生產機構，擔任軍需物資生產工作。5. 協助當地軍、警單位，擔任交通管制、治安、情報傳遞、運輸、修護等。6. 協助各使用單位，擔任其所習系科專長技術工作。

(2) 學生生活輔導

　　1962 年 6 月 16 日教育部爲有效推行生活教育頒布生活教育實施方案，同年 9 月 30 日「高級中等以上學校學生軍訓實施辦法」修正，12 月 21 日教育部即據以訂定「高級中等以上學校學生軍事管理實施辦法」，作爲推行學生生活管理與輔導之依據。1963 年 5 月 7 日教育部進一步訂頒「各級學校學生日常生活教育重點考核實施辦法」，將學生校內生活輔導，擴及校外生活輔導。

　　中等學校的校外生活輔導則早於救國團主管時期，教育廳即曾頒有「學生校外生活指導要點」，1966 年 11 月 14 日臺灣省教育廳進一步頒發「學生校外生活及交通安全維護事項補充規定」，明定學生校外生活輔導兼及交通安全與隨車監護，學生校外生活輔導，偏重於中等學校，大專學生仍以自治爲主。

二、全民國防教育

（一）法令依據

　　《國防法》第五章第 29 條指出中央及地方政府各機關應推廣國民之國防教育，增進國防知識及防衛國家之意識，2005 年 2 月 2 日公布，隔年 2 月 2 日正式實施的《全民國防教育法》第 1 條開宗明義指出為推動全民國防教育，以增進全民之國防知識及全民防衛國家意識，健全國防發展，確保國家安全；第 2 條明定中央主管機關為國防部，縣市政府為地方主管機關，涉及各目的事業主管機關職掌者，由各目的事業主管機關辦理；第 5 條明定全民國防教育範圍包括學校教育、政府機關（構）在職教育、社會教育與國防文物保護、宣導及教育，行政院並根據第 6 條規定，訂定每年 9 月 3 日為全民國防教育日，並舉辦各種相關活動，以強化全民國防教育；第 7 條規定各級學校應推動全民國防教育，並視實際需要，納入教學課程，實施多元教學活動，其課程內容及實施辦法，由教育部會同中央主管機關定之。

　　2010 年 5 月 25 日「各級學校全民國防教育課程內容及實施辦法」頒布，共 14 條，取代原 95 學年度實施之「國防通識」課程課綱及中等以上學校軍訓實施辦法，學校則據此訂定學年度全民國防教育推動計畫，其中辦法第 1 條說明，改依《全民國防教育法》第 7 條第 2 項規定，而不是中等以上學校軍訓實施辦法的《全民防衛動員準備法》。相關課程內容較諸國防通識課程做了較大幅度的修正，各級學校全民國防教育人員規定亦較為複雜，受限於國防部軍訓教官的師資資格與教育部合格教師不足的困境，課程內容及實施方式亦因學制銜接問題而出現並列發展的現象。

　　政府各機關（構）之在職訓練，則依《全民國防教育法》第 8 條規定，由行政院人事行政總處（原行政院人事行政局）會同公務人員保障暨培訓委員會、中央主管機關依工作性質訂定教育內容及實施辦法。

而社會教育系統則泛指第 9 條與第 10 條的規範，概略指出各級主管機關及目的事業主管機關應製作全民國防教育電影片、錄影節目帶或文宣資料，透過大眾傳播媒體播放、刊載及及配合動員演習，規劃辦理全民防衛動員演習之教育活動或課程，並於動員演習時配合實施全民國防教育，有關國防文物保護系統，則規定各級主管機關應妥善管理各類具全民國防教育功能之軍事遺址、博物館、紀念館及其他文化場所，並加強其對具國防教育意義文物之蒐集、研究、解說與保護工作，相關實施辦法，由文化部（原行政院文化建設委員會）會同教育部、中央主管機關定之。

（二）教育要旨

　　國防部 88 年度委託林正義、鍾堅、張中勇學者的研究報告指出，1996 年臺海危機之後，李登輝前總統在國軍年度工作檢討會中首先提出全民國防的概念，鄧定秩將軍為文指出，全民國防係以國防武力為中心，以全民防衛為關鍵，以國防建設為基礎，全民國防經由政府多年倡導，尤其在 1996 年臺海危機之後，更受各界重視，並認為全民國防是以軍民一體、文武合一的形式，不分前後方、平時戰時，將有形武力、民間可用資源與精神意志合而為一的總體國防力量。推動全民國防教育的意義在於「納動員於施政、寓戰備於經建、藏熟練於演訓」，使全國民眾建立「責任一體、安危一體、禍福一體」的共識，達到全民關注、全民支持、全民參與、全民國防的最高理想。

　　《全民國防教育法》自 2005 年 2 月 2 日公布以來，國防部主管機關首先舉辦「全民國防教育日」網路票選活動，正式公告 9 月 3 日為「全民國防教育日」並以此結合軍人節相關活動，擴大民眾參與。其次，在 2006 年 2 月 1 日正式實施後，接續規劃推動學校教育規範、推展在職巡迴教育宣教、辦理暑期戰鬥營、獎勵傑出貢獻單位與個人、配合動員演習辦理教育訓練、推廣國防文物宣導與維護、運用傳媒推展文宣活動

等工作，以整合國家資源，凝聚全民國防共識，強化整體國防安全，確保國家安全與生存發展，進而提升綜合國力。

（三）課程規劃

1.國防部課程指導

《全民國防教育法》規範有具體課程內容及實施辦法的有學校教育、政府機關（構）在職教育與國防文物保護、宣導及教育，但政府機關在職教育因工作性質各異，難求統一規範，國防文物保護事涉政府各機關政務範圍廣泛，亦難有較具體之課程內容，社會教育則透過大眾傳播媒體並配合動員演練實施。

國防部主管機關依據《國家安全報告》、年度「國防報告書」揭示之國家總體戰略與國家安全威脅，擬訂全民國防教育內涵五大主軸。第一是國際情勢，著重全民了解國家處境與潛存威脅，務實參與國際事務，確保國家永續發展；第二是國防政策，著重宣導當前國防施政方針、國軍整體戰略，激發全民防衛意識，支持國防政策；第三是全民國防，著重了解「全民國防教育」對個人、家庭、社會與國家安全之影響，關注、支持參與國防事務；第四是防衛動員，著重介紹「民防體系」與「全民防衛機制」，適時動員總體力量，厚植戰力泉源；第五是國防科技，著重建立「無科學即無國防，無國防即無國家」共識，爭取全民支持國防武器裝備發展策略。

國防大學在教材設計上，原先區分「全民國防」、「國防政策」、「防衛動員」及「國防科技」等四大課程，各課程再細分「大學」及「高中職」兩種不同版本，分別由國防大學、政戰學校、中科院負責編纂。學校課程規劃主要以配合現行課程施教為主，國中小納入體能培育、生活與倫理、德行品格、法治教育、安全教育、團隊生活與守紀律態度等課程，高中職則以國防通識課程結合團體生活紀律、法治與倫理、體適能等課程實施，大學除了現行國防通識課程外，並結合一般通識教育如

國家現況、法治教育、倫理教育、文化與道德、哲學與人生等實施。政府機關在職教育課程內容則包括國防組織、兩岸關係、軍事交流、國防資源、國防經濟、國防科技、國軍與社會、國民心理、防衛動員等，後又增加國際情勢成為現行全民國防教育五大領域課程，以此統一規範全民國防教育四大系統之實施。

2. 學校國防通識教育課綱

　　教育部曾就大學、後期中等教育及國民教育階段之全民國防教育成立三個課程研議小組，課程內容以《國防法》所規範國防軍事、全民防衛及其他國防相關事務三大範疇為主，原概分國防安全、軍事科學、防衛技能、國家意識、全民動員、公民防衛及與國防相關事務等七大主題，依教育階段之不同而有所增減，後來參酌國防部主管機關之規劃要旨，擴充為國防安全、軍事科學、防衛技能、國家意識、全民動員、公民防衛、國際情勢、國防相關事務等八大主題，並依教育課程實施程序，以補充教材的方式強化原國防通識教育課程內容。

　　原應於 95 學年度實施的「國防通識教育課程綱要」即所謂的 95 暫綱，其規劃理念首次以教育部「普通高級中學課程綱要總綱草案」為準據，將涵蓋三學年，每週 2 小時，女生授課時數軍訓、護理各半的原「學生軍訓課程」調整為二學年必修課程，課程綱要以「國家安全」、「兵學理論」、「軍事戰史」、「國防科技」、「軍事知能」五大領域為範疇，刪除「軍訓護理」領域課程，分別於高一、高二，每週一節課，共計必修與選修各 4 學分的「國防通識課程」，以傳授國防通識知能，建立全民國防與全民防衛共識。

　　其中軍事知能領域增訂「國防通識教育概述」單元4小時，刪除「學生實彈射擊」單元，「野外求生」刪除劃歸選修課程，軍事戰史原第二學年「中外戰史」之「中國及西方戰史」則刪除劃入選修，僅保留「臺海戰役」為必修，以「古寧頭戰役」與「八二三炮戰」為範疇，教學綱要規範為「戰爭起因」、「戰前情勢」、「戰爭經過」及「勝負分析與

啓示」等四項，置重點於軍事視野之觀瞻，與歷史等相關課程連結，「軍訓護理」有關課程則全數刪除。

此外，另修訂兵學理論的「兵家述評」明定「孫子」及「拿破崙」二位中、西兵家典型，軍事知能的「民防常識」歸併刪修爲「民防的意義與特性」與「民防實務介紹」二項，「軍警校院簡介」修訂爲「國軍軍事校院簡介」及「警察校院簡介」二單元，「地圖閱讀」內容界定於軍事性與實用性兼具之「軍用地圖簡介」、「簡要地圖繪製」課程，「學生兵役實務」名稱調整爲「兵役簡介」，簡化爲「兵役制度」、「兵役實務」、「軍中人權」，並排除女生免修，各單元並縮減時數，主要結合《全民防衛動員準備法》，傳授國防通識知能（詳如95國防通識暫綱）。

95國防通識暫綱（必修科目「國防通識」課程4學分）

第一學年

主題	主要內容
一、國家安全概論	1. 國家安全一般認識
	2. 國家安全政策制定
	3. 現今國際情勢
	4. 我國國家安全
二、臺海戰役	1. 古寧頭戰役
	2. 八二三炮戰
三、國防通識教育概述	1. 國防通識教育沿革
	2. 國防通識教育與全民國防
四、學生安全教育	1. 安全應變與危機管理
	2. 意外事件的防範及處置
	3. 災害的防範及處置
	4. 權益與保障

主題	主要內容
五、民防常識	1. 民防的意義與特性
	2. 民防實務介紹
六、基本教練	1. 徒手基本教練

資料來源：筆者參考教育部課程計畫調製。

第二學年

主題	主要內容
一、兵家述評	1. 孫子
	2. 拿破崙
二、國防科技概論	1. 科技與國防
	2. 武器系統介紹
	3. 我國國防科技
三、軍警校院簡介	1. 國軍軍事校院簡介
	2. 警察校院簡介
	3. 生涯規劃與兩性發展
四、方位判定與方向維持	1. 方位判定
	2. 方向維持
五、地圖閱讀	1. 軍用地圖
	2. 簡要地圖
六、兵役簡介	1. 兵役制度
	2. 兵役實務
	3. 軍中人權
七、基本教練	1. 持槍基本教練

資料來源：筆者參考教育部課程計畫調製。

教育部全民國防教育 95 暫綱將原軍訓課程確定更名為「國防通識」，與全民國防教育課程之規劃有所重疊，教育部為配合全民國防教

育主管機關國防部之規劃，經多次會議研商討論後，將 95 全民國防教育課程綱要延至 98 學年度起正式實施，並頒布「各級學校全民國防教育課程內容及實施辦法」，以取代 95 學年實施之「國防通識」課程課綱及中等以上學校軍訓實施辦法。

　　高中全民國防教育課程綱要修訂理念以《全民國防教育法》及《全民防衛動員準備法》為核心，依照國防部「國際情勢」、「國防政策」、「全民國防」、「防衛動員」及「國防科技」五大教育主軸整體規劃，以向下銜接國民中小學全民國防教育之融入式教學，並向上銜接大專校院全民國防教育課程之實施，規劃原則首重課程連貫，其次特重於「防衛動員」主題安排「基本防衛技能」、「防衛動員模擬演練」等實務性課程，並呼應高中課程強化基本共同素養發展原則，課程內容除符合《全民國防教育法》所揭櫫「以增進全民之國防知識及全民防衛國家意識，健全國防發展，確保國家安全」之立法目的，亦同時緊密結合《全民防衛動員準備法》之「精神動員準備方案」所期望之「傳授國防知能，培養學生愛鄉愛國意志，增進學生國防知識及堅定參與防衛國家安全之意識」目標，並可同時進行「人力動員準備方案」中「青年服勤動員準備」之教育訓練工作。

3. 學校全民國防教育課綱

　　教育部為落實推進高中課程綱要，自 2005 年起陸續成立各學科中心，由教育部中部辦公室統一督考，2007 年 3 月 12 日普通高級中學課程發展委員會決議，增設全民國防教育學科，必修 2 學分，安排於高一學年實施，學科中心委由臺師大規劃辦理，2008 年由宜蘭高中擔任召集學校，後因鑒於課程與教學的獨特性，2009 年改由教育部軍訓處直接督導，之後概依教育部「各級學校全民國防教育課程內容及實施辦法」之規定實施，大專以上課程則參照國防部五大教育主軸規劃，國際情勢包括區域安全、武裝衝突法及國際關係等，國防政策包括國防與政治、國家安全政策與法制及大陸政策等，全民國防則包括國家意識、全

民防衛、國防與經濟及文化與心理等，防衛動員包括防衛技能、全民動員及軍訓護理等，國防科技則包括國防產業發展及軍事科技等，實施方式由各校自定。

　　高級中等學校的全民國防教育課程，亦依國防部五大教育主軸規劃，內容則力求較大專簡易與講求實用，如國際情勢包括國際情勢分析、當前兩岸情勢發展及臺灣戰略地位分析等，國防政策包括國家安全概念、我國國防政策及國家概念與國家意識等，全民國防包括全民國防導論及全民心防與心理作戰等，防衛動員則包括全民防衛動員概論、災害防治與應變、基本防衛技能及防衛動員模擬演練等，國防科技主要包括國防科技概論及海洋科技與國防等。其實施方式規定 98 學年度以前，實施國防通識課程，並由教育部編定全民國防教育補充教材，99 學年度以後實施全民國防教育課程必修 2 學分，選修課程則由各校自定，國民中學、國民小學全民國防教育，其課程內容概要為《國防法》全民國防的國防軍事、全民防衛及國防相關事務等，由教育部訂定補充教材，並採融入式教學，納入現行課程中實施，相關課程規劃由教育部成立「全民國防教育課程綱要專案小組」完成全民國防教育科必、選修課程綱要，此即所謂高中全民國防教育 99 課綱。

　　2010 年全民國防教育學科中心正式名稱確立，由於全民國防教育學科課程內容與實施，較諸其他學科略顯特殊與不同，原應由國教署（前身為教育部中部辦公室）業管的學科中心，在 2013 年行政院組織改造後，原由教育部軍訓處督導改由教育部學生事務及特殊教育司負責，學科中心亦由新竹女中移轉至桃園陽明高中。

　　國防通識課程 95 課綱旨在對於各項課程主題進行概述性的教學建立基本概念，全民國防教育課程綱要則理念與實務並重，以《全民國防教育法》及《全民防衛動員準備法》為核心，加強「防衛動員」單元，以培養全民防衛動員基本認知及基本防衛技能，以符合學校青年服勤動員準備工作之所需，達成精神動員準備工作之目標。

　　國防通識課程 95 課綱師資由軍訓教官暫代授課工作，高中全民國防教育科課程師資將由合格師資授課，為因應課程時數急遽減少，鼓勵學校參考維持「當代軍事科技」、「野外求生」、「兵家的智慧」、「戰爭與危機的啟示」、「恐怖主義與反恐作為」五大主題課程的全民國防教育科選修課程綱要開設選修課程，每項課程 1 學分，由各校自行安排於高中一、二、三學年實施，以彌補必修課程時數之不足。

　　此外，各校可依據條件，安排實施全民國防教育多元教學活動，如國軍營區參訪、全民國防教育戰鬥營、實彈射擊體驗活動、戰時青年支援服勤演練等，以擴大學生學習全民國防教育之空間與時間，增進原有必修課程之教學效果（詳如教育部普通高級中學「全民國防教育」課程綱要表）。

教育部普通高級中學「全民國防教育」課程綱要表（99 課綱）

主題	主要內容	說明	參考節數
一、國際情勢	1. 國際情勢分析	1-1 當前國際與亞太情勢發展 1-2 當前兩岸情勢發展 1-3 我國戰略地位分析	4
二、國防政策	1. 國家安全概念	1-1 國家概念與國家意識 1-2 安全與國家安全意涵 1-3 我國國家安全威脅評析 1-4 中國對臺灣飛彈等軍事威脅	4
	2. 我國國防政策	2-1 我國國防政策理念與目標 2-2 我國國防政策與國防施政 2-3 我國軍事戰略與建軍備戰	
三、全民國防	1. 全民國防導論	1-1 全民國防之內涵與功能 1-2 全民國防教育之緣起及其重要性 1-3 全民心防與心理作戰	2

主題	主要內容	說明	參考節數
四、防衛動員	1. 全民防衛動員概論	1-1 全民防衛動員之基本認知 1-2 全民防衛動員體系簡介	22
	2. 災害防制與應變	2-1 災害防制與應變機制簡介 2-2 核生化基本防護 2-3 求生知識與技能	
	3. 基本防衛技能	3-1 徒手基本教練 3-2 步槍操作基本技能 3-3 射擊預習與實作	
	4. 防衛動員模擬演練	4-1 防衛動員演練之機制與設計 4-2 防衛動員的實作	
五、國防科技	1. 國防科技概論	1-1 當代武器發展介紹 1-2 海洋科技與國防 1-3 國防科技政策 1-4 國軍主要武器介紹	4

資料來源：教育部網站（2009.8.10）。

　　全民國防教育除必修科目外，另設選修科目包括當代軍事科技、野外求生、兵家的智慧、戰爭與危機的啟示、及恐怖主義與反恐作為等，並於國家安全新增「恐怖主義與反恐」課程，兵學理論新增「兵法的智慧」，軍事戰史則將原第二學年「中外戰史」之「中國及西方戰史」規劃為選修課程，課程名稱為「戰爭啟示錄」，國防科技新增「第三波軍事科技」課程，軍事知能原第一學年課程「野外求生」規劃為選修課程，課程名稱為「野外活動與求生」，另外刪除兵學理論中「兵家述評」之「諸葛亮」、「巴頓」等單元，軍事戰史刪除「中外戰史」之「第一次世界大戰」、「第二次世界大戰」、「中日八一三淞滬會戰」等單元，軍事知能刪除「軍隊生活規範」。

4. 多元輔教活動

　　主要由國防部主導，其他部會與地方政府及學校配合，綜整國防部

政治作戰局近年推動計畫與成果概要綜整說明如下：

(1) 公務人員在職訓練

行政院各政府機關（構）透過在職教育專班、隨班訓練及專題講演、數位學習等方式或適時利用國防部製作之教學媒體或於指定之網站，學習全民國防教育相關數位課程（行政院人事行政總處公務人力發展學院「e等公務園＋學習平臺」）及其他多元學習活動，實施定期「在職教育」或巡迴宣導，並藉由行政院人事行政總處公務人力發展學院線上授課認證，擴大全民國防教育數位學習成效，強化全民國防意識。

(2) 學校營隊活動

根據全民國防教育網所載資訊，全國高級中等學校儀隊競賽已連續舉辦五屆了，由陸（北部地區）、海（南部地區）及空（中部地區）軍司令部於每年 4 月中旬前辦理初賽，決賽由國防部於 6 月上旬辦理，活動搭配國軍社團及全民國防教育互動攤位宣導。創意愛國歌曲暨勵志歌曲競賽亦已連續舉辦四屆了，由教育部推薦參賽學校與國軍選派部隊同場競技，藉由國軍官兵與青年學子交流互動，以展現國家新世代青春活力，激發創意、巧思、團隊精神與自我實現，厚植全民國防教育成效。

國防部並指導陸、海、空軍司令部、後備、資通電軍指揮部辦理推動全民國防教育暨宣導募兵制——走入校園活動，廣邀各直轄市、縣（市）政府、教育部直轄市、縣（市）聯絡處、地區各級學校師生及轄區內仕紳共同參與活動，以寓教於樂方式，提升教育實效。

此外，國防部採「多元教學」與「寓教於樂」方式，結合國防專業與軍事特色辦理，各軍司令（指揮）部策劃執行，教育部、各直轄市及縣（市）政府等單位協辦，每年 1 月分辦理寒假戰鬥營、7 月分暑期戰鬥營，期使青年學子透由實訓、實作、實況體驗國防事務，建立全民國防信念，激發防衛國家意識。尤其難得的是南沙研習營活動，共區分 4 個梯次，1 至 3 梯次參加對象為國內各大專院校博（碩）士研究所及大四、大三學生，計接訓 9 所大學院校，第 4 梯次採專案實施，由教育部

推薦國中、小學全民國防教育師資參與營隊，研習活動紀實鏈結全國校園網路，提升活動能見度，教育部更主動依國防部靶場訓用情形，先期協調國軍各支援單位規劃射擊流路，辦理學生實彈射擊體驗活動。

(3) 社會鄉里活動

國防部指導陸軍司令部及憲兵指揮部藉由與縣（市）政府合作模式，結合全民國防教育宣導攤位、武器裝備陳展及戰技操演等多元方式，策辦走入鄉里活動，以提供國人接觸國防、了解國防機會。針對國家安全環境、國防重大施政、國軍主要裝備及重要戰史等面向，設計簡明易懂之題目，辦理網際網路有獎徵答活動，使國人了解國防施政作為，彰顯國軍建軍備戰之努力及成果。藉「國防知性之旅」活動之多元化教育內容，結合國防專業及裝備陳展與體驗等方式，展現國軍平日戮力訓練成果，活動開放場次時間及地點，公布於國防部發言人、各軍司令（指揮）部臉書及「全民國防教育全球資訊網」。

「全民國防教育全球資訊網」配合各類活動實施宣傳，提供全民國防教育紀實照片、研究成果及影音瀏覽下載，各部會（目的事業主管機關）、直轄市、縣（市）政府，以「支持國防，熱愛國家」之教育主軸，運用多元宣傳管道與資源，透由公務機關及學校公布欄、網路、有線電視、報紙、雜誌、機場、捷運站、鐵路、港口等交通要點公益燈箱及電子看板等傳播媒介，擴大宣傳活動資訊，並製作海報、摺頁及相關文宣品，強化整體宣教效果。

(4) 國防文物保護宣導

國防部依「文化資產保存法」及「國防文物及軍事遺址管理實施辦法」，將國防文物、軍事遺址或汰除裝備，結合觀光資源推廣，並運用各類文宣平臺，提供民眾相關教育資訊，其次配合國軍相關紀念節日，由國軍歷史文物館辦理特展，並配合部（隊）慶及重要慶典活動等相關時機，開放單位軍（隊）史館供民眾參訪。加強運用「國防文物及軍事遺址」介紹專輯輔助教學，其中「眷村」文化與國軍官兵及軍眷密不可

分，更已轉化擴展爲屬於「社會」的眷村，地方政府依「文化資產保存法」指定登錄之文資眷村已計有 51 處，其中 13 處爲「眷村文化保存園區」，具保存價值眷村計 38 處。

三、全民國防教育學科

（一）法令依據

　　根據 2020 年 6 月 22 日教育部與國防部會銜修正發布之「各級學校全民國防教育課程內容及實施辦法」，其中第 1 條指出實施辦法依據，爲《全民國防教育法》第七條第二項及《全民防衛動員準備法》第十四條第二項。

　　大專以上全民國防教育課程規劃，參照國際情勢（區域安全、武裝衝突法、國際關係及其他相關課程）、國防政策（國防與政治、國家安全政策與法制、大陸政策及其他相關課程）、全民國防（國家意識、全民防衛、國防與經濟、文化與心理及其他相關課程）、防衛動員（防衛技能、全民動員、護理及其他相關課程）、國防科技（國防產業發展、軍事科技及其他相關課程）實施方式由學校自訂。

　　高級中等學校全民國防教育課程綱要實施方式，爲必修課程 2 學分，選修課程則由學校自定，其課程包含全民國防概論（國家安全之重要性、全民國防之意涵、全民國防理念之實踐經驗及其他相關課程）、國際情勢及國家安全（全球與亞太區域安全情勢、我國國家安全情勢與機會及其他相關課程）、我國國防現況及發展（國防政策與國軍、軍備與國防科技及其他相關課程）、防衛動員及災害防救（全民防衛動員之意義、災害防救與應變、射擊預習與實作及其他相關課程）、戰爭啓示及全民國防（臺灣重要戰役與影響及其他相關課程）。國民中學及國民小學全民國防教育，由學校採融入式教學，納入現行課程中實施，相關補充教材內容包括全民國防、國際情勢、國防政策、防衛動員、國防科

技及其他相關事務由教育部編定。

各級學校實施全民國防教育，得成立社團、辦理相關課外研習或參訪活動，並結合全民防衛動員準備及動員演習，以增進教學成效，所需全民國防教育人員由合格教師擔任，各級學校全民國防教育人員在職訓練由國防部會同教育部或直轄市、縣（市）政府為之，全民國防教育所需相關軍事支援事項，由教育部協調國防部辦理。

（二）課綱要旨

1. 十二年國民基本教育課程綱要總綱指引

我國自 1929 年訂定國家課程規範後，多次修訂學校課程標準以求課程修訂與時俱進，為培養健全國民，為我國人才培育奠定良好基礎，1968 年開始實施九年國民教育，1999 年公布「教育基本法」。

2003 年 9 月「全國教育發展會議」召開，為提升國民素質與國家實力達成「階段性推動十二年國民基本教育」結論，2004 年 6 月教育部將「建置中小學課程體系」納入施政主軸，發展「中小學一貫課程體系參考指引」，以引導中小學各級課程綱要之修正。2011 年總統宣示啟動十二年國民基本教育，同年 9 月行政院正式核定「十二年國民基本教育實施計畫」，明訂 2014 年 8 月 1 日全面實施，課程綱要由國家教育研究院、教育部技術及職業教育司進行研發，國家教育研究院「十二年國民基本教育課程研究發展會」負責課程研議，教育部「十二年國民基本教育課程審議會」負責課程審議。

2014 年 11 月教育部正式發布「十二年國民基本教育課程綱要總綱」，持續強化中小學課程之連貫與統整，實踐素養導向之課程與教學，以期落實適性揚才之教育，培養具有終身學習力、社會關懷心及國際視野的現代優質國民。

總綱指出，課程發展基本理念本於全人教育的精神，以「自發」、「互動」及「共好」為理念，引導學生妥善開展與自我、與他人、與社

會、與自然的各種互動能力，以「成就每一個孩子──適性揚才、終身學習」為願景。課程目標以培養好奇心、探索力、思考力、判斷力與行動力進行探索與學習，重視人際包容、團隊合作、社會互動，進而勇於創新，適應社會變遷與世界潮流，深化地球公民愛護自然、珍愛生命、惜取資源的關懷心與行動力，達成共好理想，課程目標結合核心素養，以裨益教育階段連貫與領域／科目統整。

「核心素養」特指一個人為適應現在生活及面對未來挑戰，所應具備的知識、能力與態度，亦即強調學習不宜以學科知識及技能為限，而應關注學習與生活的結合，透過實踐力行彰顯學習者的全人發展。總綱核心素養項目，強調培養以人為本的「終身學習者」，分為「自主行動」、「溝通互動」、「社會參與」三大面向，再以此細分為「身心素質與自我精進」、「系統思考與解決問題」、「規劃執行與創新應變」、「符號運用與溝通表達」、「科技資訊與媒體素養」、「藝術涵養與美感素養」、「道德實踐與公民意識」、「人際關係與團隊合作」、「多元文化與國際理解」九大項目。自主行動強調個人為學習的主體，溝通互動強調廣泛運用各種工具，有效與他人及環境互動，社會參與強調處理社會的多元性，是一種社會素養，也是一種公民意識。

在總綱規範下，國家教育研究院共設立國語文、本土語文（閩南語文）、本土語文（客家語文）、本土語文（原住民族語文）、新住民語文、英語文（含第二外國語文）、數學領域、社會領域、自然科學領域、藝術領域、健康與體育領域、綜合活動領域、科技領域、生活課程、全民國防教育等 15 個領域分組研擬相關課程綱要，作為未來十年各級學校選定教科書之參考依據。

2. 全民國防教育學科課綱

教育部「十二年國民基本教育課程綱要總綱」於 2014 年 11 月 28 日頒布，自 107 學年度，依照不同教育階段逐年實施，十二年國民基本教育全民國防教育課程綱要於 2018 年 3 月公布，課程分配為高級中等

學校必修 2 學分，國中小階段以議題融入與補充教材方式實施，其基本理念與素養指出，國防為國家生存與發展重要基礎，國防事務內涵廣泛，全民國防教育須透過不同型態教育內涵，提高全民憂患意識，整合全民總體資源，建立全民國防理念，以行動力實踐國家認同與支持，成就國家安全與發展。

為發展自主行動、溝通互動及社會參與的核心素養，全民國防、國際情勢、國防政策、防衛動員及國防科技五大主軸內容力求結合生活經驗、社會時事及國內外議題，力求從安全與發展角度連結個人與社會及國家，並透過防災演練與實作活動，強化團隊合作精神，培養同理關懷與溝通互動能力，達成「自發、互動、共好」的學習願景。

全民國防教育另有《全民國防教育法》專法規範，與國防部及教育部專責單位督導實施，是一個國家國民重要的終身行動教育，誠如美國知名教育學者杜威所指，實行不是知識的障礙，是知識的必要條件，知識價值在於知、行相輔相成。故全民國防教育核心素養，在於以全民國防互利共享為核心，培養自主行動的國際觀，支持國防政策的溝通互動，與全民防衛動員演練的社會參與，以促進國防科技全面創新運用，建構全民向上提升為願景的國家安全教育終身學習社會，以實踐自主、互利、共好的全人教育理想。

3. 課程規劃

課綱將學習重點區分學習表現與學習內容，學習表現有國防知識、對國防的正向態度與防衛技能三大主題。國防知識表現指標有 13 項，分別為能理解全民國防重要性，及他國全民國防相關作為；能舉例說明全球與亞太區域安全情勢與議題，並評述其影響；能理解與分析兩岸情勢影響，了解國防政策理念、國軍使命及任務，概述兵役制度與重要性；比較環境與武器配置妥適性，舉例說明國防科技與軍民通用科技發展現況，概述全民防衛動員意義與實施方式；說明青年服勤動員意涵與相關演習作為；指出臺灣災害類型與政府及校園防救機制，認識步槍

基本結構與功能，從臺灣重要戰役探討其影響，進而評述全民國防重要性。

　　對國防正向態度表現指標有 4 項，能體認全民國防重要性，具備參與國防意願；參與青年服勤動員活動時，能展現團隊合作精神；災防實作時能表現同理關懷、團隊精神及溝通協調態度；從臺灣重要戰役體認忘戰必危與保家衛國重要性。防衛技能表現指標有 3 項，能正確操作災害防救作為與程序，能操作射擊預習與熟練正確射擊姿勢。

　　學習內容則源自國防部五大教育主軸的延伸與充實，主要區分全民國防概論、國際情勢與國家安全、我國國防現況與發展、防衛動員與災害防救、戰爭啟示與全民國防五個學習向度，及國家安全重要性、全民國防意涵、全民國防理念的實踐經驗、全球與亞太區域安全情勢、我國國家安全情勢與機會、國防政策與國軍、軍備與國防科技、全民防衛動員意義、災害防救與應變、射擊預習與實作、臺灣重要戰役與影響等 11 個主題。進一步細分為國家安全的定義與重要性、全民國防的意涵、他國體現全民國防理念的作為、傳統與非傳統安全威脅簡介、全球與亞太區域安全情勢與發展、兩岸關係的安全情勢與發展、臺灣海洋利益與軍事地緣價值、尋求我國國家安全的策略、我國國防政策的理念、國軍使命、任務、現況及兵役制度、我國主要武器裝備現況與發展、軍民通用科技發展與趨勢、全民防衛動員的意義、準備及實施、青年服勤動員的意義與作為、我國災害防救簡介、校園災害防救簡介、災害應變的知識與技能、步槍簡介與安全規定、射擊要領與姿勢、瞄準訓練、臺灣重要戰役概述、戰役對全民國防的啟示等內容（參考如下學習重點、學習表現與學習內容表）。

學習重點表

學習重點	學習主題
學習表現	1. 國防知識 2. 對國防的正向態度 3. 防衛技能
學習內容	A：國家安全的重要性 B：全民國防的意涵 C：全民國防理念的實踐經驗 D：全球與亞太區域安全情勢 E：我國國家安全情勢與機會 F：國防政策與國軍 G：軍備與國防科技 H：全民防衛動員的意義 I：災害防救與應變 J：射擊預習與實作 K：臺灣重要戰役與影響

資料來源：教育部十二年基本教育全民國防教育課綱。

學習表現表

學習主題	學習表現
國防知識	1. 能理解全民國防對於國家安全之重要性，及他國體現全民國防理念之相關作為。
	2. 能舉例說明全球與亞太區域安全情勢及其重要安全議題，並評述對於我國國家安全的影響。
	3. 能理解與分析兩岸情勢對我國國家安全之影響。
	4. 能了解我國國防政策理念、國軍使命及任務。
	5. 能概述我國兵役制度，並說明對於國家安全的重要性。
	6. 能比較我國安全環境與武器裝備配置的妥適性。
	7. 能舉例說明我國國防科技研發成果與軍民通用科技發展現況，並探討未來可能發展。
	8. 能概述全民防衛動員的意義，並指出其準備時機與實施方式。

學習主題	學習表現
國防知識	9. 能說明青年服勤動員和學校防護團的意義，並理解相關演習相關作為。
	10. 能指出臺灣常面臨的災害類型，並理解我國災害防救機制與防災策略。
	11. 說明校園災害防救機制及其相關任務。
	12. 能認識步槍基本結構與功能。
	13. 能從臺灣重要戰役探討其對臺灣發展的影響，並評述全民國防的重要性。
對國防的正向態度	1. 能體認全民國防的重要性，具備參與國防相關事務意願。
	2. 能在參與青年服勤動員相關活動時，展現團隊合作精神。
	3. 能在災防實作時表現同理關懷、團隊精神及溝通協調態度。
	4. 能由臺灣重要戰役體認出忘戰必危與保家衛國的重要性。
防衛技能	1. 能正確操作災害防救作為與程序。
	2. 能操作射擊預習各項實作內容。
	3. 能熟練正確射擊姿勢。

資料來源：教育部十二年基本教育全民國防教育課綱。

學習內容表

學習向度	學習主題	學習內容
一、全民國防概論	1. 國家安全的重要性 2. 全民國防的意涵 3. 全民國防理念的實踐經驗	1. 國家安全的定義與重要性。 2. 全民國防的意涵。 3. 他國體現全民國防理念的作為。
二、國際情勢與國家安全	1. 全球與亞太區域安全情勢	1. 傳統與非傳統安全威脅簡介。 2. 全球與亞太區域安全情勢與發展。 3. 兩岸關係的安全情勢與發展。
	2. 我國國家安全情勢與機會	1. 臺灣海洋利益與軍事地緣價值。 2. 尋求我國國家安全的策略。

學習向度	學習主題	學習內容
三、我國國防現況與發展	1.國防政策與國軍	1.我國國防政策的理念。 2.國軍使命、任務、現況及兵役制度。
	2.軍備與國防科技	1.我國主要武器裝備現況與發展。 2.軍民通用科技發展與趨勢。
四、防衛動員與災害防救	全民防衛動員的意義	1.全民防衛動員的意義、準備及實施。 2.青年服勤動員的意義與作為。
	災害防救與應變	1.我國災害防救簡介。 2.校園災害防救簡介。 3.災害應變的知識與技能。
	射擊預習與實作	1.步槍簡介與安全規定。 2.射擊要領與姿勢。 3.瞄準訓練。
五、戰爭啟示與全民國防	臺灣重要戰役與影響	1.臺灣重要戰役概述。 2.戰役對全民國防的啟示。

資料來源：教育部十二年基本教育全民國防教育課綱。

4. 輔教活動資源

(1) 學科中心平臺

　　根據教育部國民及學前教育署 2016 年 8 月 11 日訂定，2018 年 1 月 15 日修正之「高級中等學校課程推動工作圈及學科群科中心設置與運作要點」，其中有關工作圈之任務，主要為蒐集課程綱要修正意見與推動相關配套措施，並建構學群科中心整合聯繫平臺，召集人由署長兼任，置委員若干人，運作方式為召開委員會議，訂定年度工作計畫，並成立工作小組，協助各項課程發展及教學相關工作諮詢事宜，綜整課程政策推行意見。

　　學群科中心任務則為配合課程研發單位及工作圈，執行課程綱要研修及協作相關工作，建置學群科諮詢輔導機制，成立種子教師社群，並

協助各區域學校推動教師專業社群及教師課程共備機制，推動跨領域、跨學科之專題類或統整類課程、活動或競賽，強化十二年國民基本教育課程跨教育階段之連貫及跨學科之統整。學群科中心，由國教署委由學校成立，其運作方式爲配合工作圈規劃，訂定年度工作計畫，並定期召開諮詢及工作會議，學群科中心得培訓種子教師及研究教師。

目前全民國防教育學科中心設置於桃園陽明高中，積極鼓勵學校採取多元選修方式，進行跨領域專題的學校本位課程設計，教材內容涉及社會領域（歷史、地理、公民及社會）及其他相關領域內容時，除注意統整性外，並努力明確定位全民國防教育之專業領域。

(2) 學校國防教育平臺

依據「高級中等學校課程推動工作圈及學科群科中心設置與運作要點」有關全民國防教育學科中心設置、運作及經費補助，由教育部依權責準用本要點辦理，目前教育部權責單位爲學生事務及特殊教育司，負責學科中心計畫行政督導。《全民國防教育法》規範的學校教育與《全民防衛動員準備法》的精神動員方案及戰時青年服勤動員主要亦由學特司負責，全民國防教育主要由全民國防教育科負責，校園安全防護科則與災害防救課程密切相關，精神動員方案與戰時青年服勤主要由學特司專門委員負責，故學特司實爲學科中心重要的教學資源平臺，課綱相關課程尤其是實彈射擊課程之實施，可透過教育部學特司部會聯繫管道協助並作統一規劃。

(3) 全民國防教育政策平臺

國防部政戰局負責全民國防教育網的建構與管理，爲全民國防教育政策主要平臺，已陸續「完成學校教育規範」、「推展在職巡迴教育宣教」、「辦理暑期戰鬥營」、「獎勵傑出貢獻單位與個人」、「配合動員演習辦理教育訓練」、「推廣國防文物宣導與維護」、「運用傳媒推展文宣活動」等工作，每年更固定策頒全民國防教育工作推展計畫，整合各部會、地方主管機關、全民防衛動員體系、各級學校及社會團體等

單位，共同推動全民國防教育。

其中如委由國防大學共教中心辦理的全民國防教育人員在職講座；學校教育的全國高級中等學校儀隊競賽、創意愛國歌曲暨勵志歌曲競賽、募兵制——走入校園活動、寒／暑期戰鬥營、南沙研習營及支援實彈射擊體驗活動等；社會教育與國防文物保護、宣導及教育的走入鄉里活動、網際網路有獎徵答、國防知性之旅、網際網路平臺、擴大文宣主軸宣傳、結合觀光發展，宣導文物保護、配合政策推動眷村文化保存及全民國防教育研究、評鑑及表揚活動，都是整體全民國防教育重要輔教活動。

(4) 社會資源平臺

第一屆全民國防教育學術研討會，由淡江大學國際事務與戰略所於1998年首開舉辦，成為連接政府與社會全民國防教育學術研討與活動的重要平臺，尤其年度全民國防教育場次的定期圓桌戰略論壇與活動體驗，更有效結合推動全民國防教育活動的各類型社團，如專責國際戰略研究的臺灣戰略研究學會，負責全民國防教育政策連結的中華民國全民國防教育學會及聯繫社會陸海空域活動業界與社團，推動全民國防素養提升與發展的中華全民安全健康力推廣協會，及業界主動發起的中華民國全民國防教育協會與中華全民防衛知能協會等，主要推廣業界有遊騎兵活動團隊、苗栗飛鷹堡團隊、苗栗魯冰花農莊、苗栗後龍生存遊戲團隊、苗栗竹南海域團隊、桃園軍事博物館團隊、臺中軍史工作室團隊、臺中旺宏飛行團隊與彰化怪怪國際團隊等。

在政府政策疏離與軍訓教官退離校園的趨勢下，淡江大學國際事務與戰略所亦參與全民國防教育師資培育課程規劃與師培生的招募與培訓，更已完成近200餘位的全民國防教師師資儲訓，所長翁明賢教授不僅是十二年基本教育全民國防教育課綱的召集人，更在其所領導成立的臺灣戰略研究學會首創先河，成立臺灣全民國防素養創新認證中心，作為連結臺灣戰略研究、全民國防教育網絡與社會陸海空域體育休閒活動

合作平臺，推動臺灣全民國防素養發展與提升。

第二節　安全威脅因子分析

壹、軍事教育

一、軍事專業學資侷限

　　軍事教育主要內容包括戰略思想、國家安全、軍事理論、國防科技、戰爭史、軍事知能及軍事技能等，部分教育界人士在學校軍訓教育轉化為全民國防教育課程時，曾將其二分為學理及實務演練兩層級之課程，而認定軍訓教官僅能教授軍事實務演練部分課程，此類認知影響軍事教育之專業發展，並有導引社會及教育界對軍事教育制度成果矮化之嫌。「國軍軍事教育條例」明載軍事教育有學位及學資授予之別，取得學位或學資均足以認定具備軍事專業學養，而有資格教授國防軍事相關學程，而一個完整之國防軍事學程自然含括學理與實務課程。

　　國家安全戰略研究，主要源自於武裝戰鬥部隊與戰爭之研究，並依序發展為武裝戰鬥部隊結合戰鬥支援部隊與勤務支援部隊之軍事主體與戰爭主題專業研究。隨著戰爭為政策工具的廣泛認知與運用，外向型的軍事事務戰略研究日趨為內向型的國防事務戰略研究，並發展為整合型的國家安全事務戰略研究。軍事教育價值實奠基於國民教育和中等教育，卻因軍事專業性與學術檢驗的困難，而逐漸與大學普通教育及學術研究體系疏離。

　　1990 年第一次波斯灣戰爭激發三軍大學將戰爭學院及陸、海、空軍指參學院合併成立軍事學院並設立戰略學部與指參學部，並納編國防醫學院、國防管理學院及中正理工學院整併改制為國防大學，為軍事教育回歸高等教育範疇規範踏出第一步。但軍事無博士的迷思，使獲得大

學學位的三軍軍官，在進入國防大學軍事學院修得指參及戰略學資後，未能取得適切學位，使以部隊指揮為教育主軸的國家戰鬥兵科軍官未能同步與中正理工學院、國防醫學院、國防管理學院與政治作戰學校的一般專長軍官取得碩博士學位，軍事學院的學資規範如何進一步整合相關課目課程包括與國家安全相關之政治、經濟、外交、社會、心理及軍事科技等社會科學課程，發展「軍事科學」相關學系或國防學程與學位，使之能與民間大學國防戰略學術研究並軌發展，尚待進一步落實與激勵。

大學入學考試中心所編製的「彩繪學群」，曾將全國一千多個學系組性質相近的歸類為「學群」，計有資訊、工程、數理化學、醫藥衛生、生命科學、農林漁牧、地球環境、設計建築、藝術、社會心理、大眾傳播、外語、文史哲學、教育、法政、管理、財經、體育休閒等十八個學群，卻無國防相關學群，僅以國防軍武類指向國軍人才招募中心簡介，這樣的學群編製，易使軍事教育受到壓縮而誤解為軍方的事，進而再與社會「當兵」的觀念屈解劃上符號，使軍事教育受到窄化與矮化，不利國軍吸納高素質人才。

二、軍旅職涯發展

國軍素質優劣的關鍵，繫於國軍高級幹部的識見與氣魄，誠如古人所言的「君子先器識、後文章」一般，但國軍主官升遷體系的保障，使命令重於法律、備戰優於建軍、重訓練而輕教育的迷思與隱憂逐漸滋長，訓練著重單向的模仿或機械化的制約反應，教育著重開展、啟發、激勵和鼓舞方式，國軍偏重訓練成效的反覆驗證，使國軍幹部易陷入僵化的思維，阻塞創意的激勵與發展，加上職業軍人高度倫理性質內化成的保守性與僵化性，進而過度仰賴臨場經驗，而深陷將軍總是準備打上一場戰爭的風險。

　　軍事教育奠基於國民教育和中等教育，因專注其特殊性與倫理性而與普通教育分立成兩個體系，學生軍訓教育又導引為軍事知能的訓練，且僅限於中等以上學校實施，因而又矮化成為軍事教育的枝微末節，造成軍人學養的深度與廣度不足及專業形象的折損。軍人戰備演訓的成果，理應由敵人檢驗，但因長年無戰端又無盟軍演訓相互惕勵，遂使國軍將校承受過多壓力與負荷，使中國傳統的慎戰觀念，衍生成國軍保守的心態，形成落後社會思潮的現象。

　　美國在二次世界大戰後與蘇聯形成激烈的霸權競爭，遂鼓舞其軍人旺盛的鬥志，與引導社會思潮的抱負，期間雖歷經越戰後的黑暗與黯淡，卻能在中東波斯灣戰爭一役中，再執世界國防軍事之牛耳，國軍數十餘年未經歷戰火，戰爭理念與軍備過度侷限於反制中共視野，在國內工商企業界積極迎戰國際經貿戰爭而急需策略教育時，國軍戰略學資因無發揮空間或無發揮意願，侷處於社會的競爭邊緣，落居於社會邊緣人的風險。

貳、學校國防教育

一、兵役預備功能弱化

（一）學生集訓終止

　　根據學生軍訓五十年的分析推算，學校國防預備體系發跡於 1931 年九一八事變後，國民政府與軍事委員會為培養軍隊備役幹部，要求訓練總監部對中等以上學校軍訓學生實施暑期集中訓練，並授以預備軍士教育及備役後補軍官佐教育，進而與國民兵役制度結合，負責國民軍訓教育的軍訓部與教育部會同擬定「陸軍訓練幹部組織訓練管理服役方案」，之後又修改為「預備幹部徵集訓練管理條例」。1946 年 5 月，軍事委員會與軍政部、政治部合併改組為國防部，軍訓部轄各科兵監與預備軍官教育處專責學生軍訓集訓，並確定其性質為預備幹部訓練，原

青年軍訓練總監部裁撤編成青年軍復原管理處後又改組為國防部預備幹部管理處，1947 年再改組為國防部預備幹部局，國共內戰轉趨激烈，原定學生軍訓集訓改為召訓失學失業知識青年，施以預備幹部教育。

國民政府轉進臺灣後，學校軍訓變成在校軍訓，集中軍訓則改為預備軍官教育，1952 年 6 月，國防部及教育部組成軍訓聯絡小組，設計專科以上學校應屆畢業男生養成預備軍官訓練事宜，9 月 11 日預備軍官訓練班第一期舉行開訓，集中接受為期一年的軍事訓練後，以預備軍官列管，訓練內容分預備教育、入伍教育、綜合教育、分科教育，以及反共抗俄教育等五個階段。1953 年 10 月 18 日開辦預備軍士訓練班，高級中等學校畢業男生年滿十八歲者，一律接受為期四個月之訓練，未滿十八歲者，依志願行之。

1956 年為滿足軍中初級軍官需求，徵集應屆大專畢業生入營，接受入伍訓練及分科教育後，分發部隊施行在職訓練，役期合計一年六個月，預備軍士班訓練於 1957 年停止。1958 年 4 月 8 日，依「學校軍訓改革方案」在校軍訓力求與預備幹部制度配合銜接之建議，1959 年起，預備軍官教育以畢業前一年參加暑期集訓十四週，代替預備軍官之入伍訓練，畢業後徵集入營，受預官分科教育及在職訓練一年，亦即大專新生於錄取後接受暑期集訓，以代替入伍訓練，畢業前一年受分科教育，畢業後分發部隊，在職訓練一年，使大專在校軍訓與暑期集訓，與預備軍官制度構成完整的教育體系。

1966 年 12 月 2 日，國防部、教育部、內政部會銜公布「大專軍訓及預備軍官制度改進方案」，1967 年 10 月 31 日教育部修正公布「大專學生暑期集訓實施辦法」，載明專科以上學校男生暑期集訓，係教育部商請國防部代訓，國防部實施計畫顯示，大專新生錄取後的暑期實施八至十二週，在校軍訓仍在第一、二學年實施，為共同必修科，畢業後服役。同年 11 月 17 日，國防部、教育部、內政部會銜公布「大專預備軍官選訓服役實施辦法」，停止普遍徵訓大專畢業學生為預備軍官，改

爲依法按軍事需要實施志願考選，經錄取爲預備軍官之學生，於畢業後入各官科學校接受軍官分科教育，未獲選者，均於畢業後依法徵服常備兵役。大專預備軍官考選，分初選及複選，初選採審查方式，複選以分組考試方式行之，初選合格條件包括暑期集訓（含考核）成績總平均七十五分以上，分組考試科目包括軍訓科目、特種科目、一般科目，並簡化與大專聯考之分組相近似。

1969 年大專學生暑期集訓改爲一次集訓，使用陸軍成功嶺與清泉崗訓練基地，時間改爲 8 週，基於占用新兵訓練流路，影響國軍兵員補充與大專院校迅速發展，集訓人數逐年增加之考量，1973 年國防部、教育部會銜修正公布「大專學生集訓實施辦法」，將大專學生集訓明訂於寒暑假期分別實施，集訓時間再度縮短爲六週，1999 年大專寒訓結束後，因訓練能量與社會自由風潮影響，停辦成功嶺集訓，實施四十年的大專集訓逐告結束。經過國防、教育兩部多年辛勤灌漑的大專成功嶺軍訓集訓，在成爲全國大專青年共同接受國防教育精神的最高象徵後，因國防部訓練能量精簡取消，學校兵役預備體系功能亦隨預官考選而弱化進而趨於瓦解。

（二）軍訓役期折抵

依據《兵役法》第 16 條第 2 項規定，軍訓課程得折減常備兵役現役役期，軍訓課程改爲全民國防教育課程後，在 2020 年 6 月 10 日修正通過的「全民國防教育軍事訓練課程折減常備兵役役期與軍事訓練期間實施辦法」，改成受徵集服常備兵役現役或軍事訓練之役男，得申請全民國防教育軍事訓練課程折減役期或軍事訓練時程，在其折減役期或軍事訓練時程之課程內容、課目、時數規定把全民國防教育與軍事訓練課程強行區分，實存有明顯爭議。

以 107 學年度以前入學新生適用之中等學校全民國防教育軍事訓練課程，總時數爲 36 小時，僅防衛動員與國防科技得折抵 20 小時，另又

列出防衛動員實務可折抵 20 小時，然而防衛動員實務為學校學務演練活動，屬非正式課程，如何計算？折減現役役期依課程總時數 56 小時（堂）計算，每 8 小時（堂）課折算 1 日，不足 1 日不列入計算，至多得折減現役役期 7 日，折減軍事訓練期間相關課目得折減常備兵役軍事訓練之時數計 32 小時（堂）〔即「防衛動員」及「國防科技」軍事訓練課目 20 小時（堂）及「防衛動員實務」之「防衛動員暨災害防救模擬演練」12 小時（堂）〕，上下學期分別核予 16 小時（堂），依每 8 小時（堂）課折算 1 日，每學期得折減 2 日；另參加步槍實彈射擊時數 8 小時（堂），得折減 1 日，至多得折減軍事訓練期間 5 日。

108 學年度起適用的折抵辦法，更將全民國防概論及戰爭啟示與全民國防內容排除，合計折抵 40 小時，課程內軍事訓練相關課目得折減常備兵役軍事訓練之時數計 32 小時（堂），役期折抵計算放任學校依實際情況審認，標準更是紊亂。此外，大專全部修訂為全民國防教育軍事訓練課程，同樣為教室內課程，總計 180 小時課程，僅擇定其中 80 小時折抵，折減現役役期依每門課程總時數 36 小時（堂）計算，依每 8 小時（堂）課折算 1 日，得折減 4.5 日；5 門課共 180 小時（堂），不足 1 日不列入計算，至多得折減現役役期 22 日。折減軍事訓練期間依每門課程內軍事訓練相關課目時數 16 小時（堂）計算，修習成績合格者，依每 8 小時（堂）課折算 1 日，得折減 2 日；5 門課共 80 小時（堂），至多得折減軍事訓練期間 10 日，認定標準依據為何？全民國防教育課程如此切割形同市場討價還價，尤其滋生投機心態，鄙視兵役與愛國價值反而得不償失。

二、社會軍訓教育認知

根據淡江大學全民國防教育學士後學分班學員分析意見指出，全民國防教育學科必備知識非常專業，多數學校對於「全民國防教師」定

位仍以取代教官爲主，突顯全民國防教師角色定位與學校端期待並不符合，校園教官政策又未趨於明朗，對民間師資人員存在諸多不確定性，影響社會優秀人才對於全民國防教育之投入，全民國防教育領域其實涉獵極廣，高中階段 2 學分的課程，影響全民國防意識的強化，學校對於全民國防教師的身分是希望成爲教官的替代品，或是正常化教學的身分？國防部對軍訓教育的認知亦長期停留在傳統軍事防衛的認知層次，對具備國軍深造教育學養軍官介派軍訓教官比例增高的趨勢，與學校在全民防衛體系的預備體系功能亦未及時掌握，逐形成國防決策人員對學校全民國防教育積極功能的認知差距。

軍事教育與學生軍訓爲全民國防教育重要之泉源，軍事教育對國軍軍事人才的培養與學生軍訓對全民國防體系的國防人力培養殊途同歸、相輔相成。校園安全與生活輔導是軍訓教育不可或缺的重要內涵，源自於軍事教育學經歷交織成長的養成教育，就如同全民國防教育與軍事訓練課程是不可分割的，學科與術科都是全民國防教育，學校雖受限於學分總數與選修課目的時數配當，但全民國防教育的學用合一與行動實踐是不能受影響的。

社會對全民國防教育的認知，長期停留於兵役制度的需求，進而與「當兵」畫上等號，造成難以消除的社會成見，就如前教育部長吳京的國家通識教育講座，就缺少國防安全有關議題的規劃。全民國防教育源自於軍事教育與學生軍訓，爲因應緊急國難強化軍事基本訓練是暫時的權宜措施，重塑全民國防教育的文武合一教育本質與價值才是重要的關鍵，尤其臺灣軍訓教育的政治化偏見，更應警惕與排除。

軍事教育加速回歸國家正常教育正軌，才能導正社會對軍人敬而遠之的偏見，讓全民國防教育回歸國防部本部，成爲國防人力培育的一環，才能有效化解國防部政治作戰局掌理全民國防教育的疑慮與清除軍訓教育政治化的遺毒。

參、支援系統

一、國防法制

　　《國防法》規範的總統、國家安全會議、行政院及國防部國防體制，因臺灣現行憲政體制的發展，實務運作上劃分成兩個運作系統，一個是國安運作系統，主要依《國家安全會議組織法》相關規範，總統藉國家安全會議平臺，決定國家安全有關大政方針，或因應國家重大緊急情勢；另一個是行政運作系統，主要依《國防法》相關規範，以國家最高行政機關行政院為主導，行政院會議及其相關會報或委員會為平臺，總統國安運作體系的決策或指導，如何由行政機關落實與貫徹，除了憲法外，並無相關規範以形成整體決策指導與運作機制。

　　《國防法》第五章全民防衛包含第 29 條國防教育，《全民國防教育法》與《全民防衛動員準備法》雖源於《國防法》，卻也都是專法規範，《全民防衛動員準備法》第 13 條規範教育部，為全民防衛動員精神動員準備分類計畫主管機關，《全民國防教育法》規範國防部，為全民國防教育主管機關，《國防法》規範行政院為全民國防政策制定機關，國防部主管全國國防事務，國防部全民防衛動員署為全民防衛動員會報祕書單位。

　　隸屬於「國家安全會議」的「國家總動員委員會」早在 1972 年 7 月即行裁撤，改由行政院授權國防部成立「總動員綜合作業室」幕僚單位，1984 年行政院核定國防部參謀本部的「臺澎地區全民聯合作戰會報」納入國家總動員體系，改稱為《全民防衛動員戰力綜合協調會報》，2001 年《全民防衛動員準備法》通過，2002 年 6 月行政院成立《全民防衛動員準備業務會報》，因未設獨立負責單位，而責由國防部《全民防衛動員室》為祕書單位，行政院已納有國防部參謀本部的《全民防衛動員戰力綜合協調會報》，也有國防部《全民防衛動員室》為祕

書單位的《全民防衛動員準備業務會報》，再加上災害防救會報，其實行政院已有完備的全民國防政策規劃機制，只要將親近改編自國防部「全民防衛動員室」的「全民防衛動員署」升級成為行政院的次級機關，如海洋委員會之海巡署，則行政院跨部會的全民國防政策規劃就能發揮政策統合效能與效益，使國防體制功能臻於完備。

二、政務系統

（一）國防系統

　　教育部學生軍訓指出，大陸軍訓初創時期，移撥國民革命軍總司令部國民軍事教育處至國民政府成立訓練總監部，主辦軍訓事宜，國民政府訓練總監部曾會同教育部修訂頒布「高中以上學校軍事教育方案」，同時修訂公布「高中以上學校軍事教官任用簡章」等有關法令，作為學校軍事訓練之主要師資。1932 年國民政府訓練總監部改隸軍事委員會，1933 年軍委會訓練總監部與國民政府教育部會商決定，在各省市教育廳局內，設立國民軍事訓練委員會，負責學生軍訓與集中訓練。

　　1938 年軍委會訓練總監部改為軍訓部，學校軍訓由新成立之政治部掌理，各省軍訓委員會裁併於各省軍管區司令部內，在各軍管區司令部政治部內成立國民軍訓處，負責推動軍訓工作；同年 11 月上旬舉行最高軍事會議，軍政部與政治部各自提出「調整兵役與國民軍訓機構案」，經蔣委員長裁決後，行政部分改隸於軍政部，教育部分歸軍訓部，教育實施由各省軍管區負責，精神訓練與政治訓練由政治部負責，1940 年 6 月軍事委員會將學校軍訓改由軍訓部主管。1946 年 5 月軍事委員會改組，負責學校軍訓的軍訓部因應蔣主席各校軍訓與國民兵役制度配合實施的指示，改轄各科兵監及預備軍官教育處。

　　1951 年學生軍訓在臺恢復，先移回國防部政治部，由時任國防部總政治部兼中國青年反共救國團主任蔣經國負責，救國團總團部設第一

組（後改為軍訓組），主辦學校軍訓業務，1953 年初，時任行政院長陳誠任專案審查小組召集人，成立學生軍訓設計督導委員會，由國防部代表任主任委員，1960 年學校軍訓移歸教育部並任務編組學生軍訓處負責。

2005 年《全民國防教育法》頒布後，國防部為全民國防教育主管機關，改為國防通識教育的學生軍訓教育再度改為學校全民國防教育，但《國防部組織法》列有軍事教育卻無國防教育業管事項，而政治作戰局為國防部次級軍事機關，業務規定為國軍政治作戰事項，卻在《國防部政治作戰局組織法》列出全民國防教育事項，為母法的《國防部組織法》沒有國防教育業管事項，次級軍事機關的子法卻出現與母法不同的國防教育業管事項。

站在依法行政的倫理與角度，國防教育與政治作戰事項之督導與執行性質是否相同，的確值得商榷，顯見國防教育的管理性質與特質，仍游離於國防系統的軍事教育訓練與精神政治訓練之中，加上新成立的全民防衛動員署也僅規定軍事動員事項與行政院與所屬機關（構）、直轄市及縣（市）政府全民防衛動員事項之協助，卻未明訂含括教育部精神動員與內政部人力動員準備的行政動員事項，顯示國防部乃至行政院全民國防政務系統分工合作尚待整體檢證與澄清。

（二）教育系統

學校軍訓在 1960 年移回教育部後，學生軍訓處的任務編組性質，直到 1968 年教育部組織法修正公布，學生軍訓處始成為教育部法制單位，反而臺灣省政府教育廳早在 1962 年即成立軍訓室，接辦省屬大專院校及公私立高級中等學校軍訓業務，並任務編組建立軍訓督導制度，於每縣市設軍訓督導一員，負責督導轄區內各中等學校之軍訓業務，駐於救國團各縣市團委會並接受其指導，之後駐於縣市地區國立經費代管學校，在高級中等學校則設立主任教官職並成立軍訓教官辦公室，統一

負責學校軍訓工作之執行。縣市軍訓督導制度與學校軍訓教官辦公室都是政府公權力的產物，卻都流於便宜行事的積弊，雖對高中職校的軍訓教育或全民國防教育甚具貢獻，但因至今仍屬於任務編組性質，反而成爲政治與政策的祭品。

1967 年臺北市改爲院轄市，臺北市政府教育局增設軍訓室，爲直轄市建置軍訓組織首開先例，大學與專科學校則普遍依「大學法」自主設立軍訓室負責推動，教育部則以經費補助遴選設置分區校園安全暨國防教育資源中心學校，負責協調聯繫。行政院組織再度精整後，教育部軍訓處裁撤改設學生事務暨特殊教育司，軍訓教育改全民國防教育科與校園安全防護科，全民國防教育科負責各級學校全民國防教育，並任務督導國教署的全民國防教育學科中心。

學校全民國防教育在軍訓教官師資政策退離後，師資回歸師培管道改由教育部師藝司負責，學特司負責的學校國防教育又分立爲全民國防教育與校園安全防護兩個業管單位，不利學校國防教育與安全實務演練整合之發揮，又學校全民國防師資與學校全民國防教育如何聯繫亦尚待澄清。

此外，公務人員在職訓練與社會教育系統所需之教育師資，由國防大學以現職軍職人員建立培訓管道，未納入社會專業師資人員是否存有爭議？尤其對於受有完整軍事教育與歷練的退役軍職人員實有失公允，亦造成國防專業師資人力的閒置與浪費。學校全民國防教師培育須完成普通課程、專門課程、教育專業與實習課程，相關專業素養與指標，主要依國防部五大領域課程與教育部十二年基本教育全民國防教育課綱組成，課程基準區分爲三大類別，合計 28 學分，其中國際情勢與國家安全 8 學分，全民國防概論 10 學分，防衛動員與災害防救演練 8 學分，相關教材教法與教學實習更著重參訪體驗與認證推廣，但以全民國防教育學士後學分班的師資培育方式與管道，欠缺大學正式師培管道，對後續培養存在不穩定因素。

三、教學支援系統

全民國防教育教學支援系統主要來自國防部的軍事資源系統，尤其特指軍方陸、海、空軍資源與基地，至於民間社會陸域、海域與空域各型資源與活動之運用則尚待整合與發展。

國防大學主要提供全民國防教育人員之培訓與在職訓練，陸海空軍部隊除戰備演訓需求又需兼顧全民國防教育教學支援需求，對戰備任務之遂行影響甚巨，社會民間產業界與活動界的資源與基地，因無統一之規範與認證標準，未充分加以運用，呈現社會有用國防資源的閒置狀態，如何以國防大學之教育訓練資源爲核心，結合國安會國安局與國防部陸海空軍基地及產業界與民間陸上、海上及空中教育訓練活動資源及基地，建構完善之產、官、學、研教學資源體系，需要進一步規劃與整合。

美國學校國防教育雖無軍方派駐，卻能充分結合國防單位，乃至國家目標與利益需求，瑞典資助與支持民間推展全民國防活動，如在民間成立「中央社會與國防聯盟」（Central Society and Defence Federation）協會，提供民眾有關全民國防決策資訊，中共也在民間成立學會與協會，乃至社會大學協助推動全民國防教育。

學校全民國防教育學科僅規劃 2 學分必修課程，所需教學資源，尤其是參訪與實彈射擊體驗，如無法由教育部學生事務及特殊教育司統一指導學校學務單位，與國防部主政單位協調聯繫，可能影響其應有效能與效益。

學校軍訓因國家應變需求，使學校軍事教育長年偏向軍事訓練發展乃至兼負政治思想教育任務需求，在全民國防教育學科化發展後，相關學分、學程與學位發展，都亟需學校學務與教務系統多方協助與支援，尤其是教育部與國防部的政策協商管道如何確保暢通無阻，將是重要考驗。

　　隨著後備軍人數量的快速增加及全民防衛的積極開展，國防部的營區設施開放、戰力展示與演訓相關活動及國防部政治作戰局寒暑假自強活動，與學校全民國防教育課程應力求緊密銜接，更應精準規劃，重點運用，以減輕軍方支援能量並提升國防教育效益，而有效鼓勵並重點補助與認證社會陸海空域教學支援系統之開拓，則似為提振全民國防教育正本清源之道。

第三節　發展方案

　　軍事教育體制所採用之學經歷交織發展模式，符合學校技職教育體系產學或建教合作發展，國防教育不僅學習國防知能，更須具備維護國家安全意識與態度。國防教育不僅有專業需求，更須力行通識發展，是一種確保國家安全與促進國家發展的行動實用教育。國家安全包括傳統與非傳統安全議題與事務，全民國防教育涉及公務人員在職訓練、學校教育、社會教育及國防文物保護教育四大系統，須有全般教育規劃與課程體系，軍事教育與學生軍訓的設計精神與課程內容規劃經過適切充實後，可成為全民國防教育總綱指導，公務人員在職訓練結合學校國防教育，社會教育結合國防文物觀光休閒活動設計為全民國防教育領綱主軸，全民國防教育學科結合軍事教育回歸正常教育體制，發展學校專業學程課綱，以此完備全民國防教育發展體系。

壹、總綱──軍事教育與學生軍訓

一、軍事學資學位化

　　軍事教育以戰爭與軍事力量建設及使用為主軸，亦即如何「準備戰爭」進而尋求「打贏戰爭」之學習與驗證，規劃有完善的基礎、進修及深造教育進程，其基礎教育為普通大學的學分學位制，進修及深造教育

則脫離普通教育體系的碩博士學位發展，而自行發展出僅適用於軍中發展的時數學資體系。在三軍大學轉型為國防大學後，軍事教育因長期累積深厚國防軍事戰略專業學養，轉化為專業學程與學位發展自是水到渠成，其軍事專業地位亦備受肯定，但是受限於軍中經管發展，高階領導幹部主觀價值評定，使學資轉化學位歷程阻力重重，呈現牛步發展。學資就可保障升遷發展，後續學位自然可有可無，而且高階幹部多數未具學位，上行下效自然缺乏轉化動力，長久因襲遂使軍事教育日趨封閉，高階幹部養成缺乏實戰驗證考驗，又漠視學術體制檢驗，其社會公信力與可信度備受質疑。

軍事教育備受稱道的是其學經歷交織發展規劃與實踐，服役年限與階級發展休戚相關，其限齡退役常保軍中青壯，堪稱社會職業之異數，造成青壯退役後游離社會亦是不爭的事實，尤其未達除役年齡的後備人力更是日益增長，耀眼學資卻苦無用武之地，難免產生寒蟬效應。尤其身處全民國防時代，國防人力需求甚殷，光就全民國防教育人力之運用，就出現退役人力虛置不用，現役人力超時運用的奇特現象，遑論廣大後備人力資源之開發與運用。

二、軍事戰略研究學術化

軍事戰略糾結「防衛固守、有效嚇阻」或「有效嚇阻、防衛固守」與發展不對稱戰力的指導，是需要實證研究支撐的，尤其需要學理引領。近代戰爭型態演變，除了極少數大國遠離國境的攻勢戰爭外，所有的本土防衛作戰，已無前方與後方之別，軍民更是密不可分，都有防衛責任，更是同船一命，最顯著的現象，就是三軍統帥絕不會再是登壇拜帥的旁觀者，而是戰鬥螢幕前的主導者與指揮者，全國人民不論有無穿軍服，都是無法逃避的參與者，這樣等級的全國盛事，怎麼可能只是軍人的事，更怎麼可能單靠蠻力解決。

　　美國在波斯灣戰爭時，本土參與實際戰爭的人力已超出直接投入戰場的兵力，911事件更是無情挫敗美軍軍威，單純的民航機也是攻擊武器，武器裝備品項琳瑯滿目，無人機艦更是無孔不入，軍中小池已容納不下如大海般廣儲的國防人力。高科技使戰爭時空環境極度壓縮，「兵民合一」進化為「全民國防」體制，亦即非戰非和、亦戰亦和與和戰一體，一言以蔽之，即是統括於知識的軟戰體制，這種體制怎麼可能還是穿軍服的事，就地國防、就人國防、就事國防刻不容緩。

　　戰爭太嚴重了，死的不會限於軍人、也不會止於文人，而是全民，特別是老弱婦孺。國防事務龐雜，非軍人所能主導，軍事更不是唯一，《國防法》增列軍隊災害防救任務，表明國土防衛與國土防護合一，國防部可以進用文官，行政院各部會也可以進用武官，軍事教育不必止於學經歷交織，更講求軍文交織，重點在於知識，不在背景與身分，軍人可介派教育部，介派其他部會又何妨，志願役軍士官可以接納女生，義務役又何必在男女生間徘徊。

　　國防部一直高唱文人領軍，其實領軍重點根本不在文人與軍人，而是專業與智慧。軍政軍令一元化的全民國防體制已存在多年，國防部長有文人也有軍人，已不是新鮮事，重點是軍事教育專業培養國防專業部長天經地義，沒有國防專業培養管道卻高唱文人領軍豈不怪哉，何況軍事教育的軍事專業也不是不需驗證。美國軍方受益於國際外交優勢，不斷檢驗軍隊實戰成果，更新教戰準則，進而有力觸發其他領域獨步全球，中共軍方因美俄霸權啟迪與國際寬廣領域錘鍊，戰略思潮不斷精進跳躍，由近岸跨向近海進而邁向遠洋，戰略意圖與視野不斷伸展與突破，兩岸戰略級距不斷拉大，舉全國之力都不能保證不會落隊，何況單靠軍隊與軍事教育。

　　1994年國防部開啟精進軍事教育之門，舉辦一系列學術研討會並精整軍事教育體制成立兵學研究所，2000年合併成立國防大學，更名為「戰略暨國際事務研究所」，2010年成立「國防智庫籌備處」，

2016 年將智庫正式定名爲「國防安全研究院」，提供專業政策資訊與諮詢。

1998 年民間的淡江大學國際事務與戰略研究所召開第一屆中華民國國防教育學術研討會，中華戰略學會，臺灣國家和平安全研究協會亦於 2001 年出版《全民國防與國家安全》學術研討會實錄，各類有關國防議題刊物陸續大量出版，如《尖端科技》、《全球防衛雜誌》、《軍事家》、《矛與盾》等，尤其電腦決策模擬與兵棋推演的迅速開展與推廣，對軍事戰略研究轉化爲國家政軍兵推與工商企業界利基發展，創造臺海利基戰略，提供實質支援與有力協助。

國防決策體系應仿國防產業產官學研合作模式，鼓勵國防部與各大學合作，進而獎勵各層級軍事院校、基地廠庫乃至作戰區與大學實施產官學研合作，不僅藉此充實各型軍事機關軟硬體系統，有效支持全民國防教育，並依軍事機關與作戰區特性及駐地現況，加強地區軍事與民間學術交流乃至產學合作，除提升部隊及地區軍事學術涵養，更使國軍各級參謀研究及戰備演訓成效，接受大學院校學術研究之檢視與激勵，進而激發學術界、產業界與社會各界共同投入全民國防建軍備戰實務工作之精進。

貳、領綱 —— 全民國防教育發展

一、公務人員在職訓練結合學校議題融入與通識教育

十二年國民基本教育課綱最重要特色，是將議題融入學科領域，以核心素養爲發展主軸，培養學生面對議題責任感與批判思考及解決問題行動力。議題規劃有性別平等、人權、環境、海洋、品德、生命、法治、科技、資訊、能源、安全、防災、家庭教育、生涯規劃、多元文化、閱讀素養、戶外教育、國際教育、原住民族教育等十九項，以追求尊重多元、同理關懷、公平正義與永續發展的社會核心價值，涵養具備

知、情、意、行的現代公民。

　　大學則以 1984 年教育部發布的「大學通識教育科目實施要點」為基準，積極鼓勵各校成立通識教育中心，從統觀知識的建構著手，使人才除具備專業知能外，尚能有更寬廣的人生觀與世界觀。使青年學生了解自己與自己、社會環境、自然世界之相互關係，使其生活於現代社會而知道如何自處。教育部更進一步激勵各大學院校成立區域研究中心，發展區域獨特學術研究特色，成為各級政府重要決策參考之智庫（Think Tank），各校更可依其課程特色，自行訂定校訂必修科目、規劃文學與藝術、歷史與文化、社會與哲學、數學與邏輯、物理科學、生命科學、應用科學與技術等範疇之通識課程或核心課程。

　　1995 年教育部軍訓處將中等以上學校軍訓教育課程，綜整為國防通識教育，計分國家安全、國防科技、兵學理論、戰史、軍事知能、軍訓護理六大領域，並兼採選修課程，以利開展具校園特色的國防通識教育課程。《全民國防教育法》通過實施後，國防通識教育六大領域改為學校全民國防教育五大主軸，並放寬必修規定與擴大選修範圍，高級中等學校設立學科中心，大學則補助設立校園安全維護及全民國防教育資源中心，協助辦理全區或跨區各級學校全民國防教育與軍訓課程之教學與研習。

　　公務人員在職訓練國防教育推廣主要透過巡迴專題演講方式與途徑實施，與學校國防教育內容同樣依循五大教育主軸，相關師資可彈性調用，課程內容與實施方式亦可相互融通、相互增長，一個大型講座與活動同時辦理，影響層面可能更廣，效益可能更大，何況相關議題已難分國防與民生，反而民生疊加國防問題日漸孳生與增長。

二、學校國防教育結合產學合作擴大國防人力培育

　　2007 年教育部開始補助推動學校「產學攜手合作計畫」，透過彈

性學制與課程規劃，從國中開始加強職業試探，透過特色招生升讀技術型高級中等學校，並於高級中等學校由學校及合作企業開辦專班共同規劃課程。技專校院則採合作模式加強在職進修，建置兼顧學生就學就業教育模式，搭配在地產業聚落，培育在地學習、在地就業、在地發展人才，充分發揚技職教育「做中學、學中做」務實致用特色。

國軍每年需求補充軍士官員額約達一萬餘人，爭取高素質人力，成為國軍當前建軍備戰重大課題。1999 年國防部於參謀本部責成人事參謀次長室成立「國軍人才召募中心」，除在各軍司令部成立召募專責單位，並在全國各地設立北部、中部、南部等地區召募中心，也在各縣市陸續成立服務站、連絡站，統合國軍召募資源，結合民間與政府組織，廣拓軍士官來源，全面提升國軍幹部素質。

國軍人才召募方式隨著時代環境變遷與青年心態改變，日益尋求變革與精進，從班隊召募到班隊駐點與專班設立，不斷透過教育部學生事務及特殊教育司與國教署合作管道，有效聯繫各大學與縣市軍訓聯絡處，為有效因應軍訓組織與軍訓教官變革，擴大並提升各級學校產學合作專班與效益，應是最佳成長模式。

（一）大學儲備軍官訓練團 ROTC 專班

大學儲備軍官訓練團（ROTC），主要依「軍事教育條例」大學儲備軍官訓練團選訓服役實施辦法規定實施，由國防部國軍人才召募中心會同內政部、教育部組成大學儲備軍官訓練團甄選會負責甄選，對象為大一、大二男女同學，甄選合格條件為體檢、口試、體能鑑測、智力測驗與全民國防測驗。

儲訓團學生於大學修業期間給予學雜費與生活補助，軍官基礎教育期間由陸、海、空軍軍官學校負責，教學按每週律定時間至指定之教育中心實施，上課地點配合個人意願分配，寒暑假至三軍官校實施授課。儲訓團學生應完成軍官基礎教育，包括新生入伍訓練、大學階段軍事課

程、寒假、暑假軍事訓練、任官前軍事教育，未完成或有總評成績不及格、任官前體能測驗或體位變更未達國軍鑑測合格基準，及無故未報到人員，由各司令部核定退訓，退訓應賠償規定之全部費用及待遇。

儲訓團學生完成軍官基礎教育者，依軍事學校及軍事訓練機構學員生修業規則規定，授予軍事學資並發給結業證書，初任少尉，並自任官之日起服預備軍官現役五年，飛行官科任官並完成飛行訓練後，改服常備軍官現役十四年。

國防部簽約選定志願學校或會同教育部協調所需委託之大學設置教育中心，分區辦理相關儲訓事宜。為鼓勵報考 ROTC 班隊，於大學全民國防教育課程（五大領域）修習合格並取得學分者，每一門課程加總分 5 分，最多提供二門課程加總分 10 分。

（二）大學國防菁英學士班

本班隊合作方式因各校而異，旨在培育「跨領域領導人才」與提升國防工業自主能量，目前合作學校有清華、成大、中山、政大、臺大等校，學制主要為四年制，成大全校 10 個學系，各系提供 15 個招生名額，清大「將星計畫」單招 10 名，培育方式是大一不分系，大二再依其興趣分流到各系，中山大學規劃招收 10 至 25 人。國防菁英學士班申請者，除規定學測成績標準外，尚須通過國防部智力測驗、體適能測驗及安全查核，於大學修業期間，補助學雜費全額、書籍文具費，每學期新臺幣 5,000 元及生活費每月 12,000 元，學生每週六及寒暑假須接受軍事課程訓練，軍官基礎教育期間由陸、海、空軍軍官學校辦理，大學畢業並完成新生入伍訓練、大學階段軍事課程、寒暑訓及任官前軍事教育者。

國防菁英學士班為爭取高素質人力加入國軍而開設，由大學依照教育部單獨招生作業期程，配合國防部資格審查時間辦理招生作業，本班隊藉助大學多元彈性的學習資源，可為爾後培養內涵較為豐富的將領

人才奠基，且縱使未來志向改變，自少尉任官日起服滿預備軍官現役 5 年，服役年齡也不過 27 歲。而且透過大學與軍旅期間的扎實訓練，對於往後就業路徑的選擇也更具彈性與寬廣，但退訓率高，主要原因為歷經辛苦學業與軍事訓練，福利卻不如科學園區高科技人才，可見缺乏愛國熱誠與抱負，單憑福利待遇的吸引力，究竟不是良策。

（三）高中國防教育專班

本班隊依「高級中等學校辦理國防培育班實施要點」辦理，由軍種司令部負責訂定國防培育班實施計畫，並協助合作學校辦理部隊參訪（見學）及專題講演等相關課程，目的為結合招生資源及培育管道，扎根全民國防教育，並為國軍各班隊廣拓生源，採志願簽約合作方式，由學校向地區人才招募中心申請開設國防培育班，依教育部課綱講授國防選修課程。專班開設審核標準，北部地區（含花蓮）由陸軍負責、中部地區由空軍負責、南部地區（含臺東）由海軍負責，均以合作學校畢業報到入學（營）報到人數為基準，編列相關預算補助。

國防培育班學生甄選條件適用高級中等學校各年級男女學生，且有意願畢業後加入國軍者。合作學校開設國防選修課程內容及師資來源，由各合作學校規劃，課程內容以軍事概念為主軸，應兼顧國軍核心價值與專業多元，例如全民國防教育、軍種（兵科）介紹、部隊特性說明、軍事學校簡介、智力測驗輔導、基本體能訓練、未來職涯發展及國軍招募班隊說明等，可配合多元選修課程、社團活動規劃，學分數由合作學校自行規定，各合作學校自行下載國軍人才招募中心、陸、海、空軍司令部與憲兵、後備、資通電軍指揮部所屬全球資訊網提供之相關課程教材，參考運用。合作學校得逕洽（函文）各旅（群）級（含比照）部隊、軍事學校等單位辦理部隊參訪（見學）及專題講演等相關課程，並副知地區招募中心協調管制。

國防部核定大學儲備軍官訓練團（ROTC）專業大學與開設 ROTC

教育中心及開設國防菁英學士班之大學，可與教育部校園安全及全民國防教育資源中心及全民國防教育學科中心密切聯繫，協助提供合作學校輔導課程。國防部每年辦理之寒、暑假戰鬥營，每梯隊除固定名額分配合作學校外，自由登記獲選參加者更應優先錄取。國防培育班學生畢業後加入 ROTC 者，可逕與 ROTC 專業大學及開設 ROTC 教育中心之大學接洽，本要點預算名目主要為招生作業費，核撥基準以招生成效為主，由教職員（軍訓教官）與學校各分配百分之五十。

三、社會國防教育結合國防文物宣導發展大健康觀光體育休閒活動

（一）政策導引

解嚴以前國防優先，海防海禁與山禁使民眾活動空間受限，解嚴後，山禁一打開，登山越野活動蓬勃開展，海禁解放，相關法令解禁，海域遊憩活動陸續展開，尤其許多由國防軍事機關列管的陸海空域閒置區域接續開放，相關汰除的國防軍事裝備亦提供為觀光休閒資源，使交通部觀光局遊憩活動與教育部體育活動及青年志工活動與服務學習得以日趨充實與擴大。相關學術社團與學校及企業的專業證照與課程活動更如雨後春筍般蓬勃發展，健康觀光體育休閒科系與產業的廣設與充實，使陸海空軍行動轉化陸海空域活動體驗呈現願景在望。

行政院國家發展委員會（原為經濟建設委員會）在「國家永續發展願景與策略綱領」中明確指出，臺灣屬於海島型生態系統，擁有豐富水域、海域觀光遊憩資源，具有發展水域相關產業的充足條件。1998 年《海洋政策白皮書》有關「海洋臺灣」、「海洋立國」精神的宣示鼓舞，尤其成立「行政院海洋事務推動委員會」，訂定「海洋政策綱領」，跨部會規劃「海洋事務政策發展規劃方案」，更成為海洋事務推動及海洋政策指導的最高原則。教育部公布《海洋教育政策白皮書》後，學生海

洋暨水域運動陸續推動，交通部觀光局隨之鬆綁水域活動場所規定，經濟部商業司亦擴大開放水域活動業者登記。

2015 年統籌海洋整體政策發展的「海洋委員會組織法」三讀通過，海洋委員會設海巡署、海洋保育署與國家海洋研究院。海域活動有利空域與陸域活動的同時開展，進而擴展至各型動靜態全民體育休閒活動。2013 年國際軍事圈已出現軍事體育多元化發展趨勢，2015 年在俄國莫斯科郊區舉辦的首屆「國際三軍大賽」（International Army Games 2015），有來自 17 個國家，共計 57 隊在 13 個項目相互較勁，另外還有 6 國 20 組觀察團參與盛會，足見軍事較力不再侷限戰場，競技場的角力與價值更應廣受推崇與讚賞。

（二）社會支持

救國團曾在臺灣恢復學生軍訓初期承接主辦角色，與國防部政戰局的前身政治部有密切淵源，提供各種教育性、服務性、趣味性、挑戰性、學術性及益智性觀光休閒活動，是社會歷史最悠久，服務與活動涵蓋範圍最廣，備受社會肯定的青年活動推廣服務社團。救國團 1998 年率先引進經驗教育模式，先在復興活動中心設立戶外「探索教育學校」，並陸續在澄清湖、曾文水庫、金山、日月潭等休閒活動中心增設。2008 年臺灣外展教育中心（OBI）在行政院青輔會（現教育部青年署）支持下，成立臺灣外展教育基金會，為臺灣冒險教育開啓國際化合作管道。外展中心設有龍門海洋發展中心和花蓮美崙、臺南樹谷與龍潭渴望基地，龍潭渴望基地為亞洲最大，占地約 7 千坪，有美國 ACCT 安全標準之戶外高、低空繩索挑戰場，並備有設備完善露營地，值得稱道的是，OBI 的「和平建立中心」（Center for Peacebuilding），運用體驗教育延伸至「衝突預防」、「衝突管理」、「後衝突調解」等全球議題的教育啓示意涵。

此外，社會各型動靜態社團如臺灣戰略研究學會、中華民國全民國

防教育學會、中華全民安全健康力推廣協會、中華全民防衛知能協會、中華民國全民國防教育協會與活動推廣社團如臺灣中華民國水中運動協會、中華民國飛行運動總會（CTAF）、臺灣山訓協會等上中下游功能完備社團組織系統，更是推動全民國防教育不可或缺的社會助力，也是全民國防時代建軍的新意涵與新價值。

此外，曾在學生軍訓時期扮演重要角色的體育課程，已擴充為教育部體育署政策規劃課程與活動。而在軍訓課程轉型為國防通識教育與全民國防教育學科被移轉出的軍訓護理，則似應在社會觀光體育休閒活動面向，重新賦予並強化其推動全民健康的國防意涵。尤其社會相關健康促進社團日益精進與推陳出新，其中臺灣醫美健康管理學會所推動的預防醫學與精準健康更是獨樹一幟，隨著人類基因解碼的突破發展，健康數據的蒐集與解讀利用，對精準保健、精準醫療的加持將是必然的發展趨勢，尤其其所推動的健康管理師培育更有遍布全國各鄉鎮的發展宏願，對整合校園、社區與防區構築全民國防大健康照護網將提供最具體、最厚實的資源保障系統。

參、課綱──全民國防教育學科發展

一、教學課程縱向連貫

（一）中等教育

國中小九年一貫課程以學習者需求分段取代年級制，並以學習領域取代各科目，國中、小教科書及其他輔助教材亦由國立編譯館統一編訂型態，改為審定制的開放型態。各級學校為了追求多元課程的開發，並充分體認現代科技社會的多元面貌，陸續更新及倡導多樣新興課程，使課程呈現更加多元發展。

為有效銜接九年一貫課程，2001 年教育部成立「普通高級中學課程發展委員會」，並於 2004 年完成「普通高級中學課程暫行綱要」，

課程修訂循「連貫」、「通識」、「適性」、「彈性」、「專業」及「民主」六大原則進行。軍訓課程同時於 95 學年度調整傳統時數規劃基準，改採學分數，並轉型爲國防通識學科五大領域課程，列入學校 22 正式學科與十大領域課程，並區分爲必修 4 學分及選修 4 學分。98 學年度再改爲全民國防教學科，與國防部全民國防教育五大主軸同步發展，並進一步統整爲必修 2 學分。

（二）大學與軍事教育併軌

當中等教育將國防通識教育納入學科正式課程時，大學依自治原則，仍爲軍訓課程與國防通識課程並列，爲配合役期折抵需求，改爲全民國防教育軍事訓練課程，並無長期通識教育化或學系課程發展之全般規劃。

大學參考國防部全民國防教育五大主軸，規劃課程總時數爲 180 小時，其中 80 小時認證爲全民國防教育軍事訓練課程，得以折抵兵役役期，剩下的 100 小時究竟屬於通識教育或學系專業課程並未受到關注，這樣的認證發展方式，實不利大學全民國防教育完整學程與學系的發展。

大學國防通識階段開設的三軍概要、軍略地理、領導統御、聯合作戰等，儲備軍官訓練團所開設的國防科學技術概論、國家國防管理學概論、軍事社會學、領導與管理、軍制學、思維方法與問題解決等及國防部有關預官考選、志願役軍士官召募課目及教育部軍訓教官考選課目，均未與學校國防通識五大領域及現行全民國防教育五大主軸整合發展。合理的規劃方向，應將軍事專業科目回歸軍事教育體制，而大學則尋求「預防戰爭」與「和平發展」議題爲國防通識焦點並接續高中職全民國防教育學科的學系專業發展，使軍事教育專業與普通大學國防與國家安全議題研究，都成爲國防教育的一環，進而構成國家安全教育縱向連貫的雙軌發展（如表：全民國防教育課程縱向連貫發展分析表）。

全民國防教育課程縱向連貫發展分析表

縱向連貫區分	軍事教育			大學			國軍人才召募 志願役班隊（測驗題庫）	高中 全民國防教育學科	國中小 議題融入
	戰院	指參	軍訓	國防通識教育	全民國防教育軍事訓練	ROTC			
國際情勢與國家安全	國家安全 國際關係	一般課程	軍略地理	國家安全	國際情勢	軍事社會學		國際情勢與國家安全	補充單元——「國家與安全生活」 相關議題融入——國際教育、人權、環境、海洋、資訊、能源、安全、多元文化、原住民族教育、性別平等
全民國防	國防決策與國管理 戰爭研究	軍種作戰 情報研究 聯合作戰 政治作戰	三軍概要	兵學理論 軍事戰史 國防科技	全民國防 國防政策 國防科技	軍制學 國家國防管理學概論 國防科學技術概論	全民國防（難易） 國防政策（難易） 國防科技（難易）	全民國防概論 我國國防現況與發展 戰爭啓示與全民國防	補充單元——「機械與國防科技」 相關議題融入——品德、生命、法治、家庭教育、生涯規劃
防衛動員與災害防救	聯合作戰	作戰支援 聯合作戰	領導統御 聯合作戰	軍事知能	全民防衛	領導與管理 思維方法與問題解決	防衛動員（難易） 體適能測驗 智力測驗	防衛動員與災害防救	補充單元——「救災防災與動員」 相關議題融入——科技防災、閱讀素養、戶外教育

資料來源：筆者統計整理自繪。

　　大學全民國防教育軍事訓練課程目前仍屬通識教育性質課程，由原來一、二年級共同必修課程，修改爲大學自主發展，並發展出大一必修與大二選修、大一與大二選修及未開任何課程三種型態。目前中等學校全民國防教育學科課程雖尚未列入大學入學指考或軍校推甄或入學標準，但專門化的期刊如國外之《詹氏年鑑》及國內之《國防政策研究》、《國軍及國防雜誌》、《陸、海、空》、《軍學術月刊》、《國防譯粹》、民間之《尖端科技》、《軍事家》、《軍訓人員論文著作精選》等已足夠全民國防教育開設專業學系之參考。

　　國防軍事特質牽涉層面廣泛，屬整合知識範疇，不論軍事教育或大學國防乃至國家安全學系都是整合人才培育，美國哈佛大學在 1950 年代開設的國防領域課程，即包含有國際關係、戰略研究、國家安全、和平研究與衝突解決（Creveld, 1990:70），英國倫敦大學國王學院（King's College）則設有「戰爭研究系」（Department of War Studies）。2022 年北京大學爲因應總體國家安全觀重視人民安全的需求與發展趨勢，率先於國際關係學院下正式成立「國家安全學系」，目前已有多所大學獲批正式學位試點，「國家安全學」有望與「國際政治學」、「比較政治學」等學科共同立足於大學校園，淡江大學國際事務與戰略所授予的學位仍屬政治學門，也缺少適切的大學部本位課程支撐，尚須要進一步努力尋求突破（詳如全民國防教育學程發展示意圖）。

碩博士		

全民國防整合學系	大學 儲備 軍官 訓練團	**戰爭學院** 課程以「建軍」為主，「備戰」為輔，區分國家安全、中共研究、國際關係、戰爭研究、聯合作戰、國防決策與管理等六大類別，並以中共研究、戰爭研究及聯合作戰為核心課程
軍訓 三軍概要、軍略地理、領導統御、聯合作戰等軍事課目		
國防通識教育五大領域 國家安全、兵學理論、軍事戰史、國防科技、軍事知能		**指參學院** 課程以「備戰用兵」為主，「一般軍事」為輔，區分軍事理論、軍種作戰、情報研究、作戰支援、聯合作戰、政治作戰及一般課程等七大類，並以軍事理論、軍種作戰及聯合作戰為核心課程
全民國防教育五大主軸 國際情勢、全民國防、國防政策、全民防衛、國防科技 全民國防教育軍事訓練課程 （合計 80 小時）	國防部預官考選、志願役軍士官召募課目	
普通大學		國防大學軍事教育

學科──十二年基本教育全民國防教育學科課綱五向度
全民國防概論、國際情勢與國家安全、我國國防現況與發展、防衛動員與災害防救、戰爭啓示與全民國防五個學習向度
全民國防教育軍事訓練課程（防衛動員暨災害防救模擬演練、實彈射擊體驗活動）

議題──國中小議題單元融入
性別平等、人權、環境、海洋、品德、生命、法治、科技、資訊、能源、安全、防災、家庭教育、生涯規劃、多元文化、閱讀素養、戶外教育、國際教育、原住民族教育等十九項議題
補充教材：「國家與安全生活」、「機械與國防科技」及「救災防災與動員」等 3 單元，並加入「媒體素養」與「反恐」內容，並融入各類演習與動員之意涵，以強化團結合作與溝通互動的能力

全民國防教育學程發展示意圖

資料來源：筆者自繪整理。

二、輔教活動橫向統整

近期國防部公開預算書顯示，陸軍繼先前於新竹湖口陸軍北區聯合測考中心與臺南白河南區聯合測考中心設立「戰場抗壓館」與「合理冒險訓練場」後，為強化後備戰力及軍校生心理素質，強化戰場適應能力，將陸續投入更多預算，於陸軍官校、六軍團一五三旅、八軍團二〇三旅、十軍團一〇一旅、一〇四旅等五個後備步兵旅據點，增建「戰場抗壓館」及「合理冒險訓練場」等二十五項設施，讓官兵親身體驗戰場視、聽、嗅覺感受，並藉由仿真設施強化「平面心理素質」與「低空、高空設施」等訓練，藉此培養官兵良好心態、建立信心及凝聚團隊向心力。

戰場抗壓館分為「待命集結區」、「毒氣感受區」、「夜間戰場區」、「反擊作戰區」、「城鎮戰場區」及「任務歸詢區」，主要訓練面對混亂、恐懼等威脅體驗，最後進入歸詢區了解並檢測射擊及心理壓力（心跳、呼吸及體溫）。「合理冒險訓練」主要建立戰場自信，凝聚團隊合作精神，項目類同學校體驗冒險教育，共計 12 項，除了供軍隊訓練外，更可提供全民國防教育推廣之用。如能強化管理並有效整合運用，就如成功嶺營區對大專軍訓集訓與國軍初級幹部入伍教育訓練中心的貢獻，其效益堪比左營國家選手訓練中心，直稱之為國家全民防衛訓練中心亦無不可，對提升兵員素質與消除小兵迷思，改善軍中管理亦有相當助益。

戰場抗壓館的設計類同於救國團與臺灣亞洲體驗教育學會（AAEE）引進的 Kolb 經驗學習模式（Experiential Learning Model），都是透過直接體驗後聚焦引導反思，以增進知能、發展技能與釐清價值觀。體驗教育模式已進入臺灣高等教育科系發展，除成為大學服務學習課程與博雅課程及領導力的 program 發展重要途徑與方法，從校園次地擴展至社區與國際社會外，更在企業教育訓練與非營利組織或社福機構

開花結果，中小學也運用於推動綜合活動領域等整合性課程。體驗教育把所有元素整合成做中學模式，是全民國防教育學科橫向統整各型教育訓練如卡內基、主題探索訓練、戰場合理冒險訓練、學校防護團訓練、公民訓練、童軍訓練與災害防救訓練等成為全民防衛行動力的重要媒介與平臺（詳如全民國防教育輔教活動橫向統整發展示意圖）。

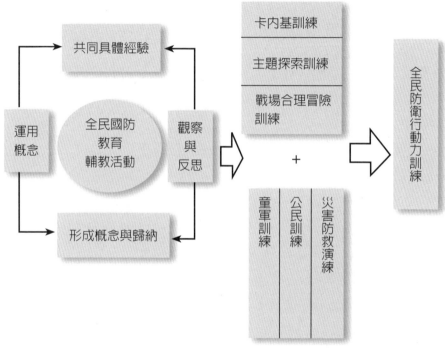

全民國防教育輔教活動橫向統整發展示意圖

資料來源：筆者自繪整理。

Chapter *5*

行動陣列——行動實踐與素養指標

行動實踐與 素養指標		全民防衛陣列		
		國家安全戰略指導 報告	全民國防政策方針 報告	全民防衛機制施政 報告
行動 陣列	預備	預備防護 素養	常備防衛 素養	後備健康 素養
	常備			
	後備			

資料來源：筆者自繪整理。

第一節　意涵與要素發展

壹、意涵

　　行動陣列依《國防法》所載國防體制與管理的國家安全戰略指導報告－全民國防政策方針報告－全民防衛機制施政報告為依歸，以《全民防衛動員準備法》軍事動員與行政動員所形成的預備－常備－後備行動演練體系為基準，以目標－構想－方案行動軸線落實體現在全民防衛動員成效指標的預備體系防護素養－常備體系防衛素養－後備體系健康素養。

貳、能力要素發展

　　能力自始就是一個引人爭議的主觀字眼，個人看法不一。以早期人與獸爭及人與天爭生活意涵，能力指的主要是體力，最健壯敏捷的人便可指揮戰鬥、領導族人，到了人與人爭的時期，能力轉換成權力，更來自於繼承，由特定王公貴族所持有，不容他人分享，及至現代文明發達的工業革命初期，能力轉化為財力，資本主義主宰整個世局走向，直到今天都脫離不了資本主義財團的實質控制與影響。值得注意的是，最近出現一種凌駕三種能力且更具威力的能力，尤其是可測量與評量的專業

知識（specialed knowledge），特別指科技所帶來的能力與潛力。專業知識與科技能力教育成效指標已經成爲全球發展趨勢，各國都在進行各類型行動教育革命，務求在專業科技領先風潮，掌握關鍵優勢與利基。

一、軍事教育能力發展

國防部建軍願景在建立「科技化、資訊化、全民化」及「質精、專業、力強」之軍隊，以強化不對稱戰力，爭取並創造相對戰略優勢，達成「有效嚇阻、防衛固守」之任務，除積極結合產官學界共同攜手合作推動科技化資電作戰，強化三軍聯戰指揮機制及國防決策支援系統，更將軍隊年度重大演訓區分爲「作戰」、「動員」、「核化」及「訓練」等 4 類共計 70 項次持續勤訓演練。

「作戰類」以漢光演習爲主，分「電腦輔助指揮所演習」與「實兵演練」兩階段實施。「核化類」爲嵩泰操演，分別由陸、海、空軍各實施一次。「訓練類」區分「軍種訓練」與「三軍聯合演練」兩部分，其中三軍聯合演練之聯翔（聯合防空作戰，全年計 4 次，一次併漢光演習實施）、聯電（聯合電子作戰，全年計 2 次，一次併漢光演習實施）、聯興（聯合兩棲登陸，全年計 2 次，一次併漢光演習實施）、聯雲（聯合空降及反空降作戰，全年計一次併漢光演習實施）、聯勇（全年計 6 次）、聯信（全年計 5 次，分別於金門、馬祖、澎湖、東引及烏坵等地區各實施一次操演）。「動員類」以萬安演習爲主，實施兵棋推演及動員、民防、災害防救及輻射防護等演練，其中同心及自強演習與「訓練類」之聯翔、聯電、聯興、聯雲操演併「作戰類」之漢光演習同步實施實兵演練。

國防部史政編譯局出版的《美國陸軍戰爭學院戰略指南》（*U.S. Army War College Guide to Strategy*）指出，美國國防規劃從「威脅導向」（threst-based approach）轉換成「能力導向」（capabilities-based approach），「北大西洋理事會」（North Atlantic Council）也宣布，爲了確保有效因應不斷更迭之安全挑戰，固有慣用能力將進行必要轉型、調適與變革。能力導向意謂軍隊須具備遂行各種事項的廣泛能力，如跨機構與跨夥伴溝通力、多面向作戰環境認知力、共同作戰圖像整合能力、敵對分析判斷力、多元文化調適力、目標行動果斷力與執行力，特別是開發創新力與堅忍韌力。

二、學校教育能力發展

學校在實施九年一貫國民教育時，將課程規劃爲七大學習領域，並以了解自我、創新、終身學習、溝通分享、尊重、團隊合作、國際了解、組織、科技運用、主動探索、獨立思考、解決問題等十大基本能力指標作爲學習目標。2014 年教育部發布「十二年國民基本教育課程綱要總綱」，在以素養導向爲課程指引的 15 個學習領域，除更形強化並加深九年一貫的十大能力指標，並以「自主行動」、「溝通互動」、「社會參與」形成的自我精進、系統思考、創新應變、溝通表達、媒體素養、藝術涵養、公民意識、團隊合作、多元文化等九大項目，強調培養成爲以人爲本的「終身學習者」，亦即適應現在生活及面對未來挑戰，所應具備的知識、能力與態度。

前教育部長蔣偉寧接受天下專訪時曾提到，體制教育的弊害像剝洋蔥，把學生創意都剝掉了，青年能力須力求多元開展。2001 年歐盟（European Union）指出，未來教育須提供終身學習 8 大能力（Future education should provide 8 main competencies of lifelong learning），即母語溝通（Ability to use native language for communication）、外語溝通（Ability to use a foreign language for communication）、運用數學與科學（Ability to apply mathematics and science）、數位學習（Ability to use e-learning）、學習如何學習（Ability to learn how to learn）、人際互動和參

與社會（Ability for Interpersonal interaction and participate in society）、創業家精神（To hold the essence of pioneering work）、追求成功、文化表達（Ability for cultural expression）等，亦即不易被仿效的知識、技能與態度，以創造個人競爭優勢。

日本文部科學省的大學改革計畫，也以養成能終生學習的思考力、行動力、創新力與溝通力人才爲主。《天下雜誌》針對「能力扎根」教育專題分析提到，歐洲國家已將培養年輕人就業技能拉升到國家戰略層次。美國國防部高級研究規劃局（DARPA）投入高額經費與教育部合作，在加州多所高中推行一種介紹科技、機械與數學，引導孩子進入科技數理領域，以迎接國防新科技需求的「造物空間導師計畫」，亦即每週 3 小時的新工藝教育，並陸續推廣至全美一千所高中，美國國力尤其是國防科技之所以享有世界領先實其來有自。

三、社會教育能力發展

臺灣自然資源貧乏，人力培訓特顯重要，隨著產業不斷變遷與轉型發展，原行政院青年輔導委員會青年就業及青年職業訓練中心業務移撥至行政院勞工委員會職業訓練局，並擴大改制爲「勞動部」，同時成立「勞動部勞動力發展署」下轄 5 個地區分署與 3 個中心，以統合國家勞動力運用並建構國家職能標準之平臺，降低育才與用才間之落差，並作爲學校課程與教育訓練之指引。勞動力發展署專注勞動力發展知識系統、數位平臺與師資及教法等研發，以建構臺灣成爲人才之培育基地，設立之北基宜花金馬、桃竹苗、中彰投、雲嘉南、高屏澎東分署，提供民眾在地化之就業協助，勞動學苑則提供辦理職業訓練並作爲觀光商務實習旅館，技能檢定中心則爲推動及統籌辦理全國技能檢定、技術士證核發與管理。

勞動力發展署最受人關注的是建立勞動力職能基準（Occupational

Competency Standard, OCS），亦即考量產業發展前瞻性與未來性，兼顧不同企業專業人才共通性，及職業專業能力必要性後，判定從事特定職業所需具備的能力組合，主要包括工作任務、行為指標、工作產出、對應之知識、技術等職能內涵的整體性呈現，此即不以特定工作任務為侷限，而是以數個職能基準為單元，以一個職業或職類為範疇，框整出其工作範圍描述、發展出其工作任務，展現以產業為範疇所需要能力內涵的共通性與必要性。

為協助提升訓練品質，勞動力發展署參酌 ISO 9000 系列之 ISO 10015 及英國 IIP 制度，並考量我國訓練產業發展情形，依訓練 PDDRO 管理迴圈的計畫（Plan）、設計（Design）、執行（Do）、查核（Review）、成果（Outcome）等階段制訂「人才發展品質管理系統」（Talent Quality-management System，以下簡稱 TTQS），定期依「TTQS 教育訓練課程架構及大綱」區分初階、中階與高階三類程度，製頒年度教育訓練課程，以提升企業訓練體系運作效能，創造最大競爭力。

行政院青輔會（現為教育部青年署）針對企業僱用大專畢業學生優先考量的能力調查發現，企業對青年就業者的能力需求是多面向的，主要包括工作態度、抗壓性、溝通能力、創新、專業倫理、自我行銷等十七項。《天下雜誌》曾撰文指出，蘋果、微軟、英特爾等大企業和美國教育部協力發起「21 世紀能力策略聯盟」（The Partnership for 21st Century Skills），並歸納出生活與就業、創新與科技能力為未來最需要的三種關鍵能力。澳洲 2002 年「未來所需就業力技能」白皮書提出的「就業力技能架構」（Necessary employability skills needed for the future stated "employability skills framework"）也強調溝通（Communication Skills）、團隊合作（Team Work Skills）、問題解決（Problem Solving Skills）、創新（Innovative Skills）、規劃與組織（Planning and Organization Skills）、自主管理（Autonomous management Skills）、學習（Learning Skills）、科技（Science Skills）等技能的必要與重要。

美國人才發展能力模型所訂定的人才發展專業人員能力指標，包含有個人工作效能、專業發展及組織影響總計 23 項能力，188 項知識和技能，其中攸關個人工作效能所需的能力即為溝通、情商與決策、協作與領導力、文化意識和包容性、專案管理、遵守法規與道德行為、終身學習等。曾創造年營收千億的聯強國際總裁杜書伍認為，一個人才須有基礎和專業兩種能力，基礎就是根源能力，也就是學習能力，能不斷快速學習，且能掌握重點，這樣的人專業能力也不會差。此外，態度的軟實力更是不可或缺，能對不同事物感興趣，充滿找答案的好奇心，一言以蔽之，就是具備系統思考、問題解決、專案管理、溝通表達、團隊合作等能力，此可簡單歸納為能力（C）＝〔知識（K）＋技能（S）〕×態度（A）公式，也就是現行教育一再強調的素養指標。

第二節　安全威脅因子分析

壹、法令聯繫

《全民防衛動員準備法》全民防衛動員體系，主要為落實全民國防理念而建，法令規範區分行政動員準備及軍事動員兩條準備途徑，軍事動員由國防部負責，任務單純較不具爭議，但行政動員由中央各機關及直轄市、縣（市）政府分別配合執行，則難免出現步調不一的困境。以教育部的精神動員準備為例，教育部是分類計畫主管機關，主要依「各級學校全民國防教育課程實施相關辦法」並透過大眾傳播媒體，培養愛國意志，增進國防知識，堅定參與防衛國家安全之意識，但學校師資是正式教師，不歸教育部學特司業管，全民國防教育整體規劃的主管機關又是國防部，精神動員準備方案與《全民國防教育法》法令依從如何切取聯繫？

此外，學校青年動員服勤屬人力動員準備分類計畫，主管機關為內

政部，學校防護團屬總務司，青年動員服勤歸學特司，學特司主責學校全民國防教育，則青年動員服勤與全民國防教育實踐如何切取聯繫？

《兵役法》區分軍官與士官役為常備與預備役，常備役又區分現役與後備役，預備役明明服的是現役，後備役明明已離開現役，只是未除役，可見預備役指的應是動員體系的預備意涵，亦即《國防部組織法》第 2 條所指的人力，應不是僅限定為軍事人力，而應是國防人力，就如其所指的軍事教育，應是國防教育才合理，軍事教育有「軍事教育條例」，國防教育有《全民國防教育法》，各有依歸，怎能顧此而失彼，更不能重此而忽彼。

國防部為儲備軍官人力來源，得依「國民教育法」及「高級中等教育法」，設預備學校分設國中部及高中部，亦得依需要，於大學辦理儲備軍官訓練團，於高中辦理專班，更可協調專科以上學校，於營區內開設學位在職專班，軍事基礎院校亦應接受教育部大學評鑑，可見教育部已不再僅是全民國防教育的一環，也不僅是行政動員的一環，而是國防人力培育的一環，更應正視為全民防衛動員準備體系貨真價實的預備體系。

貳、機制平臺

行政院依《全民防衛動員準備法》以國防戰略目標為指導原則策頒動員準備綱領，而國防體制最高指導者為總統，總統藉「國家安全會議」之諮詢，確立包含國防的國家安全大政方針，而國家安全會議轄有國家安全局掌握所有國家安全決策所需各型情資管道，因而判定為全民防衛行動運作實務最高指揮機制並不為過。國家安全會議改採祕書長制後，祕書長無疑為總統國家安全團隊幕僚長，行政院長在緊急事件無法於職權範圍內執行危機處理，或符合緊急命令發布時得以呈請總統召開國家安全會議，可見國家安全決策與執行權責在行政院為主的行政體制

之上，軍隊指揮統帥權責雖在行政院設有國防部，實際上則在總統，行政院院長又由總統任命，總統並無向立法院負責之相關規定，則國家安全機制運作的民意基礎顯然是一項重大隱憂，兩岸戰與和係於總統一念之間實在太危險。

地方縣、市政府動員會報與「全民戰力綜合協調會報」及「災防會報」已形成三合一會報機制，每年召開兩次會議，而中央部會動員會報每年也是各自召開會議兩次，行政院全民防衛動員會報則每兩年召開一次，如何整合聯繫相互緊密連結，以避免會議徒具形式。應再進一步思考，畢竟全民防衛動員準備體系總是由人力動員及物資動員總其成，並主要區分為「軍事動員」及「行政動員」2 個系統結合災害防救體系，以此構成完備之全民防衛體系。

行政院長為全民防衛動員會報召集人，祕書單位由國防部派出，國防部全民防衛動員署為全民防衛決策機關，災害防救則由內政部消防署負責，後備指揮部主要負責「全民防衛動員戰力綜合協調會報」及相關實務訓練與演練，基於機制之整合運作效益，應使全民防衛動員署成為行政院中央三合一會報之決策轄屬機關，並將後備指揮部轉化為全民防衛統一執行機構，才能有效統合並提升全民防衛整體教育訓練效益。

軍事動員整備及演練相關行政配合需求，由軍事機關或作戰部隊向各縣（市）會報提出申請；行政動員整備及演練相關軍事配合需求，由行政機關或地方縣市政府向國防部或地區後備指揮部申請，兩年策頒一次的行政院《動員準備綱領》結合《二年期國防報告書》運作，各部會《動員準備方案》與分類計畫聯繫國防部年度全民防衛機制施政報告，於每年度策頒施政計畫與成效檢討，並指導地方縣（市）結合施政計畫與成效實施，以此完備動員準備運作體系。

國防部動員演習時序排列規範，每年 4 月至 8 月間為軍事動員為主的漢光演習，區分「召開國家安全會議」、「電腦兵棋推演」與「實兵驗證」三個階段，其他為災害防救為主的行政動員演習，比較值得推

敲的是由總統主持召開的國家安全會議，在行政動員時如何召開？災害防救演練動員軍方已成常態，萬安演習或飛彈突襲或灰色衝突危機同時出現機率顯然已不可低估。尤其「國土安全網」已視全民防衛動員體系為其重要備援主軸，則軍事動員與行政動員機制實已相互緊密聯動與結合，整體運作已非軍事動員與行政動員所可單獨成事，而需建構軍民一體適用的全民防衛動員決策與執行體系，最顯著的例證如教育部主導的精神動員準備方案須文化部與國防部政治作戰局配合，但其實施的主要途徑，是須結合政治作戰局全民國防教育的學校國防教育與內政部的戰時青年服勤，而內政部與國防部給予學校國防教育課程役期折抵，卻僅限軍事訓練部分，則全民國防教育與全民防衛動員準備顯然仍存有認知與實踐混淆的疑慮。

參、績效指標

一、基本健康指標

1928 年全國教育會議決定實施學生軍訓所提出的學校軍事訓練計畫，顯示軍訓的實施將與體育密不可分。1936 年更在軍訓暑訓時籌備成立體育學校，在臺恢復學生軍訓後，更陸續推展軍事體育與國防體育如跳傘、滑翔、航模、射擊等項目。1968 年教育部根據美國國際體能測驗標準化委員會（ICSPFT）之體能標準，修訂「基本運動能力測驗」，編製成中華民國青少年體能測驗標準。行政院衛生署（現為衛生福利部）也於 1992 年開始實施加強國民體能提升計畫，1994 年國防部繼起積極研議國軍基本體能測驗制度，希冀由軍中擴展至各級學校與社會，以提倡全民運動提升國民整體體能水平。

教育部為促進學校多元體育發展與各類型社區運動及全民運動蓬勃開展，於 88 學年度開始與 NIKE 公司合作舉辦體適能校園巡迴推廣活動，全國各縣市體育場、運動公園、游泳池、社區簡易運動場與學校

日夜間體育活動設施更配合陸續完成籌建，對助長運動風氣提供莫大鼓勵。遺憾的是，隨著政治民主化風潮的興起及升學壓力的繁重，運動效益始終未見明顯提升，十二年基本教育雖將「體適能」列入超額比序項目，但教育部公布的體適能常模數據標準卻呈現向下不斷修正的隱憂。政府曾不斷強調體力即國力，強國必先強身，要國強民富，先要增進國人的體能，但體適能發展趨勢卻持續與國防體系漸行漸遠。

教育部揭示的健康白皮書指出，二十一世紀是健康樂活的新世紀，「國民健康素養」不僅被視為保障身心健康的基本人權，更是成為世界公民不可或缺的重要生存能力，亦是影響人類生活品質優劣的關鍵決定因素，且早已被視為國家競爭力提升的重要指標。1998 年世界衛生組織（WHO）宣言也指出，世界各國應致力於建立「健康家園」、「健康學校」、「健康社區」、「健康城市」，以至於「健康國家」，健康發展涵蓋個人、社區、城市到國家，因此基本健康指標的形塑，應在全民防衛行動演練體系占有優先的角色與分量。

二、應用技能指標

全球化趨勢已促使各國關切重心從軍事安全漸漸移轉至經濟發展，合作安全（cooperative security）、共同安全（common security）和綜合安全（comprehensive security）」等強調區域繁榮與「以合作代替對抗」的新安全概念與全方位能力指標，已在國際間形成主流觀點，在亞太地區如族群衝突、金融危機、文化衝擊、跨國犯罪、環境惡化、生態保育、氣候變遷等綜合性安全議題與對應能力發展，更是一個被廣泛運用發展的新安全觀念。

1995 年亞太安全合作理事會（CSCAP）「綜合性與合作性安全工作小組」結論指出，集體安全或權力平衡，都不是解決區域問題的適切辦法，包括重大利益與核心價值的安全遠超過軍事範疇，而綜合性安全僅

能透過合作途徑完成。中央研究院長翁啓惠曾闡釋現代化「合作」兩字的主要意涵，就是「分享」（give away），把重要的發現與經驗跟別人分享，合作會累積自己的信心與對別人的信任。鈕先鍾曾強調戰略的目的，在於透過經歷整合（Integration）、想像（Imagination）與創新（Innovation）三個步驟實施超越常智（conventional wisdom）的思維架構「修正」（Revising）、重組（Recombination）和「再排」（Reordering）。

二十一世紀呈現高度科技化、都市化與資訊化發展，國防部曾為有效因應當前兵役役期縮短、及齡役男超額現況及因應募兵制的全面實施，放寬常備兵役轉服替代役條件，並將陸軍新兵訓練期程改成兩階段施訓，其所壓縮的訓練期程與項目及標準，急待透過學校與社會全民國防教育系統訓練尋求補充與強化。

社會為因應就業力與競爭力提升的需求，紛紛創立有組織的各類型訓練中心，如黑幼龍卡內基潛能訓練與各型新興的生存遊戲與戶外體育運動休閒活動及國內各型保全、救難等訓練單位與協會所極力推廣的多元技能訓練發展，尤其與勞動職能訓練相關的國防訓練及學校曾積極推廣的各級童子軍訓練與救國團青少年戶外技能訓練活動，只要詳加檢視兵役移轉需求能量，並賦予全民國防與全民防衛相關主題意涵與需求，全力發展共通國防職能應是深受期待的。

三、健康知識競合指標

曾錦城在描述下一場戰爭型態與風貌時指出，戰爭的距離、高度、時間已逐漸深化與擴大，一場把知識以各種面貌推進軍力核心的戰爭已然成形。艾文‧托佛勒和海蒂‧托佛勒（Alvin & Heidi Toffler）的《新戰爭論》亦指出，一場一盎司矽晶比一噸鈾還重要的戰爭與拿電腦比拿槍兵多的利基戰爭已然成形，並已陸續獲得驗證。知識世紀與人權開展，使人命價值不斷提升與躍居戰爭舞臺核心，軟殺的癱瘓將替代硬

殺的殲滅成為戰場的主流思潮，人工智慧武器所形塑的精準打擊成為戰技新寵。

網際網路不僅讓全球國界消失，更讓認知作戰如影隨形、無所不在，知識世紀禍福相繫，有競爭，更有合作，需要集體智慧、共同增長，軍民的分際已不再是關鍵，而是生活與戰鬥知能各有所司，共同承擔。知識世紀，不僅學校懸缺課程（null curriculum）不斷增加，學生負荷不斷加重，社會終生學習更是呼聲不斷。行動專家阿吉瑞斯（Chris Argyris）在《行動科學》（*Action Science*）一書指出，「反思」（reflection）和「探詢」（inquiry）是行動知識的鎖鑰，反思藉放慢思考過程發掘心智模式軌跡，探詢處理面對面互動，處理複雜與衝突問題更形需要。

如何掌握鬥而不破、合而不和的分際更是關鍵，亦即透過反思與分享途徑，掌握快速學習與思考及修為的多元整合素養。在態度領域上，確認全民防衛的預備－常備－後備整體意涵，在技能領域上，以全民國防教育五大主軸貫通學校－社會－軍事教育內涵，在知識領域上，構築軍事－國防－國家安全價值鏈結，以有效轉化並昇華陸、海、空軍戰略行動為陸海空域體驗活動，推動能力素養導向的行動發展，提升國家及國民健康競合力。

第三節　發展方案

壹、學校預備體系防護素養

一、訓練目標

以學校國防教育結合兵役改革，發展學校預備體系防護力。1953年學生軍訓在臺恢復，行政院學生軍訓設計督導委員會初期決定由國防

部總政治部負責，實際上則由政治部主任兼任主任的中國青年反共救國團負責，學生青年意涵更勝於軍訓考量。1960 年學生軍訓移歸教育部並設立軍訓處負責，1962 年臺灣省政府教育廳接著設立軍訓室，各縣市政府雖未同時納編教育機關，但也在中等以上學校任務編組軍訓督導與學校軍訓教官辦公室連結，之後大學更設立軍訓室專責其事，此時學校軍訓體系由於軍訓教官仍由國防部介派，國防部與教育部合作的意涵仍存，亦堪稱完備。但在學生軍訓轉型國防通識教育並發展爲全民國防教育學科時，軍事教育學科與術科緊密結合的特質已日漸消蝕，學科教學與安全實務演練分途亦形確立，全民國防教育學科學程建構前途未卜，但軍訓教官撤離使軍訓與兵役乃至全民防衛體系背離的隱憂已悄然浮現。

國防部爲《全民國防教育法》主管機關，初期專責單位爲國防部人力司軍事教育處，顯有與國民政府「訓練總監部」的「國民軍事教育處」相聯繫意涵，從人力發展角度切入應屬正確規劃，之後移轉國防部法規會再交由國防部政治作戰局文宣處則有偏離國防教育本質之嫌。學生軍訓早期因抗戰需求也曾改由軍委會政治部掌理，希望加強抗戰文宣工作能量，但 1940 年配合十萬青年十萬軍擴軍軍事訓練需求，已有由「政治部」移回「軍訓部」的先例，抗戰勝利後，國民政府於 1946 年裁撤軍委會成立國防部，將學生軍訓移至國防部預備軍官教育處，即有結合預官兵役制度與配合大量青年軍復原需求之設計。

軍訓教育是教育部與國防部會銜在中等以上學校實施，教育部自主轉型爲國防通識教育，以求融入學校學年學分教育體制。《全民國防教育法》頒布時，學校國防通識教育域學科改爲全民國防教育學科，不僅須與學校其他課程競爭與合作，也須兼顧落實《全民國防教育法》與《全民防衛動員準備法》相關規範，更須力求與國家兵役轉型與改革需求銜接，以彰顯學校全民防衛預備體系效能。

二、訓練構想

（一）童軍訓練

童軍訓練主要落實在國中小階段，以隔宿露營活動訓練，延伸生活教育內涵為焦點，不分種族和背景，是一種國際性活動，已被歸入十二年國民基本教育課程綱要的綜合活動領域。其基本理念在擴展價值探索與體驗思辨、涵養美感創新與生活實踐、促進文化理解與社會關懷，課程目標在培養學生具備「價值探索、經驗統整與實踐創新」的能力，童軍與家政、輔導並列，其學習內容主要為童軍精神與發展、服務行善與多元關懷、戶外生活與休閒知能及環境保育與永續，其課程綱要所規劃的野外生活包括露營與旅行基本知識與技能及戶外休閒活動與環境教育。

世界童子軍運動是一個世界性的青少年教育組織，目前已有 200 多個國家有童子軍組織，累計超過千萬人次參加童子軍活動。童軍運動以童軍諾言、規律價值為基礎，期使青少年健全發展並能在社會中扮演建設性角色，以幫助建設更美好世界。世界童子軍總部設於瑞士日內瓦，有 150 多個正式入會的會員國，童子軍國際性活動包括有三年舉辦一次的世界童子軍領袖會議、四年舉辦一次的世界童子軍大露營及世界羅浮童軍大會。

1912 年中國童子軍運動首先於湖北武昌文華書院開始試辦，1934年中國童子軍總會正式成立，總會會長為國民政府主席蔣中正，1937年中國童子軍總會加入世界童子軍組織，總會除在學校推展童軍活動外，並積極推展社區童子軍活動，鼓勵機關團體、宗教組織及社區等舉辦童軍團，童子軍也積極參與社區服務及反毒宣導工作。童軍具非政治性與非政府性，鼓勵對自己社區、社會及國家帶來建設性貢獻，參加採自願方式，人員包含小學到大專院校的年輕人，活動倡導接近大自然，講求自我承諾，以小隊制度發展領導能力、團體技能和個人責任，提供

青少年冒險和挑戰的機會，以發展自我智識、冒險精神及好奇心為主軸，已經成為一種青少年運動，可有效增補國中小議題融入全民國防教育動態活動能量的不足。

（二）公民訓練

　　國家教育研究院針對公民訓練的釋義指出，國民教育之訓育實施以「公民訓練」為主，「公民訓練」為道德、衛生等生活之力行。1952年臺灣省政府教育廳公布「臺灣省各級學校課程調整辦法綱要」，於初高級中學設有「公民訓練」，每週實施一小時，1955年將「公民訓練」歸併於公民課程之中，使其從「知行合一」中，產生相互融貫效果，1962年教育部修訂「國民學校課程標準」，將「公民訓練」改為「公民與道德」，並增訂「團體活動」課程標準，作為各科課程的綜合活動。

　　公民與社會課程及歷史、地理已納入十二年基本教育學校社會領域課程綱要（簡稱「社會領綱」），主要教育功能在傳遞文化與制度，培養探究、參與、實踐、反思及創新的態度與能力，其理念在於涵育新世代的公民素養，以培育公民面對各種挑戰時，能做出迎向「共好」的抉擇，並具社會實踐力。公民與社會學習內容由四大主題構成，分別為公民身分認同及社群、社會生活的組織及制度、社會的運作、治理及參與實踐及民主社會的理想及現實。

　　公民與社會課程中的公民訓練，已在許多中學發展成各具特色的學校團體活動，由於學校是採學生自費參加模式，評價出現兩極，需要進一步整合與澄清。公訓活動全程起自開訓典禮，接著一連串儀態訓練，力求展現學生團結一致氣勢，然後從搭帳、野炊、學習三角巾包紮、探索教育等分站活動，考驗學生組合邏輯、分工合作等技能；晚間營火晚會，更鼓勵由校長與家長會長親自點燃營火並藉此點閱學生團隊士氣，為爭取最高榮譽，各班無不卯足全勁，老師們、同學們打成一片，盡情吶喊歡笑，晚會生日驚喜的高潮，更讓同學壽星感動流淚不已，活動尾

聲由各班導師點燃蠟燭，師生圍坐一起，相互傳遞，象徵薪火相傳，並讓學生允諾奮鬥目標，然後勇於追夢。

闖關活動融入歷史情境的設計，透過群體腦力激盪、擬定策略，熱議攻守，榮譽心與使命感不斷被激發與形塑，結訓典禮融合反思與分享，並由學校主管適時提點與激勵，最後以成年禮畫下完美句點。這樣的活動設計對青少年公民意識與責任的形塑有其不可抹滅的價值，但奠基於教官威權產生合作假象的訓練方式也常為人詬病，較諸學校校慶運動會、班際比賽的公民訓練合作方式存有不少爭議，尤其寓含成年禮的公民訓練，要求紀律服從並強調競爭與榮譽，不利獨立思辨與關懷好公民健康特質的養成。

屆臨 18 歲的高中學生，即將首度享有人生的第一次投票權，獨立自主思辨能力若不足，面臨紛雜社會與政治事務容易缺乏正確合理批判態度；尤其關懷他者的同理心，在激烈競爭當道的社會氛圍，貧富差距與階級複製將更形加劇。「公民訓練」活動須貫穿兼含成年禮的生命教育內涵，完善教導學生成為一個兼具競爭與合作乃至合作勝於競爭健康態度的好公民，不是一味強調紀律與服從的奴性，而是守法與創新的啟發，這樣才能及時糾正服從與競爭的學校公民訓練弊端，有效成就臺灣公民社會的健全發展。

（三）**防護訓練**

教育部國家教育研究院「十二年國民基本教育課程綱要總綱」，將領域課綱分成包含全民國防教育共 15 個，全民國防教育學科既是課綱也是領綱，但依其特殊性質與法制規範，將其歸納為全民國防教育學科課綱、全民國防教育領綱與軍事教育及學生軍訓總綱並與教育部課程總綱相連結亦可接受。面對 2013 年教育部組改廢除軍訓處改設學生事務與特殊教育司，並將國防通識教育督考工作拆解成全民國防教育與校園安全防護兩個單位的變革，尤其在軍訓教官退離後，為確保學校國防教

育與校園安全演練整體運作效益，應強化並提升教育部學生校外生活指導委員會功能，使其與國防教育及校安演練運作機制密切結合，以發揮學校整體防護訓練綜效。

教育部設有校外會與校安中心，國教署結合縣市地區運作的任務編組校外會，爲聯繫地方政府與十二年基本教育各級學校及大學照護學生校外生活之重要樞紐。大學依「大學法」設立的軍訓室，在高中職教官退離後，仍有充裕的疏處空間，可藉教育部甄選的校園安全暨國防教育資源中心與國防部大學儲備軍官團（ROTC）甄選的教育中心充分橫向協作，構築全民防衛學校預備體系防護素養訓練平臺。

學校校安人員已陸續接替校安整體工作，校安人員目前定位爲學務替代工作人力，屬臨時任務編組性質，由教育部專責培訓，亦可協調委託退輔會的職訓管道統一代訓，將來亦可藉由退役轉任考制度甄選所需校安人員。學校全民國防學科教學由專任老師負責，積極完成國防學程發展，並讓學科中心回歸國教署與其他學科中心正常運作，學校全民國防教育工作則由學校獨立申設校安室或由學務處轄屬負責整體推動，兩者似可相輔相成並行不悖。

學特司是教育部學校學務工作、國防教育、校安中心、校外會與戰時青年服勤專責幕僚單位，執行機關爲教育部國教署並編組有地區校外會，學校全民防衛預備體系督考功能可說已臻於完備，如何藉演練不斷提升實務運作成效並強化相關人員國防綜合職能，有賴國防部對國防教育人員職能的統一規範與培訓。國防部對國防教育人員定義，未包括退役軍職專業人員，亦未包括學輔工作創新遞補人力類別正式設置的危機管理人員（即校安人員），不僅過於偏狹且實有呵護本位主義之嫌，就連合格國防教師是否即爲當然之國防教育人員亦未有明確定位。

全民國防學科循正常專業管道發展學程與學位，爲非軍職國防人才儲備人力，學校全民國防教育結合校園安全演練，不僅可作爲全民國防教育學科專業發展的輔教活動支撐，因應緊急時期亦可順勢彈性擴大與

轉化，如 1937 年因應七七事變爆發，教育部即與訓練總監部會同加強戰事有關科目之訓練，組織戰時後方服務隊，爲學校戰時青年服勤編訓提供堅實基礎。

　　學校全民國防教育由學務處校安室負責推動，校安人員來自退伍特考或退輔會職訓，地方校外會搭配督學辦公室職能，召募具特考資格之國防退役人員，負責地方全民國防教育之推動，教育部學特司負責學校全民國防教育、校外會與校安中心之整體運作，並有效聯繫大學校園安全暨國防教育資源中心，進而與大學 ROTC 教育中心與各級國防教育專班切取橫向聯繫，則學校全民防衛預備體系的功能就能日漸彰顯。

三、訓練指標

　　以全民國防教育學科學習表現爲主體，綜整童軍訓練與公民訓練要旨並明確賦予其主題意涵，讓整體訓練縱貫連接與橫向統整，以樹立國防正向態度，能體認全民國防重要性並具備參與國防相關事務意願。在參與青年服勤動員相關活動時，能展現團隊合作精神，在災防實作時，能表現同理關懷、團隊精神及溝通協調態度，能從臺灣重要戰役研討分析，體認出忘戰必危與保家衛國的重要性。

　　在防衛技能的表現，則要求能操作射擊預習與熟練正確射擊姿勢，並能正確操作災害防救作爲與程序。在獲取國防知識方面，能理解全民國防意涵與重要性並了解他國體現全民國防作爲，能說明全球與亞太區域安全情勢並評述其影響，理性分析兩岸情勢對我國影響，了解國防政策理念、國軍使命與任務並能概述兵役制度，比較武器裝備配置的妥適性，說明國防與軍民通用科技發展現況，概述全民防衛動員意義與實施方式，清楚說明青年服勤動員和學校防護團演練意涵與價值，指出臺灣災害類型與校園防災機制，認識步槍基本結構與功能，從臺灣重要戰役評述全民國防重要性。

貳、國軍常備體系防衛素養

國防部於例行記者會指出，為因應「募兵制」推行，國軍年度重大演訓規劃重點，採循環增加強度規劃，依「基礎訓練」、「駐地訓練」、「基地訓練」、「軍種聯合演訓」、「聯合作戰演訓」等5階段循序實施。以「基礎」與「駐地專精管道化訓練」開始，完成駐地組合訓練後，復於基地實施兵科協同訓練，經測考評鑑合格後，再排定「軍種聯合」與「聯合作戰演訓」，以此不斷累積並提升部隊整體戰力。

一、訓練目標

以單兵組合戰鬥、兵種協同與三軍聯戰為打擊核心，結合全民防衛守備，發展守備與打擊合一的不對稱作戰防衛優勢能力為主。

二、訓練構想

克勞塞維茲（Clausewitz）指出，面對戰爭，經驗勝過抽象的事實，布羅迪（Bernd Brodie）更直指戰略的本質就是戰備演訓行動。國軍年度重要演訓，主要規劃區分「基地」、「軍種聯合演訓」、「聯合作戰演訓」及「動員」等4類。演訓以實戰為構想，以體能、戰技為基礎，戰鬥、指揮與應變為核心，使訓練與戰備密切結合，訓練充實戰備、戰備驗證訓練。戰備整備以「防衛固守，有效嚇阻」為指導，不斷積極推動應急戰備、作戰戰備、動員戰備等具體精進作為，期達成「全戰備」目標。

應急戰備主要應對平戰一體需求，面對戰備狀況急速躍升，須立即完成備戰並有立即投入戰鬥的戰力整備機制。作戰戰備依年度工作管制，適時修訂固安作戰計畫，重點置於戰力保存與發揮整體戰力。動員戰備旨在強化後續戰力，特別是全民韌力之整備與養成，著眼在就地動員、就地守備與就地國防之實踐。

　　部隊戰力養成，主要須經歷三階段，第一階段為本質學能養成，幹部更須歷經入伍與分科兩時段，第二階段為部隊專精管道與基地訓練實務鑑測，最後戰場情境實兵對抗演練，使駐地與戰備結合，戰訓合一。

（一）駐地訓練（專精管道）

　　駐地訓練除了持續強化兵科專業專長，不斷完成所需體能標準鑑測與各型組合訓練，為基地訓練與戰備任務訓練奠定基礎外，並依固安作戰計畫抽驗，保持戰備訓練成果，隨時能內防應變、外防突襲，因應緊急突發事變，發揮作戰綜合戰力。「專精管道」是下基地前的模擬考，複習兵科本職學能，由部隊自訓自測，專精鑑測是部隊戰力驗證最重要的管道，也是排除多餘閒雜勤務的重要途徑，主要是為期三週的射擊專精訓練，從 25 公尺夜射、175 公尺到 300 公尺野戰射擊，接著實施普測，是營區指定項目測驗，驗證專精管道的訓練成果，普測成績不合格，須進行二次專精，然後再補考一次普測。

　　駐地訓練藉助各種不同教學方式與內容，落實「多專多能」訓練政策，不斷蓄積戰訓能量，並依未來任務狀況，適時運用專業或專長發揮部隊整體戰力。早期基地訓練為基地前八週訓練，屬兵科專業訓練包含夜間教育，為駐地加強磨練，接著基地直接普測，然後是野外教練與實彈射擊。1996 年基地訓練改採基地前一個月為專精管道訓練並取消部分夜教，普測前體能測驗計有 3,000 公尺連隊跑步、手榴彈丟遠、單槓、伏地挺身或刺槍術等，專精管道本來是海軍陸戰隊特有的訓練名詞，如射擊管道、游泳管道等，後來陸軍也採用。基地期末測驗結束再度返回駐地，由於裝備經過高頻率使用，泰半機件處於半報廢狀態，尤其是一般裝備如化學和通信裝備等，此時進入上級裝備檢查，並將重點置於重新整備並調整相關裝備需求，讓裝備處於戰備堪用狀態，以增強部隊戰備自信。

（二）基地訓練（兵科協同）

　　基地訓練為戰鬥部隊每年重要課目，採原駐地或特定訓練基地方式實施，為期約三個月，是驗證部隊戰力的期末考，由測考中心負責。基地訓練前先實施普測，採排戰鬥教練與兵器聯合操作方式，測驗內容包含共同專長及個人專業專長、裝備操作、連排組合測驗等，主要鑑測官兵射指、測量、觀測、通信及火砲等戰訓技能，並依照測考單位發布的狀況，實施機動、戰鬥間狀況處置，以訓練「臨戰指揮」、「戰鬥動作」、「危機應處」及「安全防險」等能力，受測人員均依照「程序、步驟、要領」，逐步完成各項測考，同時藉由核生化偵消作業，使官兵熟習生化戰劑特性，兼顧防疫工作訓練。

　　基地訓練則採戰術想定、實兵對抗演練模式，循排、連、營戰鬥教練逐級提升，並實施四天三夜野地宿營，以磨練各級指揮與戰鬥能力，接著，實施戰術測驗，按計畫處置各種戰場狀況，然後進入實彈規正，以熟悉各種建制武器性能與誤差，最後戰力測驗為基地重頭戲，沿著指定路線處置各種戰場狀況，動實車也打實彈，考驗部隊整體作戰能力，主要以實彈射擊分數決定基地訓練成績。

　　基地訓練相對於駐地訓練的個人體能戰技與排級戰鬥教練，特重在專業測考單位管制下的營、連級多兵種戰術對抗與多場地、多項目的組合訓練，訓練要求與標準相對嚴格，也特別緊張與辛苦，但能藉此驗證部隊駐地訓練及戰備任務訓練成效，並使完訓部隊戰力達三軍聯訓基地進訓綜合評鑑合格標準，俾能於返回駐地後，具備執行戰備任務能力。

　　基地訓練從普測前置訓練成效驗收、普測到各級教練再到基地期末測驗（包含營區安全整體防護演練），單兵配賦裝備全部加在身上，配上近攝氏 30 幾度的高溫，從實車到實彈，再到實車含實彈，接連完成各項合格訓練，形同真實戰場體驗，是部隊沒經歷真正戰爭，卻能了解戰場全貌，維持軍隊戰力不斷向上提升重要途徑與方式。尤其三個月分的汗水，超過全年的總和，訓練強度不僅是嚴苛的意志力考驗，更是

快速思維轉換與問題處理能力的磨練，對個人面對人生挑戰亦有相當助益。

（三）防衛實兵對抗演訓

普測完緊接著爲期一個半月，通常由旅帶營於屏東九鵬基地野營實施，或由基訓部隊抽調部分兵力參與恆春三軍聯訓（內含軍種聯合演訓）。

1. 軍種聯合演訓

主要區分兩種類型，一類是陸空聯合作戰，首先由陸軍三個軍團採實兵實彈方式，執行 155 公厘口徑以上火砲射擊訓練，並結合空軍、陸航兵力實施聯合泊地、反舟波及灘岸戰鬥射擊訓練，接著採對抗操演，由陸軍司令部主導，以 2 個聯兵旅搭配特戰連、空軍、陸航部隊，採實兵不實彈方式實施對抗操演，以磨練官兵戰場抗壓、指揮官臨機狀況處置，以強化旅級部隊陸空聯合作戰、戰場監控及指管情傳能力。

另一類是海空聯合作戰，首先由海軍主戰艦隊及空軍兵力，採實兵不實彈方式實施，以強化遠程預警、空管及海空通聯演練，提升艦隊聯合作戰能力；接著由海軍司令部主導，以 2 個主戰艦隊採實兵不實彈方式實施對抗操演，以強化艦隊防空、反封鎖護航及聯合截擊作戰能力，然後實施海空聯合反潛作戰，由海軍主戰艦隊、空中反潛戰力，採實兵不實彈方式，實施反潛作戰演練，以強化空中、水面及水下反潛偵測與反封鎖作戰能力；空海聯合作戰則由空軍主導，以 2 個飛行聯隊採實兵不實彈對抗操演，結合海軍艦隊及機場防衛部隊，強化空中作戰、空海火力支援協調及基地防衛作戰能力。

2. 三軍聯合作戰訓練

2 年一次由軍團編組統裁部的師對抗，曾是國軍遷臺以來所進行的最大規模演習等級，出動兵力單位是野戰部隊最大編制的師單位，初期依大陸作戰方式，由軍團兩個野戰重裝師對抗，後採防衛作戰登陸與反

登陸方式，由兩個陸戰隊師輪流和陸軍對抗，有時搭配漢光演習實施，主要分由三個軍團編組統裁部各自賦予不同演習代號（長泰－六軍團、長勝－八軍團、長青－十軍團）實施計畫統裁、人員滿編方式進行對抗，部隊也有由基地營測驗抽調參加師對抗，對抗部隊需先前經過密集長達數個月駐地行軍機動訓練。空軍與海軍隨軍設前進管制官實施配訓，電臺空中支援與艦砲岸轟只提演練計畫，空降步兵營、心戰中隊與戰地政務中隊、軍團政戰特遣隊，軍聞社等都搭配演習，三軍大學戰爭學院學官隨軍見習，參戰兵力總計各約 1 萬餘人。

精實案後，改採陸軍裝甲聯兵旅實兵對抗演練，以驗證裝甲部隊於本島地形中的兵力效能，並首次投入實時視訊系統。不論師對抗或聯兵旅對抗，演練概分 3 個階段，「戰備集結階段」，驗證重點為部隊集結、整補及作戰前整備；「機動及遭遇戰鬥階段」，將置重點於部隊機動及指揮管制等作為；「攻防戰鬥階段」則主要演練各項狀況處置、戰術作為及兵科、軍種間協同作戰，提升旅、營級部隊機動作戰及野戰用兵能力，全程以貼近實際作戰的景況進行各項接戰程序，磨練各級指揮官指揮及官兵弟兄野戰實務作為，以驗證部隊平日訓練的成效。演習過程雙方分別由南北集結行軍機動，然後於中部或南部等地遭遇對抗然後攻防，除了早期一次師對抗特例採自由統裁，一般為計畫統裁不論輸贏，旨在藉此磨練各級指揮官的指揮能力，驗證各級幕僚的指參作業能力及部隊調動，裝備保養能力，最主要是驗證兵棋推演的可行性，但為達滿編需求，常有連隊連續支援或訓練安全未及時注意或因幹部旺盛企圖心，造成不少意外傷亡事件。

精進案後，聯兵旅對抗再度縮減規模並改採火力展示為主的漢光演習為核心，先期實施電腦輔助指揮所演習，接著實兵演練，採實兵實彈方式實施，實彈主要採火力展示方式，藉想定設計及演練規劃，以強化國軍整體防衛作戰能力。併漢光演習採實兵不實彈方式實施的有聯合實兵空降作戰訓練，主要強化空軍聯合特遣部隊、陸軍特戰旅聯合空降作

戰及作戰區反空降作戰能力，聯合防空作戰操演則以強化作戰區戰力保存、重要防護目標防護、營區整體安全防護與聯合防空作戰能力，聯合電子戰作戰操演則爲提升國軍聯合電子戰反制與反反制作戰能力，聯合兩棲登陸作戰由陸戰旅與海軍登陸艦隊實施，以提升兩棲聯合火力作戰能力。

實兵實彈方式實施的有精準飛彈射擊，分由三軍司令部成立射擊指揮部，選定澎湖石礁、屏東九鵬採實兵實彈方式，實施空對空、空對地、地對空、艦對艦及海對空飛彈射擊訓練，落實聯合精準飛彈射擊戰力，並有模擬實戰，由陸軍聯兵旅及陸戰旅，於完成「基地訓練」後，進駐三軍聯訓基地採實兵實彈方式，以強化聯兵旅三軍聯合作戰訓練成效，金門、馬祖、澎湖及東引等外島地區則分別實施乙次陸海聯合實彈射擊訓練，以強化外島防衛作戰及聯合火力支援協調能力。

對抗演練對部隊雖是一項嚴苛考驗，也造成不少意外，但軍以戰爲主，平時多流汗，戰時就可少流血，對抗對於士兵體能與戰鬥意志都有正面幫助，況且經過對抗演練的部隊士氣特別高昂，演習所發現的守備與防衛缺失，也爲後續訓練工作奠定重點方向，能培養出高度軍人榮譽感與奉獻精神，並使軍隊戰鬥力保持在巔峰狀態。但在臺灣社會日趨走向高度民主自由後，民眾過度重視自己私人自由而不願爲社會利益犧牲的現象也日益彰顯，對抗演習擾民事件頻傳，軍中不當管教導致新兵猝死事件不絕，國軍日式演訓作風受到極大詬病，部隊訓練強度逐漸鬆弛，消極心態與作爲瀰漫，積習之下高溫避免操練、中暑死亡逐級連坐，軍隊戰鬥特質頓減，作戰部隊英氣盡失，陶瓷部隊不脛而走。

三、訓練指標

國防部年度施政計畫與關鍵績效指標顯示，有關兵力整建計畫，除要求達成率外，兵力目標素質指標如何彰顯，關係年度志願士兵召募

人數的超前布署與留營續服人數的訓練成效，亦即國軍三項體能測驗合格率，應將視野前瞻至學校預備體系的體能常模，訓練成效除了讓駐地訓練、基地訓練與三軍聯合演訓與對抗演練緊密連接外，並須與教育部素養指標與勞動部勞動力就業職能訓練指標相聯繫，以暢通軍隊職涯發展，有利多元行銷國軍優質形象活動的展開。

此外，國軍戰備演訓成果整體學術合作計畫成效，除廣泛高層互訪與戰略對話外，更應多方採擷學界專業意見，以建立各級部隊可供驗證的戰備訓練常模與參數，官兵參與證照培訓成果更應連結後備體系的勞動職能標準與技能檢定目標，使常備體系整體訓練指標能在戰鬥指標上，達到利基戰士水平，在戰術指標上，達成聯兵營效能，在戰略指標上，達到國防軍聯合戰力水平。

參、社會後備體系健康素養

一、訓練目標

後備體系訓練目標除了保持常備體系訓練成果，能立即動員、立即作戰外，最重要的是為常備體系廣儲持續戰力，亦即能提高社會整體健康力，成為常備體系最重要的後盾。

二、訓練構想

國軍重要演訓的「動員」訓練，主要落實在動員師的基幹營編組訓練上，除短期的動員點召與教育召集外，後備人員主要散布在社會各行業，其訓練構想應貫注在如何結合勞動就業職能訓練，使各種職業訓練都能符應後備體系的訓練目標，行政院退輔會職業訓練中心「國軍專長可轉換民間職業與證照種類及訓練班隊」對照表顯示，國軍專長類別可轉換民間職業，民間職業類別亦可轉換為國軍實戰所需，雙向訓練需求應能平衡發展並互相關照以共同提升後備整體健康競合戰力。

（一）職場國防訓練

行政院經建會（現爲國發會）2004 年 6 月完成院頒「服務業發展綱領及行動方案」，提列十二項國家前瞻性服務產業，勞動部勞動力發展署就此辦理「核心職能課程訓練」，共通核心職能課程就如林建山與吳永昌所指，是二十一世紀知識學習的基礎建設，其中動機職能（DC）主要爲自我認知訓練，認知爲什麼做，並透過單元課程建立「自我」條件，培養自省自發能力；行爲職能（BC）主要爲團隊認同訓練，認同該做什麼，透過單元課程建立團隊「有他」條件，增進職場夥伴間彼此體諒包容及團隊精神；知識職能（KC）則爲客觀知識認識訓練，認識如何去做，透過單元課程建立「客觀」條件，培養執行工作的基本知識及工具。

「產業創新條例」第 18 條所指的職能基準（Occupational Competency Standard, OCS），則爲中央目的事業主管機關或相關依法委託單位，爲完成特定職業或職類工作任務，所應具備之能力組合，包括該特定職業或職類之各主要工作任務、對應行爲指標、工作產出、知識、技術、態度等職能內涵。簡言之，「職能基準」就是政府所訂定的「人才規格」。

在職能分類上，專業職能爲員工從事特定專業工作所需具備的能力，產業職能則考量產業發展前瞻性與未來性，並兼顧產業中不同企業對於該專業人才能力要求之共通性與從事該職業（專業）能力之必要性。職能基準不以特定工作任務爲侷限，而是以數個職能基準單元爲一個職業或職類範疇，框整出其工作範圍、工作任務。職能內涵不包括特質面，主要含括知識、技能與態度，與學校預備體系所指稱的素養內涵相通，知識指執行某項任務所需了解原則與事實，技能則指可幫助任務進行的認知能力或操作能力（通稱 hard skills）及社交、溝通、自我管理等能力（通稱 soft skills），態度指個人對某一事物的看法和所採取的行動，包含內在動機與行爲傾向。

職業分類則以行政院主計總處訂頒之「中華民國行業統計分類」為範疇，無適用職業名稱，則以產業慣用為範疇，「職類」概指同一領域或所需知識技能相近之工作，為教育與訓練體系有系統養成之參考。職能基準由中央目的事業主管機關或勞動部所發展，概分為 6 級，為完成特定職業或職類工作任務，所應具備之能力組合。

軍隊是民間社會的縮影，其專長可轉換民間職業與取得證照者，有指揮管理 10 項、情報 3 項、作戰 37 項、政戰 4 項、通信 8 項、保修 123 項、補給 18 項、運輸 14 項、醫療 3 項、藥劑 1 項、護理 1 項、醫技 3 項、彈藥 4 項、測量 4 項、營產 2 項、生產鑑測 2 項、採購 1 項、資訊 5 項、主財 2 項共計近 245 項。為迎接新戰爭環境的改變與需求，後備體系的教育訓練除了符合現階段戰力的需求外，應使其環境人才儲備與產業脈動及企業需求接軌並規劃適切的教育及訓練內容，其中建立國防產業職能或技能標準，揭示國防產業發展及特定職業所需具備能力要求為當務之急。

（二）民防國防訓練

《民防法》第 1 條開宗明義指出，民防即為有效運用民力，發揮民間自衛自救功能，共同防護人民生命、身體、財產安全，以達平時防災救護，戰時有效支援軍事任務，其工作範圍除了空襲防護、民間自衛與支援軍事勤務外，最主要的是民防人力教育訓練，由內政部主管，主要編有各級民防團隊與特種防護團。

中華民國人民除依《兵役法》服現役之軍人、後備軍人、補充兵與替代役役男退役等列入免參加民防團人員，只要未滿七十歲者，都須參加民防團隊編組與相關訓練、演習及服勤，而高級中等以上學校之在校學生，則應參加學校防護團編組支援服勤。目前民防演訓與國防部有直接關聯者為防空演習，「民防法施行細則」所稱民防工作與軍事勤務相關者並未包含相關教育訓練之聯繫，民防團隊教育訓練是否結合全民防

衛動員準備體系由各級主管機關自行決定。

　　民防團隊指機關（構）、學校、團體、公司、廠場所編組之民防總隊、民防團、民防分團、特種防護團、防護團及聯合防護團等，相關任務編組、訓練、演習、服勤等事項，由民防總隊首席副執行長即警察局長負責辦理，總隊下轄大隊由警察局編成，計有民防、義勇警察、交通義勇警察與村（里）社區守望相助巡守大隊，衛生局編有醫護大隊，環保局編成環境保護大隊，工務局編成工程搶修大隊與消防局編成消防大隊與其他經指定之任務大隊，另依需要設立山地義勇警察隊與由社會民政單位設立戰時災民收容救濟站等，各大隊則依任務轄區編有中隊、分隊與小隊，鄉（鎮、市、區）公所編組民防團，村（里）編組民防分團，公民營事業機構另設有特種防護團，平時主要結合全民防衛動員準備與災害防救及緊急醫療體系實施任務演練。

　　民防總隊或特種防護團編組具有後備軍人身分、補充兵身分或支援軍事勤務事項者，應依後備軍人管理規則列冊送戶籍所在地之後備指揮部審查同意納編。民防團隊訓練由中央主管機關視實際需要策訂計畫實施，區分基本訓練、常年訓練、幹部訓練與其他訓練，訓練時數每年度概定 8 小時，可分次實施，每次以 4 小時為原則，幹部訓練為針對小隊長以上幹部實施之專業訓練，每年度實施一次，每次以 4 小時至 8 小時為原則。民防團隊演習依《災害防救法》配合災害防救演習、依《全民防衛動員準備法》配合全民防衛動員演習，並參與國防部實施之全民防空及其他演習。因此，中央主管機關策頒民防團隊年度服勤召集實施計畫時，將《災害防救法》與《全民防衛動員準備法》演習檢討缺失與《全民國防教育法》教育主軸列入教育訓練課目，民防訓練即能充分符應全民國防需求。

（三）全民防衛動員演練（複合型災害防救）

　　後備軍人管理規則所稱之後備軍人，主要指國防部管理之常備依法

停役、退伍、軍事訓練結訓者，區分後備軍士官兵，後備軍人身分消失者，則為《民防法》定編組人選。後備軍人編組、訓練、教育，依國防部年度指導大綱或綱要計畫，由國防部後備指揮部及各級後備指揮部主辦，地方政府協辦，依法實施教育及點閱召集。兵役制度變革後，根據立法院預算中心發布的報告，役期四個月的軍事訓練役男將逐漸成為後備部隊主要人力來源，在政府積極推動後備動員制度常後備合一、後備與動員合一、跨部會協調等三項改革時，國防部因應成立全民防衛動員署專司其責，並規劃將後備指揮部納入陸軍司令部，力求地區後備指揮部與作戰區密切結合。

2004 年起地方縣、市政府動員會報與「全民戰力綜合協調會報」及內政部主管之「災防會報」已結合成為三合一會報，縣、市首長為共同召集人，地方政府也因應地區特性與需求，輪流舉辦全民防衛動員（萬安演習）暨災害防救演練。演習全程區分「兵棋推演」及「綜合實作」實施，有效整合軍民救援能量，驗證各項應變機制，以達平時支援災害防救，戰時支援軍事作戰及緊急危難之要求，逐步為構築國土防衛網奠下堅實基礎。就歷年全民防衛動員統裁部報告統計資料顯示，演習所動員人力、車輛、船泊、直升機等，已初步達成具體提升國內動員效能目標。

為擴大各級政府災害防救及後備動員能量與完善全民防衛機制，使其充分適應各型場域之國土防衛需求，使常備體系戰備演訓能量與後備體系全民防衛動員能量緊密連接及充分整合，國防部應積極擴充後備體系的全民國防訓練能量，並善用政府各種獎補助政策與措施，以結合社會蓬勃發展的各型陸域、海域與空域觀光體育休閒活動能量，共同提升全民國防全方位活動效益，使學校預備體系活動量能成為國防武力常備體系之訓儲源泉，常備部隊體系專注不對稱戰力與戰法之集注，而後備體系則聚焦蓄積常備體系整體支援能量。

三、訓練指標

（一）共通核心職能

　　勞動部勞動力發展署的「關鍵就業力課程」，可爲全民防衛後備體系建立共通核心職能提供有價值之參考，其訂定之課綱總計包含 3 大關鍵職能與 9 個課程單元。動機職能（DC）課綱計分三大單元，各單元均附有成效指標，第一單元強調說明個人工作與人生關連度，講求培養主動投入工作的正向態度，並追求自我績效管理；第二單元主要提醒運用個人分析與職業適性工具，創造個人優勢，並依職涯發展規劃，善用相關資源及支援，遵守工作與職場倫理，發揮職場價值；第三單元注重發揮職人精神，主動承擔責任，有效管理個人情緒，展現專業形象。

　　第二個關鍵職能爲行爲職能（BC），主要奠基在第一個動機職能之上，課綱也分三個單元，第一單元成效指標，要求建立正確顧客導向價值觀，有效運用主、被動溝通技巧；第二單元強調建立團隊共識，共享資源，以提升團隊綜效；第三單元主張尊重包容多元差異，同理矛盾與歧異，促進和諧夥伴關係。最後一個關鍵職能指向知識職能（KC），即能運用適當管道與工具，建立個人學習與創新適應力，了解組織，創造組織利益與價值，並能根據事實，系統化解決問題並建立標準流程，預防問題再發生。

（二）軟實力終身學習

　　由於勞動核心職能不斷提升，工作效能與效益不斷提高，個人工時相應縮短，人民自由閒暇時間快速增長，各類型休閒活動需求轉趨迫切，終身學習能力繼童軍能力與公民能力學習成爲時代新寵。人類社會演進的時距不斷加速壓縮，一萬年前的農業革命使人類進入「第一波」社會，三百年前的工業革命，使人類進入「第二波」社會，不到三十年的時間，人類就已推進至「第三波」社會。時間差距越來越短，社會變

遷也越來越快，傳統學校體制已無法滿足社會急速成長的欲求，全民終身學習已不可阻擋，各型社會教育機構林立，國家資訊通信基礎設施更日趨充實與完備，社會終身學習效益將不斷彰顯，也帶動國家影響力評估由「軍力」轉向「民力」並向「國力」移轉，面對中共和平崛起，臺灣社會終身學習體系孕育的全民軟實力終身學習能力將使臺灣更具戰略優勢與威力。

（三）人民權益

1948 年聯合國公布「世界人權宣言」時，臺灣仍處於戒嚴的威權體制，直到 2000 年才趕上國際自由世界水平，成立「總統府人權諮詢小組」，設立「國家人權委員會」並發表人權報告，緊接著陸續推動「人權教育實施方案」，2004 年中華民國獲選為國際自由聯盟（LI）正式會員，超黨派世界組織「自由之家」（Freedom House）的中華民國自由程度調查報告顯示，臺灣 1996 年後的政治權利與公民自由兩項指標，使臺灣躍升為自由國家等級，但政治權利不成熟與不穩定及新聞自由挑戰不斷是臺灣民主政治發展的隱憂。2005 年中華人權協會公布臺灣十大人權指標，只有司法及老人人權及格，其中勞動權最差。2011 年至今經濟、司法及勞動人權等方面普遍負面居多，整體人權保障正面評價僅略為過半，對以人權保障為政治號召的說服力度顯然尚待加強。

根據中華民國統計資訊網的國民所得統計摘要資料顯示，早期經濟建設使國民生活水準獲得基本改善，國家實力亦增強不少，但隨著經濟成長率與國民所得不斷增長，臺灣地區家庭所得分配差距也越來越大，吉尼係數逼臨 0.4 警戒線，表明資本財富過度集中於少數人的跡象日漸顯著。世界銀行報告顯示，美國 5% 人口掌握 60% 財富，中國 1% 家庭掌握全國 41.4% 的財富，貧富不均同是社會主義的中國大陸與資本主義美國的最大隱憂，臺灣均富之維持與追求亦將成為兩岸政權和平競逐優劣的關鍵。

（四）海洋發展

　　臺灣四面環海，遊艇漁港多達 21 處，地方各具特色的海洋休閒活動產業亦非常活躍，尤其蓬勃發展的中小企業相對大陸龐大的國營事業，更是臺灣企業自由競爭氛圍的最佳體現。海洋事業開展不似半導體晶圓發展，屬於搬不走的臺灣地緣戰略利基，政治民主化、經濟自由化及社會多元化的臺灣軟實力優勢，是臺灣後備戰力的最大支撐，也是軍事戰略的最強後盾，臺灣中小企業不乏世界隱形冠軍，顯赫的國際聲譽與地位，更具預防戰爭的能量與力度。工商企業「利基」與國家「全存」戰略發展更見水乳交融，戰力視野也不再侷限戰場廝殺，而應是政、經、軍、心全方位健康的競逐，進而努力尋找與構思自己發展利基才能掌握主動，制敵機先。

　　臺灣海洋事業發展在警備總部廢除改設「行政院海岸巡防署」後進入國家行政管轄範疇，2018 年「海洋委員會」正式在高雄成立，使海洋發展呈現嶄新氣象與風貌。

　　高雄港是臺灣四座國際商港的第一大港，世界排名第 16 大港口，貨櫃與貨物吞吐量約占臺灣整體吞吐量的四分之三與二分之一，緊鄰其旁的左營港更是海軍發展大本營。2015 年高雄市政府海洋局率先舉辦「兩岸遊艇暨遊輪產業經濟圈研討會」，兩岸相關產業和官方齊聚高雄引為兩岸發展盛事。

　　臺灣遊艇企業標榜手工打造，世界富有盛名，遊艇漁港雖多達 21 處，但載客流量始終無法突破，中國大陸則從北邊大連港到南邊三亞港的沿海港口城市，紛紛規劃遊艇碼頭與完整配套服務設施，兩岸遊艇若能攜手合作，更可帶動兩岸周邊海域活動與產業整體發展，臺灣面向太平洋更可兼具大陸與歐美海洋發展之利。2004 年屏東大鵬灣通過開發成為臺灣海域遊憩產業最大的 BOT 案，2015 年再度有民間企業向高雄市政府自提高雄興達港遊艇休閒產業 BOT 開發案，以圖建構完整遊艇產業鏈，但始終受制於兩岸政策的漂移與戰略視野的侷限，使後備體系

脫離不了常備尾翼的困擾，展現不了全民國防布局的氣度與胸懷。

2013 年國際軍事圈出現的「軍事體育」運動競賽，經由 2015 年俄國「國際三軍大賽」（International Army Games 2015）的顯著亮相，使「世界軍人運動會」成為每四年一度的國際軍事盛事。鈕先鍾著名的戰略研究公式「3C（Change、Chance、Challenge）＋ 3V（Vision、Vitality、Venture）＋ 4W（Will、Wisdom、Work、Wait）＝ S（Strategy 或 Success）」，是臺灣不受傳統軍事戰略思維羈絆，開啟後備社會海洋利基發展、厚植全民國防戰力的重要啟示。

（五）數位精準健康

國內健康照護體系在網路與數位科技及 COVID-19 的衝擊下，已逐步擺脫「重醫療、輕健康」的侷限，並日漸發展出以「人」替代「醫院」為中心的健康照護模式。由前科技部長陳良基教授所召集成立的臺灣數位健康（Digital Health）產業發展協會，邀集產官學研醫法政等領域專家，舉辦數位健康產業發展政策前瞻線上研討會，期望策略銜接健康、醫療與照護產業，促進民眾對於自身健康的重視，並為臺灣精準健康醫療發展找到優勢與利基，研討主題重點置於打造智慧醫療場域、遠距醫療與善用數位精準守護健康。

生物科技和基因組學的進步，包括遙距會診、透過手機和應用程式提供的醫療服務、溯源追蹤系統、可穿戴設備、數據分析和公共衛生訊息傳達等，正在大力改變醫療健康的面貌。亞洲新興的《區域全面經濟夥伴關係協定》（RCEP）也正在打造覆蓋 15 個亞太區經濟體的全球最大自由貿易區，其中醫療科技領袖、製藥巨頭、跨國醫療健康服務提供者、新興醫療科技解決方案供應商、學者和科研人員，將為醫療健康產業注入更多合作動力，臺灣先進成熟的醫療科技網絡有望成為亞太醫療科技與精準健康崛起的主要增長引擎。

臺灣醫療產業非常發達，但在「少量多樣」的智慧醫療科技領域，

受限於研發、製造、管理成本的高居不下，使預防醫學、健康促進、健康管理等與民眾緊密相關的健康產業始終無法突破成長，因而推動一個線上數位科技的應用與線下聯通診所、醫師、家庭健管師的實體通路，以建構一個完整的全民健康生態網絡實為當務之急。

秀傳醫療體系的總裁黃明和指出，凡是以增進人體健康為目標的產品或服務，都稱之為健康產業，範圍涵蓋了食、衣、住、行、育、樂以及醫、療、照護等層面，是新世紀最為發光發亮的產業。臺灣經濟奇蹟過去靠新竹科學園區所造就的 3C 產業，邁入二十一世紀的臺灣有賴生物、科技、醫療、資訊產業結合成就另一個經濟奇蹟。健康產業的發展就在人們日常的食、衣、住、行、育、樂生活，「病從口入」說明飲食占了重要的地位，而標出熱量表就是健康的第一步，尤其獨占年輕市場的速食業更是影響國家國民健康的重要關鍵。

秀傳醫療體系推出頭家御醫制度，亦即頭家到醫院健康檢查或看診後，由醫院免費提供健康管理服務，目前包括有彰化秀傳、臺南市立醫院、高雄岡山醫院和臺北秀傳醫院、竹山秀傳醫院及彰濱秀傳醫院，推行至今共計有上千戶家庭受惠。HC 精準健康管理集團更進一步組健結合臺灣 368 鄉鎮發展的家庭健管師團隊，推動人人都應吃到正確的營養品、每個人都該做基因檢測與每個人都有自己的預防醫學診所、家庭醫師與健康管理師，以作為預防醫學到社區的具體實踐。

兩岸交流密切時，觀光休閒旅行業者也曾運用臺灣醫療服務優勢，強化各項配套措施，朝多運動、促進健康的方向設計行程，讓醫療、資訊等健康產業融為一體。二十一世紀是健康產業的世代，食、衣、住、行、育、樂等相關產業結合科技、資訊、醫療與政府配套措施等資源所鎔鑄的健康產業生態鏈，將為臺灣再創第二個經濟奇蹟。

肆、全民國防素養體系

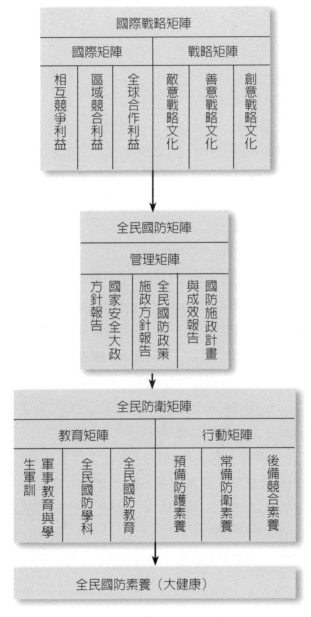

全民國防體系發展概念圖

資料來源：筆者自繪。

一、國際戰略矩陣

　　以國際關係與戰略研究學理與論述為依歸，講求客觀分析與系統演繹與歸納，特重歷史事證與現代思潮之融合。

（一）國際矩陣（國家健康利益）

　　國際矩陣關注國家利益抉擇的視角與層次，特別是國際環境與情勢的變化及思潮演進的趨勢，既不排斥現實主義實力視角的相互競爭利益，也不忽視自由制度主義利益視角的區域競合利益，更不盲目憧憬國際社會建構主義文化視角的全球合作利益，而是反思國家民族戰略文化傳統，於各視角與各層次客觀務實正視現狀追求適時適性的最佳國家健康利益（參見圖：國際矩陣發展圖）。

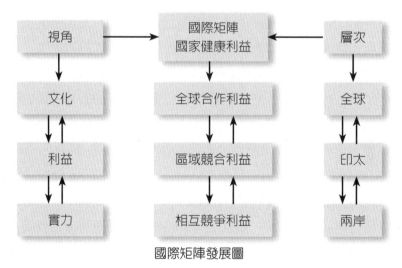

國際矩陣發展圖

資料來源：筆者自繪。

（二）戰略矩陣（安全發展）

　　戰略矩陣源自戰略文化的推究與戰略研究的鏈結，沒有戰略研究彰

顯不出戰略文化的眞諦與內涵，尤其戰略研究專注發展的思想、計畫與行動連結三部曲，更是檢驗戰略利弊的利器。自從國際政治體系淪為大國權力分配角逐場後，國際社會一體的呼聲不斷應運而生，讓社會文化力量有機會成為國家安全戰略建構重要參數。

反躬深思自己戰略文化背景與國際處境的關聯，國際敵意戰略文化指導不可取，善意戰略文化指導不可恃，唯有創意戰略文化指導符應戰略研究總體與行動取向要旨，不僅注重作戰戰略或稱野戰戰略的戰法，更講究大戰略和軍事戰略的兵謀，特別關注為誰而戰與為何而戰的義戰核心理念，反應在現代國家安全戰略的最高指導，即為全力關照預防戰爭，避免輕啓戰端，並扎下忘戰必危與好戰必亡的國防建設根基，成為眞正認識與實踐國家健康利益結構與內涵的關鍵與佐證。

人類鬥力戰爭隨著人智與文明不斷增長，鬥力內涵不斷充實與豐富，惡意形成人類歷史悲劇的迷思與偏見，實在過於簡化與窄化，戰略偏執與無知造成敵意與善意的僵持，使人類戰火不斷重複發生，才是戰爭問題的癥結。戰略的眞諦是創意的發揮，尤其不怕做深遠的夢，更不忘築夢踏實，亦即始終保有一顆彈性的心靈與清醒的腦袋，誠如戰略家岳天所指，戰略乃國家或政體，為達成所望目標而運策建力與用力的藝術與科學。美國著名智庫蘭德公司（RAND）的布魯迪（Bernard Brodie）也認為戰略含括藝術與科學（Strategy as an Art and a Science）雙重成分，美國國防部長麥克瑪拉（robert McNamara）更運用其企業專長，將戰略結合電腦兵棋推演，造就美國戰略科學與藝術的蓬勃發展。

健全的大戰略概念，使人類從戰爭的視野進入和平議題的研究，既重陽剛之力也濟陰柔之利，能破除戰爭之霧，更能追求戰略之悟，成為國家安全與發展的最高指導原則，並促進國防體制的轉型發展。戰火的無情也驅使人性不斷甦醒，工商企業的利基發展更不斷激勵社會人心，戰略發展至今除了廟堂決算外，已有較為多元的戰略研究社群與學程，也在社會各界尤其是競爭激烈的工商企業廣為運用，顯見戰略文化風貌

隨時代思潮不斷翻新與演化，但戰略文化核心卻恆久不變。

中華民族戰略文化核心溯自中國戰略思想史的歷史傳統，向來崇尚形塑和平發展願景，以滿足全體國民生活條件與戰鬥條件合一為標的。自周公以降戰略家所營造的深謀遠慮文化底蘊，為國家長治久安出謀劃策的戰略風貌，逐步匯流成為戰略思維講究軍政一體總體建構、政策計畫注重軍民共治體制作為與機制行動專注文武合一教育實踐的戰略文化核心，是臺灣結合國際社會文化建構，從惡意與善意戰略文化營造歷史經驗，尋求創意戰略文化實踐與發揮，避免陷入惡意與善意戰略文化指導循環窠臼，以此作為國家安全戰略發展的重要啟示（參見圖：戰略矩陣發展圖）。

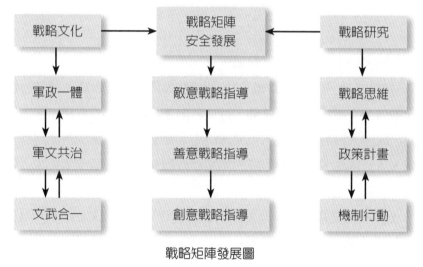

戰略矩陣發展圖

資料來源：筆者自繪。

二、全民國防矩陣

全民國防矩陣以《國防法》為依歸，依國防體制尋求依法行政，成就國防法治目標（參見圖：全民國防矩陣發展圖）。

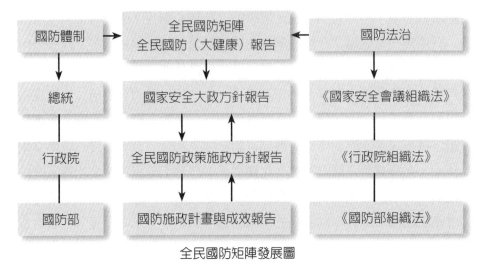

全民國防矩陣發展圖

資料來源：筆者自繪。

（一）總統國家安全大政方針報告

　　《國防法》規範的國防體制包括總統與國家安全會議，總統不僅統率全國陸海空軍，爲三軍統帥，行使統帥權指揮軍隊，爲決定國家安全有關之國防大政方針，或爲因應國防重大緊急情勢，更得召開國家安全會議，可見國防大政方針形成的場域與時機規範在國家安全會議，不在行政院會議，也不在國防部部務會議。

　　《中華民國憲法增修條文》第 2 條指出，總統爲決定國家安全有關大政方針，得設國家安全會議及所屬國家安全局，根據《國家安全會議組織法》，國家安全會議爲總統決定國防、外交、兩岸關係及國家重大變故相關事項等國家安全有關大政方針之諮詢機關，可見國防大政方針包含在國家安全大政方針，而國家安全大政方針是總統藉助國家安全會議諮詢產出，顯見國家安全會議有這個能量也應有這個義務。

　　1979 年美國參謀首長聯席會議（J.C.S）於國防部辭典定義國家戰略，爲在平時和戰時，發展和應用政治、經濟、心理、軍事權力以達到

國家目標的藝術和科學。法國戰略思想家薄富爾為確保面對核武能保持戰略行動自由，而將戰略層次系統化，提出總體戰略與分類戰略之別，並將戰略定義昇華為，兩個對立意志使用力量以解決其爭執的辯論藝術，說明戰略的本質是一種抽象思維的互動與較勁，可見明確提出國家戰略或總體戰略，不僅是最高當局的權力，更是一種義務與責任。

總統是國家最高領導當局，透過國家安全會議之諮詢，國家安全會議藉助國家安全局之國家安全發展情報統合能力，出具含括國防大政方針之國家安全大政方針指導，不僅可反映軍政一體的總體戰略文化傳統，更可體現對國家安全與發展利益之整體關注，也是國家最高行政機關行政院制訂全民國防政策之重要指導文件，更是完備《國防法》國防體制規範的重要實踐。

（二）行政院全民國防政策施政方針報告

《國防法》明確指出，中華民國之國防，為全民國防，又明定國防政策由行政院制定，國防部主管全國國防事務，提出國防政策建議，並制定軍事戰略，則行政院的國防政策是全民國防政策，包含國防軍事、全民防衛、執行災害防救及其他與國防有關之事務殆無疑義，所指出的國防軍事武力，包含陸軍、海軍、空軍組成之軍隊，屬全民國防的國防軍事範疇也應無爭議，為總統當然權責也沒問題。要澄清的是依法成立武裝團隊的規範意旨，國防部在作戰時期基於軍事需要，可陳請行政院許可納入作戰序列運用，表示依法成立的武裝團隊權責歸屬在行政院，則其平時國防意涵如何明確任務賦予與角色定位，實有待行政院全民國防政策確認與澄清。

全民國防體制主要反映軍文共治的戰略文化傳統，坐實軍民融合與平戰一體的需求，也是海島守勢防衛作戰的核心，更是現代以知識與科技為主體所形成的平戰結合體制。戰爭的毀滅性沒有僥倖，戰略偏執或無知使自己家園淪為戰場更是不可原諒，任何人都不容有開啟與關閉戰

爭的獨斷資格，避戰甚至反戰的備戰作爲應受到激勵與鼓舞。

俄烏戰爭的新戰爭型態不僅把戰爭螢幕搬到世人眼前品頭論足，更把局部戰爭觸角伸向全球各角落，幾乎沒有國家與地區能夠免受波及。行政院全民國防施政方針指導當前急務，應是負起制定全民國防政策的職責，把國防軍事以外的全民國防範疇補實，重新審視被忽略的依法成立武裝團隊與民防團隊國防意涵，發展民事國防以濟國防軍事的軍事國防發展之窮，並進而結合全民大健康發展趨勢，忠實完備全民國防（大健康）體制。

（三）國防部國防施政計畫與成效報告

國防部主管全國國防事務，每年依施政計畫爭取相關預算展示施政成效，並依施政成效滾動修正充實施政計畫，計畫重點聚焦在《國防部組織法》所規範之掌理事項，其中有關國防政策之規劃、建議及執行依行政院之指導實施，國防戰略與國防政策、國防戰略與軍事戰略分際如何拿捏，應依法行政，不宜越俎代庖，尤其軍政、軍令與軍備專業功能如何分工與尋求系統完備，更爲當務之急。

國防部部長特別規範爲文官職，軍職背景退役的部長也已歷任多人，卻始終擺脫不了文官與軍職的糾纏，歸結原因即在專業功能分工的不完備。如《國防法》特別載名設立參謀本部，爲部長之軍令幕僚及三軍聯合作戰指揮機構，負責軍令事項指揮軍隊，所稱軍隊概指陸軍、海軍、空軍司令部及憲兵指揮部與資通電軍指揮部等軍事機關之編配，則參謀本部與三軍司令部構成廣義之軍令系統應無爭議，至於軍政與軍備的專業系統如何確認，則始終未聞建構。《國防部組織法》所指的次級軍事機關如專責國軍政治作戰事項的政治作戰局、國軍軍備整備事項的軍備局、國軍主計事項的主計局、國軍醫務及衛生勤務事項的軍醫局與軍事動員事項的全民防衛動員署等，都有待軍政與軍備專業系統定位的確認。

國防部業管事項的軍事戰略、軍事教育與軍隊建立及發展為軍令系統之專責，決設機關為參謀本部，執行機關為三軍司令部應堪稱允當，國防資源、國防科技與人力規劃究屬軍政或軍備系統，尚待釐清。軍備系統原有軍備事務局之政策機關與聯合後勤司令部之執行機關可資劃分，聯合後勤司令部移歸陸軍司令部後，又擬將全民防衛動員署之後備指揮部移歸陸軍司令部，名為完備全民防衛動員準備之需求，卻又止於國防軍之建軍前瞻，又徘徊於全民防衛司令部之後顧，瞻前顧後，軍政、軍令與軍備三大專業系統完備之施政計畫始終未見亮點，施政成效更未彰顯。

國防部實踐全民國防政策的施政計畫核心，不應僅僅侷限在國防軍事演練範疇，而應是全民防衛演練實務，國防部在強化國防軍事的同時，更應不斷扶植全民防衛與其他國防相關事務，也就是國防部在力行國防轉型時，應全面檢討與精進國防組織、軍事準則、武器系統的真諦。誠如戰略學者陳振良對國防轉型追求根本性、突破性變革以適應戰略環境變遷與克服多元國防挑戰的期待，達成國防部全民國防政策實踐的任務目標，完備全民防衛預備、常備與後備體系之構築及效益之提升。

三、全民防衛矩陣

全民防衛矩陣為全民國防政策行動之實踐，概分成以《全民國防教育法》為行動基準的全民國防教育矩陣與以《全民防衛動員準備法》為行動基準的全民防衛動員演練矩陣，特重全民國防教育之縱向連貫與全民防衛動員演練之橫向統整。

（一）全民國防教育矩陣

全民國防教育矩陣主要由軍事教育與學生軍訓、全民國防教育與全民國防教育學科縱向連貫而成。

1.總綱

軍事教育來自我國兵學傳統，並在一般學校發展出文武合一的學生軍訓教育，由於現代教育體制的發展，軍事教育成爲國家整體教育之一環。但因其學經歷交織發展與專注行動實踐之特殊性質，主要依「軍事教育條例」爲基準，而以基礎教育與一般學校教育體系銜接，並授有學位與研究所之發展，其他特指軍事專業養成的進修教育與深造教育，本來僅有授予軍事學資證明並受經管限制，爲因應現代科技與知識戰爭的發展，也逐漸走向一般高等教育的碩博士進程。

軍事學校除設有校長一人外，並參照軍隊體例設有教育長與政戰主任各一人，基於軍事教育與生活教育緊密結合的特色，並設有學生指揮部或學員總隊部，學生指揮部置指揮官一人，學員總隊部置總隊長一人，以專責學員生生活管理與幹部素質養成事務。爲儲備軍官人力來源，軍事教育也設有包括國中部與高中部的預備學校，並在大學辦理儲備軍官訓練團，及在營區內開設學位在職專班，更推動終身教育，提升全體官兵素質，軍事基礎院校同樣接受教育部之大學評鑑。

軍事教育爲國防教育應該沒有人會質疑，但在學校長年推動學生軍訓教育並自力轉型爲國防通識教育時，《全民國防教育法》規定主管機關爲國防部，卻沒有把軍事教育列入全民國防教育系統，則值得特別斟酌與審視；唯一的合理解釋就是把軍事教育定位爲全民國防教育的上游專業教育發展，成爲全民國防教育課程發展的總綱，提供全民國防教育發展源頭，尤其軍事教育的進修與深造教育階段，主要爲承接基礎教育而在國防大學完成，故以課程發展的觀點，定位爲全民國防教育的課程總綱發展亦不爲過。

2.領綱

接續軍事教育與學生軍訓的課程總綱思維，把《全民國防教育法》規範的全民國防教育定位爲全民國防教育課程發展的領綱階段應可理解。全民國防教育領綱主要在增進全民國防知識與防衛國家意識，健全

國防發展，中央主管機關爲國防部，地方則爲直轄市政府或縣（市）政府，涉及各目的事業主管機關職掌者，則由各目的事業主管機關辦理，國防部主要負責掌理《全民國防教育法》法規、政策與人員培訓及宣導、推展。

全民國防教育以經常實施方式爲原則，範圍包括學校教育、政府機關（構）在職教育、社會教育與國防文物保護、宣導及教育，行政院並訂定全民國防教育日，舉辦各種相關活動，以強化全民國防教育。各級學校則視實際需要把全民國防教育納入教學課程，並實施多元教學活動，政府各機關（構）則依據工作性質定期實施全民國防教育，各級主管機關及目的事業主管機關則製作全民國防教育電影片、錄影節目帶或文宣資料，透過大眾傳播媒體播放、刊載，以積極凝聚社會大眾之全民國防共識，建立全民國防理念。

各級主管機關亦應妥善管理各類具全民國防教育功能之軍事遺址、博物館、紀念館及其他文化場所，並加強其對具國防教育意義文物之蒐集、研究、解說與保護工作，進而配合動員演習，規劃辦理全民防衛動員演習之教育活動或課程，於動員演習時配合實施全民國防教育。

3. 課綱

全民國防教育課程自軍事教育與學生軍訓總綱階段，接續發展至適用各階層的領綱階段，最後再回歸學校國防教育的課程發展核心，並參酌教育部「各級學校全民國防教育課程內容及實施辦法」的基準，努力達成《全民國防教育法》與《全民防衛動員準備法》的任務目標，除爲軍事專業教育職涯奠基，並可擴大國防人力培育管道，爲國防部晉用文官廣開進路。

各級學校實施全民國防教育的主要途徑是納入教學課程，並實施多元教學活動，可見課程編排爲學校全民國防教育實施的主體。高級中等學校依「全民國防教育課程綱要」，設有全民國防教育正式學科，爲必修課程 2 學分，選修課程則由學校自定，但大學的全民國防教育課程，

主要參照國防部五大教育主軸國際情勢、國防政策、全民國防、防衛動員與國防科技實施，仍然定位在通識教育的選修範疇，尚待鼓勵發展成必修或正式學系學程，國民中學及國民小學全民國防教育，則由學校依教育部所提供的補充教材採融入式教學，納入現行課程實施，屬議題式重點教學。

因此，如何在有限的正式學科課程，依國教署課程與學科中心運作規範為基準，結合軍事教育的國軍人才招募活動，以社團或產學合作班隊辦理相關課外研習或參訪活動，並以全民國防教育四大系統努力尋求結合全民國防宣教活動，進而運用全民國防教育學科的建置，加強學校學務訓輔活動的橫向統整，實為實踐全民國防教育課綱當務之急（參見圖：全民國防教育矩陣發展圖）。

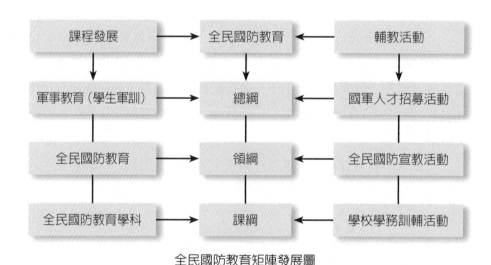

全民國防教育矩陣發展圖

資料來源：筆者自繪。

（二）全民防衛動員演練矩陣

全民防衛動員演練矩陣主要由預備體系防護素養、常備體系防衛素

養與後備體系健康素養演練橫向統整而得。

1. 預備體系防護素養

　　教育部為落實執行《災害防救法》、中央災害應變中心作業要點、各級學校校園災害管理要點及校園安全及災害事件通報作業要點等規定，即時協助各級學校處理校園安全事件，迅速應變處理突發重大災害，有效維護學生安全，減少損害，確保校園安寧，設有校園安全及災害防救通報處理中心，並訂有相關作業規定。在軍訓教官退離校園後，校安人力的完善甄選與有效調配運用，可為各級學校建置為全民防衛體系的一環提供相當助益，從各級學校國防教育與校園安全演練整體運作效益重新檢視，力求增強教育部學生校外生活指導委員會的校園安全與健康發展整體指導功能，並搭配各級校安中心與學校健康中心運作，以提升學校預備體系健康防護素養。

　　學校校安人員目前雖定位為學務替代工作人力，但因普遍具有國防素養與認知，是塑造教育體系成為全民防衛預備體系並提升學生防護素養的重要人力。教育部學特司透過國教署的地區校外會，可有效結合縣市後備指揮部為祕書單位的地方政府三合一會報機制，完成學校預備體系的建構，進而透過演練的橫向聯繫不斷強化學生的防護素養，不僅可為學校戰時青年服勤奠基，亦可有效因應緊急狀況提升之所需。

　　軍訓室改制校安室已有直轄市之先例，大學軍訓室依大學自治精神可政策鼓勵學校優先改制，學校學務處增設校安室或改制生輔組為校安組，以合併生輔組與衛保組，並整合校安中心與健康中心之運作，也並非不可行。如此建置，則教育部有學特司專責單位，國教署有地區編配，學校有學務處校安室，則學校預備體系功能自成完備系統，並能專責預備體系防護素養之維持與提升，符合平戰一體需求。

2. 常備體系防衛素養

　　以全國性防衛作戰演練的漢光演習為核心，並作為年度各項演練成效的總驗證，以不斷提升與強化常備體系的防衛素養。國防部於年度

記者會表示，漢光演習以當面敵情威脅為場景，設計演習想定與課目，檢視部隊訓練與戰備成果，以及驗證國軍防衛戰力與全民總力之整合力度，據以修調作戰計畫與兵力組建，精進整體防衛作戰實力，演練期程主要規劃為複合式兵棋推演與實兵演練兩個階段。

複合式兵棋推演以演習想定為依據，每日連續 24 小時，併用「JTLS 電腦兵棋系統」與議題研討方式實施。實兵演習依敵武力犯臺可能行動，依接戰程序演練戰力保存、整體防空、聯合制海、聯合國土防衛等作戰進程，演練地域擴及海、空域與本、外（離）島地區，演練兵力採三軍聯合操演，除驗收部隊作戰訓練成效，更特別強化聯戰指揮機制、聯合戰力發揮與全民總力運用，以精進常備體系整體防衛作戰能力。

戰力保存搭配整體防空，主要結合民間資源，執行戰術疏散、戰備轉場、戰備跑道啓用、機場防空防護、艦隊海上機動、地面部隊疏散掩蔽等戰力保存措施，聯合制海主要驗證聯戰指管、戰力整合與發揮效能，國土防衛強化作戰區戰場經營，統合後備地面守備與打擊，特重地區警力與民防團隊之結合運用，驗證常後一體國土防衛作戰成效。

常備體系防衛素養除了以漢光演習為核心外，應將視野前瞻至學校預備體系需求，演練成效除了貫穿駐地訓練、基地訓練與三軍聯合演訓與對抗演練成效外，更須與教育部素養指標與勞動部勞動力就業職能訓練指標相聯繫，以暢通軍隊職涯發展與召募管道。

各級部隊戰備演訓成果也應建立學術合作諮詢機制，以協助建立可供驗證的戰備訓練常模與參數，相關演訓指標更應連結後備體系的勞動職能標準與技能檢定目標，使常備體系戰鬥、戰術與戰略整體訓練指標符應勞動職能技檢指標，以達防衛作戰之聯合要旨與眞諦。

3. 後備體系健康素養

後備體系健康素養是預備體系防護素養與常備體系防衛素養的總成與綜效，也是整體國力的重要彰顯。在中美競逐趨勢明朗化後，兩岸

緊張情勢隨之急遽升高，後備動員改革成為時興話題，政府強調後備動員合一、常後一體與跨部會合作，以有效提升後備戰力，全民皆兵迷思助長役期延長渴望，視野與格局始終脫離不了戰場與平戰區分之後備迷思，而沒有提升至平戰不分與全民防衛甚至國際競合位階進一步深化其動能，蓋臺澎防衛作戰不是真正的國土防衛，也不是零和的民族聖戰，而是兩岸民心向背之義戰，強調的絕不僅僅是後備動員作戰，而是臺灣生存與發展的價值之戰。

此外，成立「全民防衛動員署」並將「後備指揮部」改隸，主要是讓後備與預備及常備體系回歸全民防衛體系，形成全民防衛動員體系一條鞭體制，不僅是達成「後備動員合一」功能而已，更再進一步提升全民防衛動員署，為具全民國防政策署職能、後備指揮部成為具全民防衛司令部職能。全民國防政策與全民防衛機制整合效能，以落實跨部會職能整合目標，進而強化與提升各部會及縣市政府人力、物力、財力、科技等國際競合事項之協調整合，以提升全民健康競合力。

「全民防衛動員署」編配有後備指揮部後，本來已兼具「軍事動員」與「行政動員」之「全民防衛」政策規劃與督管執行潛能，但因位階編屬國防部，而不是行政院，使其行政動員能量受到折損，進而影響跨部會整合效能，也使結合漢光演習與民安及萬安演習的全民防衛動員演練效益無法彰顯，更使「全民總力」始終在支援軍事作戰與災害防救效能低度徘徊，而未能進一步成為軍事戰略上階國防嚇阻戰略甚至是預防戰爭國安戰略的重要指導與支撐，使後續後備兵力檢討出現政策方向的迷失與誤導。畢竟增編多少後備單位、增強多大教召強度、籌補多少庫除裝備或移編後備指揮部至陸軍司令部都是戰略指導的劣勢運用，戰力集注講究擴大優勢，而不是增補劣勢，後備仗恃的是社會民力與民氣，沒有比結合自由民主陣營、體現民主自由法治、提升全民健康力度更具優勢的後備戰力。

勞動部勞動力發展署的「關鍵就業力課程」，從個人動機職能發展

至行為外顯職能，進而提升至更高層次的知識職能，不僅可與學校預備體系追求的態度、能力與知識核心素養相應和，更可與常備體系能力導向的戰略發展相契合，是全民防衛後備體系建立共通健康核心職能的重要參考。

勞動核心職能不僅在勞動場域發揮功能，更在社會體育觀光休閒活動體現增長效益，搭配終身學習社會的營造，形塑臺灣成為世界公民健康社會典範的確值得期待。國家影響力評估已由「軍力」轉向「民力」並向「國力」與「健康力」移轉，臺灣社會終身學習體系所孕育的全民軟實力與健康韌力，才是臺灣的戰略優勢與威力，尤其臺灣的海島地利之便與中小企業蓬勃發展所展現的活力與全民健康韌力所形成的後備之盾，才是支持常備戰力發展臺灣優勢的重要屏障（參見圖：全民防衛動員演練發展圖）。

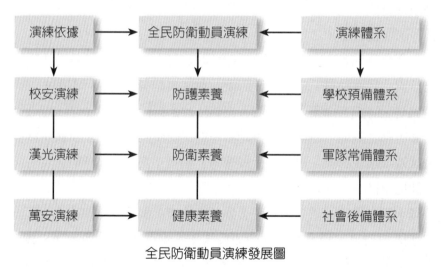

全民防衛動員演練發展圖

資料來源：筆者自繪。

第二篇

實踐篇——文武之行
〔陸海空域體驗活動——全民國防素養（大健康）創新認證〕

Chapter *6*

全民國防素養（大健康）創新認證發展

全民國防（ALL-OUT）陸海空軍戰略行動兵棋推演、實兵演練及檢討三階段實務演練效益，體現在常備體系防衛素養要素體能、戰技與軍事教育及預備體系防護素養要素態度、能力與知識素養、後備體系健康素養要素勞動關鍵就業力動機、行為與知識核心職能訓練轉化為全民國防素養（大健康 ALL-UP）陸海空域體驗活動融合發展。

全民國防素養（大健康）以綜整國防部全民國防教育五大教育主軸為基石，進而結合傳統與現代戰略行動能力（Strategy），體現孔子文武合一教育六藝綜效（Synergy），循全民國防教育綜整而成的國際戰略行動學發展邏輯，推動文韜——安全因子研討與推演，以國際——一般狀況、戰略——特別狀況與行動——方案分析，引導吸納國際社會文化建構觀點，以人為中心，以健康行動發展為規準，回歸中國傳統軍政一體戰略文化認知，構建兩岸人民安全發展互補戰略，尋求保障人民安全與發展之最佳行動方案。

其次，透過全民防衛動員演練體現最佳行動方案要旨，依循傳統軍事戰略力空時之行動指導，推動國防體適能、國防技藝能與國防學識能合一的武略——健康素養創新與認證活動，使全民國防教育國際戰略行動理論與全民防衛動員演練力空時實務驗證密切聯繫，以建構含括國民基本戰力、應用戰力與精神戰力，體現國防、教育與勞動力發展連結，並具垂直與水平整合鏈路的全民國防素養創新與認證實踐路徑，創造全民國防戰略思維－政策計畫－機制行動緊密連結的綜合效益，達成全民國防（ALL-OUT）戰略行動內化昇華為全民國防素養（大健康 ALL-UP）體驗活動目標與期許，以提升全民健康競合力，開創全民國防大健康新藍海（參見圖：全民國防素養創新認證發展圖）。

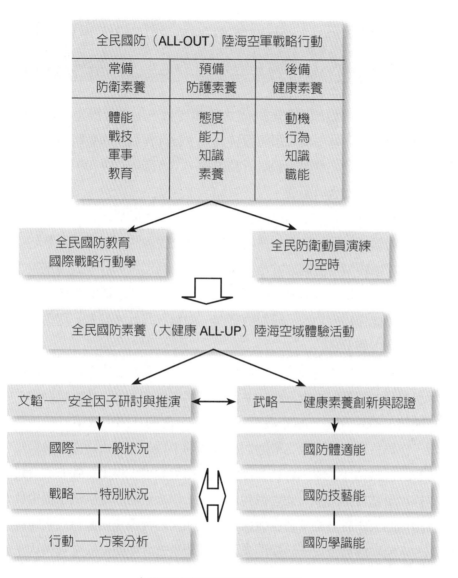

全民國防素養創新認證發展圖

資料來源：筆者自繪。

第一節　文韜──安全因子研討與推演（全民國防教育──國際戰略行動學）

主要目標爲熟練全民國防三大範疇要旨，促進全民生活條件與戰鬥條件合一，並藉由全民國防教育五大主軸課程發展的戰略邏輯思維與發展程序，提升社會健康戰略行動素養，孕育國際社會和平安全發展文化，保障全民安全與發展。

實踐構想爲將全民國防教育五大教育主軸課程與十二年基本教育全民國防教育課綱相結合，並有機綜整爲全民國防學門之國際戰略行動學，以「國際情勢與國家安全」擺在第一位乃至第一層，表示重視客觀環境情勢對全民安全與發展的正確判斷，而不是以主觀的價值取捨爲優先，並以此作爲安全因子研討與推演一般狀況設計之參考，避免陷入主觀價值盲從與爭議。

其次，經由內省程序，反思自己本身的任務及主客觀條件，而將傳承自軍政一體戰略思維、軍文共治國防體制與文武合一教育實踐的「全民國防」戰略文化，結合現行預算資源分配的「國防政策」檢視與分析，作爲特別狀況規劃之最適切指導原則，再以「全民防衛動員與災害防救」行動結合「國防科技」等資源運用與發展，提出行動方案分析，以找出至當行動方案。此透過兵棋推演、學術研討、電腦決策模擬與學術論壇四大研討方案並藉由如何學習、如何思考與如何修爲三大路徑，以力求成功開發全民國防學門多元領域學程（詳如圖：安全威脅因子研討與推演發展圖）。

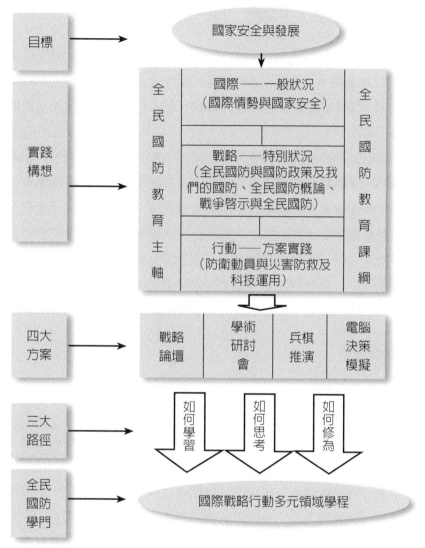

安全因子研討與推演發展圖

資料來源：筆者自繪。

壹、目標：全民安全與發展

戰略學者翁明賢指出，自有民族國家（Nation-State）出現以來，「安全」（security）與「發展」（development）就是挑戰人類最重要的課題，尤其發展課題更可說是非傳統安全所引發出來的國家治理問題與挑戰。

全民安全與發展的核心要旨，不離國家利益的選擇與國家目標的確立，亦即國家戰略的完整建構，因此，全民國防教育職司的國家安全教育目的，即在確保全民安全與發展，沒有安全，全民利益即不能健全發展，不能發展，全民利益的安全亦不能獲得保障。全民安全與發展對國家的長治久安缺一不可，只強調全民安全的追求，會讓國家陷於安全困境，只專注全民發展的追求，會給國家帶來不可預測的傾覆風險，追求一個發展型的全民安全理念，是推廣全民國防教育的最高目標與期許。

貳、實踐構想

戰略研究先驅學者鈕先鍾呼應法國戰略學家薄富爾的總體戰略模型提到，戰略是一種思想、計畫和一種行動，儘管思想、計畫、行動是三種不同的功能，但是它們又是三位一體，綜合起來構成戰略的實質，而充分體現在全民國防政策計畫作為。

中華民國國防強調全民國防，以戰略意涵指稱全民國防，則以全民國防教育五大教育主軸的全民國防與國防政策含攝全民國防思想、計畫與行動並無不當之處，而將全民防衛動員、災害防救與國防科技作為戰略行動的延伸與強化亦堪稱允當，且有強化行動創新之啟示意涵，進而以此綜整全民國防五大教育主軸為國際—戰略—行動學，構建判斷國際情勢的國際眼，尋找自己適切的角色定位，進而開展理性與感性並用的戰略腦思維，延續承接光大民族優良戰略文化傳統，再以文武合一的行動力實踐全民國防素養創新與認證，提升全民健康力。

參、四大方案

國防部規劃全民國防教育實施範圍，主要有學校教育、政府機關在職教育、社會教育與國防文物保護宣導四大系統。透過學術研討會、論壇、電腦決策模擬與兵棋推演四條途徑，可緊密結合四大系統尋找安全威脅因子，以期防範未然消弭於無形。

肆、三大路徑

教育學者黃政傑指出，面對二十一世紀的資訊爆炸與各項複雜多變的社會環境挑戰，全體國人尤其青少年學生族群，將一方面出現學習飽和的無力與倦怠、另一方面又顯出追求新興知識的渴望與欲求。面對學習者選擇範圍的擴大以及知識領域的不斷拓展，學校中的懸缺課程（null curriculum）將有增無已。哈佛大學心理學家迦納（Howard Gardner）在他的《智力架構》一書中，提出人至少須有語文（linguistic intelligence）、邏輯—數學（logical-mathematical intelligence）、空間（spatial intelligence）、肢體—動覺（bodily-kinesthetic intelligence）、音樂（musical intelligence）、人際（interpersonal intelligence）、內省（intrapersonal intelligence）等七項基本智慧即所謂的多元智慧，可以想見，人民智力的總和，也就是人民創造力和技術的總和，將是未來國家的實力與財富，換句話說，國家最大的資產就是人民能夠快速學習，以及適應任何突發情況的能力。

柯林・羅思（Colin Rose）不僅倡導正確心智狀態（Gettting in the Right State of Mind）、吸收資訊（Acquiring the Information）、找出意義（Searching Out Meaning）、啓動記憶（Triggering the Memory）、展示所知（Exhibiting What You Know）、反省學習過程（Reflecting on How You've Learned）等快速學習六大步驟（M.A.S.T.E.R），並特別提示兩項具體的思考作爲，一是分析性思考，強調照邏輯與客觀標準檢

驗，一是創意性思考，主張創造新主意或新模式。彼得・聖吉（Peter Sant）則強調學習的真諦是培養實現自己想望結果的能力。

除了學習與思考，全民國防教育更關注「如何修為」，也就是養成正確的習慣與態度，以使學習與思考方向不致產生偏差，不僅注重「do the thing right——把事情做對」，更極力追求「do the right thing——做對的事情」的目標。史蒂芬・柯維（Stephen Cowe）在《與成功有約》一書中提及的主動積極、要事第一、以終為始、雙贏思維、知彼解己、統合綜效及不斷更新等七大習慣或態度，是「如何修為」途徑的重要啟示，尤其自然法則式領導，即「道德羅盤」原則，更是直視組織內部解決根本問題的癥結所在。

中華文化傳統為人處事講究返求諸己、不假外求的基本態度，與國軍「教戰總則」注重軍人傳統武德「智、信、仁、勇、嚴」修為與樹立主動積極、率先躬行的幹部典型與對精神戰力的再三強調聲氣相通，在面對國內統獨爭議及國家認同等大是大非問題，更是「如何修為」的重要課題。

伍、全民國防學門

《國防法》的全民國防範疇，是規範全民國防學門的重要參考，《全民國防教育法》的國防部五大教育主軸與原先教育部推廣的國防通識教育六大領域課程，也必然是國防學門不假外求的主要參考。要澄清並再次強調的重點是，全民國防學門在學校不僅應力求學科專業的學程進展，更應保留通識教育擴大推動的高度彈性，以因應國家緊急應處需求。

第二節　參考範例

壹、戰略論壇（資料來源：摘要整理自淡江大學國際事務與戰略研究所結合全民國防教育資源中心舉辦「年度全民國防教育展」實施計畫）

淡大戰略所暨北區全民國防教育資源中心
「○○○年度全民國防教育展」實施計畫

一、依據（略）

二、目的（略）

三、辦理單位

（一）指導單位：

（二）主辦單位：

（三）承辦單位：

（四）協辦單位：

（五）贊助單位：

四、實施構想

　　本展示活動程序如附件 1，區分二階段實施，活動規劃如附錄 1。第一階段實施主題演講暨圓桌戰略論壇，相關預算依學術研討會場次辦理。第二階段實施靜態展示與動態操作體驗，所需預算主要由贊助單位資助，其他如附錄 2，以此創新全民國防教育學術論壇、教育主體與活動體驗結合之新典範。

五、預期成效

（一）加深加廣大學戰略學術研究，結合全民國防教育與社會戰略體育休閒活動能量。

（二）建立學術研討與活動體驗結合之創新典範。

（三）擴大宣導成效。

六、預算概算

（一）第一階段預算依學校研討會慣例辦理。

（二）第二階段靜態展示與動態操作體驗，預算概要表如附錄 2，其他預算由贊助單位支援贊助。

七、一般規定

（一）活動過程衍生之肖像使用權（主辦單位攝錄影），皆屬承辦單位所有運用。

（二）活動期間由承辦單位統一辦理旅遊平安險，如遇重大天然災害或不可抗拒因素須停止或延期舉辦，將於指定網頁公告相關訊息。

（三）本活動計畫相關事項如有疑義或其他未盡事宜，主辦單位保留解釋及變更權利，另行通知補充之，以活動網站公告為準。

八、本計畫如有未盡事宜，得另修正補充之。

附件 1：活動程序

活動議程

日期	時間	議程
		報到
		主辦單位致歡迎詞
		主題講演
		圓桌論壇：國際戰略行動學 主持人： 與談人： 國防部政策指導單位

日期	時間	議程
		教育部政策執行單位 媒體代表 教師代表 產業界代表 活動界代表 社團代表 師培代表
		貴賓展場巡禮暨動靜態展示與體驗 （詳如附錄 1 與附錄 2）
		閉幕

附錄 1：活動規劃表

階段		活動內容	時間分配	地點	參與單位
第一階段	主題演講	專題講演	1 小時		政策指導單位
	圓桌論壇	主題論壇	1 小時		相關各界代表
第二階段	靜態成果展示暨動態操作體驗	主題展示	全時程		國防部全民國防教育辦公室 教育部學特司 國際署學科中心 臺灣戰略研究學會 中華民國全民國防教育學會 中華全民安全健康力推廣協會
		全民國防教育人才招募與國軍靜態展示暨動態操作體驗			國軍
		全民國防教育 AR、VR 靜態展示與操作體驗			智崴臺北

第二階段	靜態成果展示暨動態操作體驗	全民國防教育教材模型靜態展示與操作體驗		恆龍模型
		全民國防教育國防文物展示暨動態操作體驗		桃園軍事博物館臺中軍式風格媒體工作室
		全民國防教育陸域活動裝具靜態展示與動態射擊操作體驗		遊騎兵活動團隊
		全民國防教育空域活動靜態展示與動態操作體驗		荊元武博士飛行團隊
		全民國防教育水域獨木舟靜態展示與動態操作體驗		苗栗魯冰花水域團隊
		全民國防教育社團推廣成果展示與動態操作體驗		基隆空氣槍協會

附錄2：預算概要表（略）

經費預算	活動經費總額概為新臺幣○○○元整		
經費明細	總價（元）	說明	備註
主題演講暨圓桌戰略論壇	○○○元	相關預算依學術研討會場次辦理	
展示與體驗活動費	○○○元	帳篷、器材裝具、車輛載運、示範講解體驗補助	
小計	○○○元		
雜支 其他	○○○元		
合計	新臺幣○○○元		

貳、學術研討會（資料來源：摘要整理自臺灣戰略研究學會）

計畫文本

一、舉辦目的（略）

二、舉辦日期

　　時間：

　　地點：

三、參加對象及預計參加人數

　　本次研討會擬以○天時程進行，邀請國內對各類戰略領域有專精研究之專家學者，共同探討國際戰略行動學意涵與實踐作為，並開放各界有興趣人士參加，預計參加人數將達○○位。擬邀請之專家學者名單如下表：

1. 主持人

姓名	職稱
主題一：國際	
主題二：戰略	
主題三：行動	
圓桌論壇：國際戰略行動學	

2. 論文發表人

姓名	職稱
主題一：國際	
主題二：戰略	
主題三：行動	

圓桌論壇：
議題：國際戰略行動學
主持人：
與談人：

3. 論文評論人名單

姓名	職稱
主題一：國際	
主題二：戰略	
主題三：行動	

4.圓桌論壇名單

姓名	職稱

四、會議議程

日期：　　　　　　　　　　　地點：

時間	議程
	報到
	開幕式
	主辦單位致詞：
	主題一：國際 主持人： 1. 論文 發表人： 評論人： 2. 論文 發表人： 評論人： 綜合討論
	主題二：戰略 主持人： 1. 論文 發表人： 評論人： 2. 論文 發表人： 評論人： 綜合討論
	休息（午餐）

時間	議程
	主題三：行動 主持人： 1. 論文 發表人： 評論人： 2. 論文 發表人： 評論人： 綜合討論
	茶敘
	圓桌論壇：國際戰略行動學 議題： 1. 國際 2. 戰略 3. 行動 主持人： 與談人：
	閉幕式

主辦單位：

協辦單位：

連絡人：

五、預期成效（略）

六、研討會呈現方式說明

1. 主題研討發表人採精簡版方式呈現，字數以○○○字為限，其他主持人、評論人、論壇與談人均要求提供○○○字文稿，以利積累研討成果，稿費酌於補助○○○元。

2. 撰寫格式須按正式學術體例。

3. 相關擇優論文列入專書出版收錄文章。

七、經費預算（略）

經費預算	本活動經費總額為新臺幣○○○元整。擬申請之補助單位及經費如下，不足之經費部分擬自籌處理。 擬申請之補助單位：					
經費明細		單價（元）	數量	總價（元）	說明	備註（擬申請補助單位）
經常門	與談人出席費				主持人，共計○○○位 與談人，共計○○○位	
	評論人出席費				主持人，共計○○○位	
					評論人，共計○○○位 發表人，共計○○○位	
	工讀費				每人每日○○○元，共○○○位 研討會籌備工作時數半日及當日之工讀費用一日，○○○元／位	
	宣傳費				論壇邀請卡印製費 邀請相關機關、智庫代表及學者參與	
					論壇宣傳海報印製費	
	印刷費				論壇論文集印製費	
	郵電費				寄邀請函、發簡訊……	
	茶點費					
	午膳費				研討會中午便當費用	
資本門	無					
小計						
雜支	其他雜項				文具、桌牌、場地費、杯水……	
合計						

參、兵棋推演（資料來源：摘要整理自臺灣戰略研究學會）

「○○○」指導計畫書

日期：年月日（星期）

地點：

主辦單位：

承辦單位：

一、舉辦目的

二、舉辦日期

時間：

地點：

三、參加對象及預計參加人數

　　本次兵推擬以半天時程進行，特編組統裁官、主推官、顧問指導組、輿情狀況發布組、中國大陸行動組、美國行動組、臺灣行動組，邀請專精國際戰略研究之專家學者，共同探討○○○案的因應戰略與創新作為，預計參加人數○○○位。編組名單如下表：

兵推主題：○○○		
職稱	姓名	現職
統裁官		
主推官		
顧問指導組		
輿情發布組		
美國行動組		
中國大陸行動組		
臺灣行動組		

四、兵推指導想定

日期：　　　　　　　　　　　　　地點：

時間	狀況	兵推策略	兵推單位	顧問指導參考	備考
	就位	各組召集	參演人員		
	發布兵推想定訓令	兵推主旨宣示	統裁官		
	發布兵推想定戰令	兵推想定構想	主推官		
	一般狀況──國際	主題全民利益 全球合作利益 印太競合利益 兩岸競爭利益	輿情發布組	顧問指導說明	
	特別狀況──戰略	主題戰略文化 戰略思維 政策計畫 機制行動	輿情發布組	顧問指導說明	
	行動狀況──主題背景說明	基本政策立場說明 戰略思維 政策計畫 機制行動	美國行動組	美國背景指導	
		基本政策立場說明 戰略思維 政策計畫 機制行動	中國大陸行動組	中國大陸背景指導	
		基本政策立場說明 （執政黨、在野黨、輿論） 戰略思維 政策計畫 機制行動	臺灣行動組	臺灣背景指導	
		自由發言		主題立場聲明	

時間	狀況	兵推策略	兵推單位	顧問指導參考	備考
	狀況二 主題運作 過程	行動 2 應變聲明與行動 目標 構想 方案	美國 行動組	臨機指裁	
		應變聲明與行動 目標 構想 方案	中國大陸 行動組	臨機指裁	
		應變聲明與行動 （執政黨、在野 黨、輿論） 目標 構想 方案	臺灣 行動組	臨機指裁	
		自由發言		臨機指裁	
	狀況三 主題運作 結果	立場重申與行動 目標 構想 方案	美國 行動組		
		立場重申與行動 目標 構想 方案	中國 行動組		
		立場重申與行動 （執政黨、在野 黨、輿論） 目標 構想 方案	臺灣 行動組		
		自由發言			
	閉幕	綜合講評		統裁官	

五、預期成效（略）

六、政策建議（略）

七、經費預算

經費預算	本活動經費總額為新臺幣○○○元整，擬由自籌或申請補助辦理				
經費明細	單價(元)	數量	總價(元)	說明	備註（請依經費明細項目酌予填入補助相關費用）
經常門 / 出席費				主推人，共計○○○位 兵棋官，共計○○○位	
人事費				籌備（含當日）推演之專案助理與志工	
宣傳費				推演邀請卡印製費 邀請相關機關、智庫代表及學者參與	
				推演宣傳海報印製費	
印刷費				推演資料印製費	
郵電費				寄邀請函、發簡訊……	
茶點費				休息茶會	
餐飲費				推演便當費用	
紀念品				出席紀念	
資本門 / 無					
小計					
雜支 / 其他				文具、紅布條、名牌、盆花……	
合計					

肆、電腦模擬——議題想定兵棋推演（資料來源：摘要整理自臺灣戰略研究學會）

決策兵棋推演參考手冊

目錄

一、推演目的

二、推演期程規劃

三、施訓對象

四、預期成效

五、推演編組

六、推演行程規劃

七、行政準備事項

八、推演相關資料

九、其他注意事項

一、推演目的

（一）背景說明

　　兵棋推演是透過合理「想定」，針對問題，經過推演「過程」，尋求較好因應方案的決策過程，其核心要素為戰略思考、換位思考、另類思考及平行思考，是推演計畫核心重點。

（二）推演目標

　　針對特定人員，藉由想定狀況，導入假設性模擬事件，引導參演學員針對特定想定事件提出因應方案，藉以提升戰略思考、決策合作及危機處理素養。

（三）推演構想

　　區分推演規劃協調、推演準備、國家治理電腦兵棋系統推演及想定議題決策模擬兵棋推演四個階段：

1. 推演規劃協調階段

　　「主辦單位」提出兵棋推演計畫，經「指導單位」審核同意，依據計畫時程管制表邀集相關單位及學者專家召開協調會，確認兵棋推演計畫管制組編組名冊，以及相關職責與任務。

2. 推演準備階段

　　實施兵棋推演相關知識講解、電腦兵棋系統操作講解與訓練及參演學員擬定總體指導方針與構想、目標及實踐方案。

3. 國家治理電腦兵棋系統推演

　　各參演組依據各自擬定之總體指導方針與構想、目標及實踐方案，配合電腦兵棋系統程序實施，各組各項施政決策須相互指導與支持。

4. 想定議題決策模擬兵棋推演

　　依據當前局勢，針對某項議題就已發生事件，藉假設想定事件模擬，依序檢驗各組之目標、構想及方案聯繫成效，以磨練其決策與危機處理能力。

二、推演期程規劃

（一）先期準備階段

　　兵棋推演開始前一週，完成參與人員名冊、各推演編組表、推演場地規劃圖、資通訊系統平臺、後勤工作人員職責表，以及執行推演前各項準備工作檢查作業。

（二）推演準備階段

　　推演人員完成報到後，實施兵棋推演相關知識講習、電腦兵棋

系統操作介紹，各組研擬總體指導方針與構想、目標及實踐方案。

（三）推演實作階段

各組依序實施總體指導方針與構想、目標及實踐方案報告後，實施國家治理電腦兵棋系統實作推演、想定議題兵棋推演實作推演及行動後分析檢討報告。

（四）推演後成效分析階段

推演研習營完成後，承辦單位實施計畫成效評估報告提供指導單位參考。

三、施訓對象

由施訓指導單位負責規劃。

參訓名額規劃		
機關	單位	訓額
合計		

四、預期成效

培養參訓學員能從戰略視角，檢證構想、目標與行動方案，調和目標與手段落差。另透過推演行動後分析小組的觀察分析報告，提供相關理論知識背景，引導從戰略、換位、平行及另類思考四個

面向提出最適行動方案。

五、推演編組

（一）國家治理電腦兵棋系統推演

學員平均概分成 5 組，角色扮演總統、國防部長、外交部長、內政部長、經濟部長（兼電腦操作手）及記錄手。（人員編組表如附件）

（二）議題想定兵棋推演

1. 計畫指導組（人員編組表如附件）

概分組內計畫分 4 個小組，分別為計畫研擬指導、推演管制、臨機指裁及觀察分析 4 個小組：

(1) 計畫研擬指導小組

負責擬定想定議題、背景說明、一般狀況（當前情勢事件）及特別狀況（假設想定的突發事件）。

(2) 推演管制小組

負責兵棋推演排程時間管制（全程管制表如附件）。

(3) 臨機指裁小組

負責兵棋推演全程議題指裁。

(4) 觀察分析小組

針對推演組決策、處置等作為提出觀察分析報告。

2. 推演組（人員編組表如附件）

推演組概分為假想敵組（中國大陸），應變行動組（臺灣），主要應援組（美國），輔助應援組（日本）。

六、推演行程規劃（如附件）

（一）推演前置階段

時間	課程	內容	授課老師
D-1 日			
	人員報到		各推演組輔導員：
	開幕： 一、主辦單位致詞： 二、貴賓致詞：		
	本次兵棋推演規劃說明		
	兵棋推演運用與操作	說明兵棋推演運用目的及相關知識	
	決策與兵棋模擬	各類兵推系統與架構說明	
	談判與決策理論與運用	談判策略與決策運作概述	
	武裝衝突法、人道法及聯合國海洋法公約等國際法運用	國防安全相關國際法規範與運用	
	午餐及休息		
	國家治理電腦兵棋系統介紹與操作訓練	國家治理電腦兵棋系統操作訓練，以及電腦決策系統操作訓練	
	國家治理電腦兵棋推演相關資料擬定	推演組完成國家治理施政方針之擬定	一、推演作業管制組： 二、觀察分析小組： 三、推演輔導員小組：
	議題想定兵棋推演相關資料擬定	一、計畫研擬小組：完成一般狀況與特別狀況之擬定	一、推演計畫組組長： 1.計畫指導小組： 2.推演管制小組： 3.臨機指裁小組：

		二、推演管制小組：完成推演時程管制表 三、觀察分析小組：說明兵棋推演觀察重點及相關觀察記錄 四、各推演組：完成各國國防戰略目標、構想與軍事戰略行動指導方針	4. 觀察分析小組： (1) 假想敵組（中國大陸）： (2) 應變行動組（臺灣）： (3) 主要應援組（美國）： (4) 輔助應援組（日本）： 二、輔導員小組： (1) 假想敵組（中國大陸）： (2) 應變行動組（臺灣）： (3) 主要應援組（美國）： (4) 輔助應援組（日本）：

（二）推演實施階段（D 日至 D+2 日）

時間	作業內容	授課老師
	D 日	
	人員報到	推演輔導員：
	一、各組國家安全大政方針提報 二、電腦兵棋系統準備與測試	一、計畫指導組 1. 計畫指導小組：（巡訪） 2. 推演管制小組：（巡訪） 3. 臨機指裁小組：（巡訪） 4. 觀察分析小組：（隨隊） 二、推演輔導員：（駐隊）
	國家治理電腦兵棋系統實作推演，採連續推演方式實施，午餐於推演室用餐	一、計畫指導組 1. 計畫指導小組：（巡訪） 2. 推演管制小組：（巡訪）

		3. 臨機指裁小組：（巡訪）
		4. 觀察分析小組：（隨隊）
		二、推演輔導員：（駐隊）
	一、綜整各推演組記錄 二、各推演組行動後分析小組 　　指導老師繳交觀察記錄表 三、回收電腦兵棋系統設備	一、推演作業管制組：推演資 　　料綜整 二、觀察分析小組：繳交觀察 　　記錄表 三、輔導員小組：協助回收電 　　腦設備
	各推演組實施全民國防施政方 針與軍事戰略目標、構想及行 動計畫提報	一、計畫指導組 1. 計畫指導小組：（巡訪） 2. 推演管制小組：（巡訪） 3. 臨機指裁小組：（巡訪） 4. 觀察分析小組：（隨隊） 二、推演輔導員：（駐隊）
D+1日議題想定兵棋推演		
	人員報到	推演輔導員：
	一、所有人員就推演室就位完 　　畢 二、開始資通訊系統測試	一、計畫指導組 1. 計畫指導小組：（巡訪） 2. 推演管制小組：實施系統測 　　試 3. 臨機指裁小組：（巡訪） 4. 觀察分析小組：（隨隊） 二、推演輔導員：實施電腦系 　　統測試
	第一階段兵棋推演：國防安全 準備	一、計畫指導組 1. 計畫指導小組：（巡訪） 2. 推演管制小組：（巡訪） 3. 臨機指裁小組：（巡訪） 4. 觀察分析小組：（隨隊） 二、推演輔導員：（駐隊）
	午餐及休息	推演輔導員：

全民國防素養（大健康）創新認證發展

第二階段兵棋推演：灰色地帶騷擾	一、計畫指導組 1. 計畫指導小組：（巡訪） 2. 推演管制小組：（巡訪） 3. 臨機指裁小組：（巡訪） 4. 觀察分析小組：（隨隊） 二、推演輔導員：（駐隊）
第三階段兵棋推演：局部軍事衝突	一、計畫指導組 1. 計畫指導小組：（巡訪） 2. 推演管制小組：（巡訪） 3. 臨機指裁小組：（巡訪） 4. 觀察分析小組：（隨隊） 二、推演輔導員：（駐隊）
一、各項推演資料及觀察記錄繳交與綜整 二、電腦系統清點與回收	一、觀察分析小組 二、推演組輔導員
D+2 日推演後檢討	
人員報到	推演組輔導員：
一、各推演組心得報告 二、推演管制組實施資料綜整與製作分析簡報 三、製作獎狀及結業證書	一、各推演組心得報告 二、推演組輔導員
觀察分析小組觀察報告	觀察分析小組
午餐及休息	
總結報告	一、計畫指導組 1. 計畫指導小組 2. 推演管制小組 3. 臨機指裁小組 4. 綜合指導官 二、推演組輔導員（獎狀製作）
頒獎與授證	指導單位
散會	

七、行政準備事項

（一）攝影組

負責兵棋推演各項準備工作及實作推演攝影與紀實。

（二）推演場地規劃（場地規劃表如附件）

（三）推演通信規劃

本次議題想定兵棋推演使用 Cisco Webex 視訊會議系統為共通平臺，LINE 視訊會議系統為各推演組相互交流平臺。各推演室準備 1 臺電腦，合計 5 臺電腦負責共同資訊平臺與推演記錄使用。

（四）推演輔導與行政工作人員（人員編組表如附件）

兵棋推演期間協調參與人員聯絡事宜、午餐與茶點準備、想定議題兵棋電腦與文書作業電腦設備等支援。

八、推演相關資料

（一）講師簡歷（如附件）

（二）背景說明與一般狀況（如附件）

（三）特別狀況（如附件）（僅提供推演管制組使用）

（四）推演排程表（如附件）（僅提供推演管制組使用）

（五）各推演組國家安全大政方針（如附件）

（六）各推演組全民國防施政方針與軍事戰略構想、目標與行動計畫（如附件）

（七）重要軍事衝突規定與軍事準則（如附件）

（八）國家治理電腦系統決策模擬操作說明（如附件）

（九）國家治理電腦兵棋系統推演記錄表（如附件）

（十）議題想定兵棋推演記錄表（如附件）

（十一）觀察分析小組評分表（如附件）

（十二）參訓人員人格特質分析表（如附件）

九、其他注意事項

（一）手冊不發學員僅供授課及指導運用，避免影響推演與評鑑。

（二）學員評鑑區分「推演實作」與「學習鑑測」兩種，各占50%，加總即為總成績。

附件1：推演全程管制表

推演全程管制表													
區分		主要推演組別											立案說明
		假想敵組——中國大陸			應變行動組——臺灣			主要應援組——美國			輔助應援組——日本			
		計	實	評	計	實	評	計	實	評	計	實	評	
階段	進度													
先期準備工作		1.召開兵棋推演計畫案說明會 2.召開兵棋推演想定計畫、參考資料與推演排程協調會 3.召開兵棋推演課程規劃與整備協調會 4.完成報名人數彙整及人員編組 5.執行兵棋推演課程整備作業 6.完成兵棋推演手冊及實施場地與設備預檢 7.兵棋推演實作推演開始												
推演準備	主辦單位說明與專題講演													
	國家安全大政方針作業													
	國家治理電腦兵推系統實作推演													

推演準備	全民國防政策施政方針及軍事戰略目標、構想及行動計畫作業											
推演實作	國家安全大政方針提報											
	國家治理電腦兵棋系統實作推演											
	全民國防政策施政方針及軍事戰略目標、構想及行動計畫作業											
議題想定兵棋推演實作演練	第一階段兵棋推演——全民國防安全準備											
	第二階段兵棋推演——灰色地帶騷擾											
	第三階段兵棋推演——局部軍事衝突											

推演後檢討	推演組心得報告									
	觀察分析小組觀察報告									
	總結報告									

附件 2：兵棋推演準備工作期程管制表

項次	工作事項	完成時間
1	兵棋推演計畫案說明	
2	兵棋推演想定計畫、參考資料與推演排程協調	
3	兵棋推演課程規劃與整備協調	
4	報名人數彙整及人員編組	
5	兵棋推演課程整備	
6	兵棋推演手冊及實施場地與設備預檢	
7	兵棋推演實作推演開始	

附件 3：國家治理電腦兵棋系統推演人員編組表

第○組		
職稱	姓名	備考
總統		
國防部長		
財政部長		
內政部長		
經濟部長		（兼電腦操作手）
記錄手		

附件 4：議題想定兵棋推演計畫推演組人員編組表

組別	職稱	姓名	工作事項
計畫指導小組	組長		負責兵棋推演計畫執行全程指導，並指導各推演分組參演學員於推演前依據想定擬定策略執行計畫。
	副組長		協助組長負責兵棋推演計畫執行全程指導，並指導各推演分組參演學員於推演前依據想定擬定策略執行計畫。
	組員		依組長指導負責管制各推演分組依據工作期程管制表時程完成想定策略執行計畫。
推演管制小組	組長		負責兵棋推演程序管制，並於推演前指導學員完成推演排程管制表。
	副組長		協助組長負責兵棋推演程序管制，並於推演前指導學員完成推演排程管制表。
	組員		依組長指導依據工作期程管制表督導各推演分組完成推演排程管制表。
臨機指裁小組	組長		負責各推演分組策略執行計畫成效評估，以及各推演分組行動方案間爭端的裁判。
	副組長		協助組長負責各推演分組策略執行計畫成效評估，以及各推演分組行動方案間爭端的裁判。
	組員		提供組長執行裁判事項建議。
觀察分析小組	組長		負責推演後的檢討與評論彙整事宜。
	組員		執行各推演分組推演後的檢討與評論事宜。
	組員		執行各推演分組推演後的檢討與評論事宜。（電腦系統兵棋推演）

附件 5：各推演組編組表

職稱	姓名	備考
假想敵組（中國大陸）		
國家主席		
全國人大委員長		
外交部長		
國務院臺灣辦公室		
東部戰區司令		
南部戰區司令		
應變行動組（臺灣）		
總統		
國家安全會議（國安局長）		
行政院長		
國防部長		
外交部長		
內政部長		
主要應援組（美國）		
總統		
國家安全顧問		
國務卿		
國防部長		
印太司令		
特遣艦隊指揮官		
輔助應援組（日本）		
內閣總理大臣（首相）		
國家安全保障會議議長		
防衛大臣		
外務大臣		
國土交通大臣		
統合幕僚長		

附件 6：推演場地規劃表（略）

附件 7：推演輔導員編組表

項目	工作分組	姓名
推演輔導員組		
國家治理電腦兵棋推演	第一組	
	第二組	
	第三組	
	第四組	
想定議題兵棋推演	假想敵（中國大陸）推演組	
	應變行動（臺灣）推演組	
	主要應援（美國）推演組	
	輔助應援（日本）推演組	

附件 8：講師簡歷（依照課表順序排列）

項次	姓名	單位	學歷	現職／資歷

附件 9：議題想定兵棋推演背景說明與一般狀況

（一）背景說明（略）

（二）一般狀況（國際──國家利益）

　　全球合作利益：

　　印太競合利益：

　　相互競爭利益：

附件 10：議題想定兵棋推演特別狀況（戰略——僅提供推演管制組
　　　　　使用）

（一）第一階段兵棋推演：國防安全準備（戰略思維）

　　　特別狀況一（戰略思維）：

　　　特別狀況二（政策計畫）：

　　　特別狀況三（機制行動）：

（二）第二階段兵棋推演：灰色地帶騷擾（政策計畫）

　　　特別狀況一（戰略思維）：

　　　特別狀況二（政策計畫）：

　　　特別狀況三（機制行動）：

（三）第三階段兵棋推演：局部軍事衝突（機制行動）

　　　特別狀況一（戰略思維）：

　　　特別狀況二（政策計畫）：

　　　特別狀況三（機制行動）：

附件 11：議題想定推演時程表（僅提供推演管制組使用）

項次	時間	工作項目	執行工作	檢查記錄
推演前準備	30分鐘	發布電腦操作人員就位	兵棋推演資訊平臺建立與測試	V
		發布兵棋推演人員就位	推演組人員就位	
		發布電腦資訊平臺測試	系統測試	
		發布一般狀況摘要	於共同資訊平臺發布一般狀況摘要	
		發布推演開始	推演計時開始	

項次	時間	工作項目	執行工作	檢查記錄
議題（國際—戰略—行動）				
特別狀況	30分鐘	發布特別狀況（討論時間 10 分鐘）	計畫指導小組發布	
		假想敵組完成政策行動指導	假想敵組先行發布	
		發布討論結束，推演組將因應政策輸入資訊平臺（時間 2 分鐘）	電腦操作員於共同資訊平臺輸入因應政策	
		發布因應政策輸入結束	輔導員管制輸入時限	
		臨機指裁組指裁，並指導發布後續狀況	計畫指導小組記錄指裁結果	
後續議題與狀況推演依此類推				
臨機指裁組完成統裁並宣布狀況結束				

附件 12：各推演組國家治理施政方針

各推演組國家安全大政方針	
組別	摘要

附件 13：各推演組全民國防戰略目標、構想與軍事戰略指導方針

各推演組全民國防施政方針與軍事戰略目標、構想及行動計畫	
組別	摘要

附件 14：國際衝突重要規範

項次	區分	法規名稱	要旨
1	國際公約	維也納外交關係公約	第 1 條：鑑於各國人民自古即已確認外交代表之地位，聯合國憲章之宗旨及原則中亦有各國主權平等，維持國際和平與安全，以及促進國際間友好關係等項，深信關於外交往來，特權及豁免國際公約當能有助於各國間友好關係之發展，此項關係對於各國憲政及社會制度之差異，在所不問，確認此等特權與豁免之目的不在於給予個人以利益而在於確保代表國家之使館能有效執行職務。
2		聯合國憲章	第 2 條：禁止侵略戰爭和非法使用武力，若發動侵略戰爭，即使經正式「宣戰」程序仍違反國際法。 第 51 條：聯合國會員國受武力攻擊時，在安理會採必要辦法維持和平安全前，不禁止行使單獨或集體之自衛權。會員國行使自衛權所取措施，應即向安理會報告，不得影響安理會為維持或恢復國際和平，而採取必要的行動。
3		聯合國海洋法公約	第 2 條：沿海國的主權及於其陸地領土及其內水以外鄰接的一帶海域，稱為領海；主權及於領海的上空及其海床。 第 17 條：所有船舶均得享有無害通過領海之權利。
4		巴黎航空管理公約	第 1 條：國家對其領陸及領水（內水及領海）上之空間有完全與排他的主權。 第 3 條：各締約國均有權基於軍事上之理由，或公共安全之利益，禁止其他締約國航空器飛越其領土之特定部分。 第 30 條：定義國家航空器，包括：軍用航空器以及任何專門用於國家任務之航空器，如郵政、關務以及警察。除此以外的任何航空器均屬私人航空器。

項次	區分	法規名稱	要旨
4	國際公約	巴黎航空管理公約	第 32 條：軍用航空器除非經過特別准許，否則不得飛越他國領空或降落他國領土；一旦經過特別准許，飛越或降落他國之軍用航空器將享有國際慣例上外國軍艦所得享有之權利。
5	國際公約	國際民用航空公約	第 1 條：明定各國對其領空享有完全和排他主權。 第 9 條：由於軍事需要或公共安全的理由，各國可以限制或禁止其他國家航空器在其領土內特定地區上空飛行。
6	國際公約	武裝衝突法	對戰爭或使用武力的禁止、許可及限制，即對國家或國際組織可否訴諸武力解決爭端的相關規定。
7	國際公約	戰爭法	戰爭或武裝衝突發生時，交戰各方應遵守的國際規定，包括作戰方式及武器規範、中立和戰犯處理等。
8	相關國家國內法	美國戰爭權力法	一、總統下令動用軍隊，對外進入或臨近戰爭狀態的 48 小時內，依法應向國會報告。 二、未經國會授權的軍事行動，美軍部隊不得在當地停留超過 60 天，到期後於 30 天內撤離，即未經國會同意或宣戰的對外戰事，總統有至多 90 天的出兵權力。
9	相關國家國內法	日本事態對處法	第 3 條：自衛隊為維護日本的和平與獨立與國家安全，在面臨危機事態時，應以必要之手段維護國家安全。 第 76 條：當與日本有密切關係的國家發生武力攻擊事態，而連帶可能影響日本的國家安全時，自衛隊為維護日本的和平與獨立與國家安全，在面臨危機事態時，應以必要之手段維護國家安全。 第 88 條：自衛隊在行使武力因應危機事態時，須遵守國際法規與慣例，並對危機事態進行合理及必要之判斷後，在以相應的作為進行因應。

全民國防素養（大健康）創新認證發展

項次	區分	法規名稱	要旨
10	相關國家國內法	中華民國憲法增修條文	第2條：總統為避免國家或人民遭遇緊急危難或應付財政經濟上重大變故，得經行政院會議之決議發布緊急命令，為必要之處置，不受憲法第四十三條之限制。但須於發布命令後十日內提交立法院追認，如立法院不同意時，該緊急命令立即失效。
11		中國大陸反分裂國家法	第2條：世界上只有一個中國，大陸和臺灣同屬一個中國。 第3條：臺灣問題是中國內戰遺留下問題，解決臺灣問題，實現祖國統一，是中國內部事務，不受任何外國勢力干涉。 第7條：臺灣海峽兩岸可以就下列事項進行協商和談判： （一）正式結束兩岸敵對狀態。 （二）發展兩岸關係的規劃。 （三）和平統一的步驟和安排。 第8條：臺獨、重大事變或和平統一可能性完全喪失，可採取非和平方式。

附件15：國家治理電腦系統決策模擬操作說明（略）

附件16：國家治理電腦兵棋系統推演記錄表

○○○組別					
動次	單位（10億）			支持度	信任度	執行政策
	總負債	收入	支出			
初始資料						
1						

附件 17：議題想定兵棋推演記錄表

○○○組別				
第○階段				
現在時間			推演時間	
特別狀況：				
行動方案	一、目標： 二、行動指導方針（構想）： 三、方案：			
臨機指裁 小組指導				

附件 18：觀察分析小組評分表

○○○組別			
項次	國家治理電腦系統兵棋推演評分項目與總結分析報告	配分	得分
1	國際情資掌握與分析能力	20	
2	戰略思維能力	15	
3	團隊決策與計畫能力	15	
4	團隊合作協調能力	15	
5	團隊問題解決能力	15	
6	團隊創新能力	20	
總得分			
總評			
表現最優人員			

○○○組別			
項次	議題想定兵棋推演評分項目及分析報告	配分	得分
1	國際情資掌握與分析能力	20	
2	戰略思維能力	15	
3	團隊決策與計畫能力	15	
4	團隊合作協調能力	15	
5	團隊問題解決能力	15	
6	團隊創新能力	20	
總得分			
總評			
表現最優人員			

附件 19：參訓學員人格特質分析表

姓名		
分析判斷力	20	
整合力	20	
決策力	20	
執行力	20	
創新力	20	
總分		
質性分析		

註：以 80 分為標準線，實施增減評分。

Chapter 7

健康素養創新認證（全民防衛動員演練——力空時）

第一節　發展架構與途徑

壹、發展架構

　　主要目標整合常備體系防衛素養要素體能、戰技與學經歷交織發展的軍事養成教育、預備體系防護素養要素態度、能力與學科知識素養及後備體系健康素養勞動就業力關鍵動機、行為與知識共通核心職能指標，發揮全民防衛動員演練力空時整合綜效（Synergy）。

　　實踐構想主要透過預備、常備與後備三大運作體系年度主要演練校安、漢光與萬安綜合組建的複合型災害防救演練，於陸海空各場域，推動全民防衛健康素養國防體適能、國防技藝能與國防學識能的創新與認證行動，以實現全民國防體制（總統、國家安全會議、行政院及國防部）全民防衛動員準備演練力空時統合效益。

　　國防體適能主要綜整衛福部之營養力、教育部體適能與勞動部勞動力動機職能三項指標發展而成。國防技藝能則是以國防部五大教育主軸為發展核心，輔以教育界體驗活動所推廣的團隊動力學及勞動部勞動力行為職能而得，國防學識能不僅承接國防體適能與國防技藝能實踐成效，更進一步搭配國際終身服務學習思潮與結合勞動部勞動力知識職能發展全民國防學門，以推動全民國防健康素養創新與認證。

　　為有效提升全民國防素養，在資源系統的建構方面，首先需要建構一個全民防衛動員協作平臺以有效統合預備、常備與後備體系運作之能量，其次需要鼓勵建置一個全民國防素養創新與認證中心，以建立師資、活動與基地三大認證指標。（如圖：健康素養創新認證發展架構圖）。

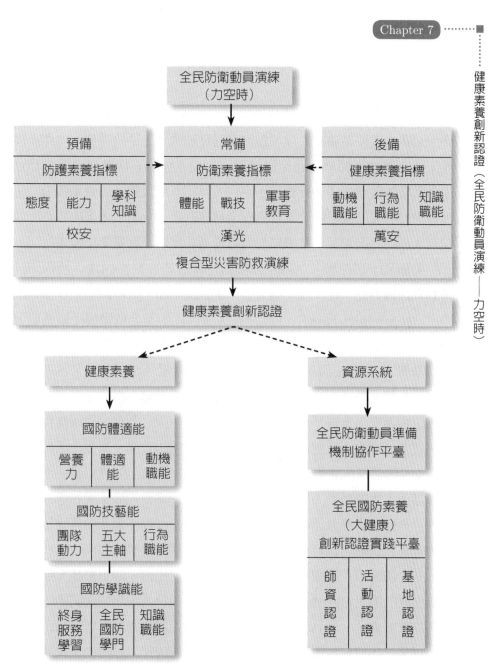

健康素養創新認證發展架構圖

資料來源：筆者自繪。

貳、發展途徑

艾文及海蒂·托佛勒（Alvin & Heidi Toffler）的《新戰爭論》，以十大知識生產要素驗證人類創造財富與發動戰爭方法的神似，亦即為現代工商企業準備的努力途徑同樣適用在現在與未來備戰與應戰的作為上。戰略學者鈕先鍾亦針對核子時代人類相互保證毀滅的戰爭特質，指出智與力合流的戰略觀念，含攝安全與非安全（發展）因素的考量，非安全（發展）因素甚至在戰略思與行要素的比重上更見舉足輕重。

美國 911 事件後，《四年期國防總檢討報告》（QDR）將國防計畫教育訓練重點，從「基於威脅」（threat-based）大步調整為「基於能力」（capabilities-based），就是在提醒世人，安全威脅因子縱使能分析得天衣無縫，終究不如能力持續建構來得信實可靠。

臺灣 2009 年出版的《四年期國防總檢討報告》（QDR），顯示常備體系的體能戰技訓練，已進一步強化並擴充為聯合指管通資情監偵等九大防衛素養，支撐學校預備體系發展的學校國防教育，也因應現代戰略與社會思潮的不斷變遷與發展，成為兼具國防教學，學生生活輔導及校園安全維護三大實務，並具體落實於校園綜合安全防護素養的演練。後備體系主體的勞動力訓練，也形成動機、行為與知識三大核心共通職能的社會健康素養共識發展。全民防衛動員三大運作體系的素養培育與訓練，在全民國防教育課程縱向連貫與活動橫向統整的共同企求與催化下，結合體驗教育（團隊動力學）與行動教育途徑，運用體能、態度與動機形成的國民自我健康認知、戰技、能力與行為凝聚的國防團隊精神認同及軍事教育、學科教育與知識教育綜合而成的國防客觀知識認識構想，以尋求如何自我認知、如何團隊認同與如何知識認識的全民國防素養值提升行動方案，達成全民國防國防精力（身）、匠力（心）與慧力（靈）健康發展的全人目標（詳如圖：全民防衛動員健康素養發展架構）。

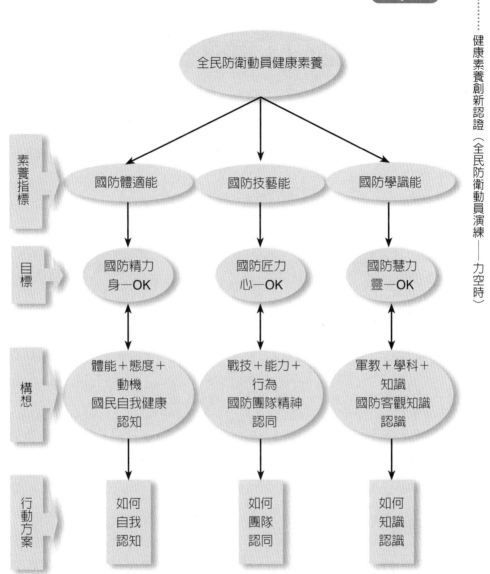

全民防衛動員健康素養發展途徑

資料來源：筆者自繪。

第二節　國防體適能

壹、發展途徑

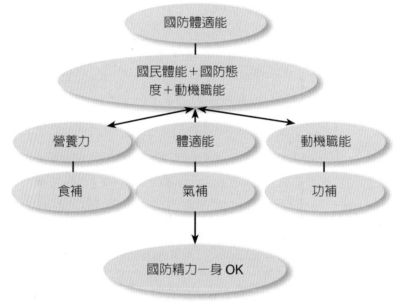

國防體適能指標發展途徑示意圖

資料來源：筆者自繪。

貳、目標

國防體適能是國民國防基本能力認知，亦即國民身體適應國防生活與工作的基本能力，包含體能、態度與內在動機等要素，以此展現國民個人對國防最佳適性力，達成國防精力（身－OK）提升目標。

參、構想

由於體適能可以調整新陳代謝－訓練神經系統－產生身體活力－改

變人生與工作態度及動機，故國防體適能發展，首先在體能上要求國軍體能須結合教育部體育署定期公告國民體適能現況常模及其網站提供的柔軟度、肌力與肌耐力、心肺耐力、體重控制四項指導重點，並強化關注衛福部國民健康署營養健康指標的充實與提醒。

在態度上，則以教育部十二年基本教育全民國防教育課綱素養的態度目標為基準，要求全體國民對國防持有積極正向態度，能體認全民國防目標的重要性，具備參與國防相關事務意願。在參與服勤動員等相關公益活動時，能展現同理關懷與團隊合作精神，在災防實作時能表現專業態度與敬業精神，注重溝通協調實效，能從臺灣重要戰役體認忘戰必危與好戰必亡的任務與使命。

在課綱內容學習向度（1-5）、學習主題（A-K）、學習內容（AV1-KV2）補充體適能內涵，或統整戶外教育議題，將更能強化與環境的連接感，養成友善環境的態度並發展社會覺知與互動技能，進而培養尊重與關懷他人的情操，開啟學生的視野，涵養健康的身心；也可結合防災教育議題，以達能認識天然災害成因，養成災害風險管理與災害防救能力，進而強化防救行動之責任、態度與實踐力。此外，相關體適能內涵也可作為學習主題（I）災害防救與應變、（J）射擊預習與實作之前導課程，並強調體適能於應變緊急狀況時之重要性。

最後，在動機引導上，以社會勞動力的動機職能訓練課程指引，培養國民對國防工作意義與熱情、自我認知與職涯發展及專業精神與自律自制的正向國防動機，以提升全民國防體適能，展現國民自信，培養自省自發的適性力發展。

肆、國民健康態度認知方案

以衛福部營養力──食補為前提，再以國防部與教育部結合的國民體適能──氣補為基準，進而結合勞動部勞動力動機職能指引課程──

功補訓練持續恆常訓練，達成國防精力（身－OK）適性發展目標。

一、營養力（營養素）與食補

（一）營養力（營養素）國防意涵與實踐

　　營養力（營養素）國防意涵指的是構築國民體適能的基石，更是國軍精壯人力儲備的主要管道。衛福部國民健康署指出，營養素提供身體能量及熱量，促進人體生長發育、保持健康和修補體內組織，從飲食中攝取，為營養力的重要關鍵，也是影響個人體適能的重要因素。主要分為兩類，一是產生熱量的營養素，稱為常量營養素，如碳水化合物、脂肪和蛋白質，二是非熱量營養素，稱為微量營養素，如各種維生素和礦物質等，其中最重要的有蛋白質、醣類與脂質。

　　蛋白質可建新的組織並修補，維持身體酸鹼平衡及水的平衡、幫助營養素的運輸、或構成酵素、激素和抗體等，對生長發育期很重要，來源可分為動物性的蛋、奶、肉類、魚類、家禽類和植物性的豆類、核果類、五穀根莖類。蛋白質營養價值，除了量多寡外，還須考慮品質，質好、量足夠稱為高生物價蛋白質，動物性食品多為高生物價蛋白質，植物性食品比較低，兩種食物一併攝食可提高蛋白質營養價值。

　　醣類主要供給身體所需能量，分單醣、雙醣及多醣類，主要來自多醣體的澱粉類食物，如：米飯、麵食、馬鈴薯、番薯等五穀根莖類，少量來自奶類的乳糖，水果及蔬菜中的果糖及其他糖類。醣類可節省蛋白質消耗，醣類葡萄糖是神經細胞能量唯一來源，腦細胞特別不能缺少葡萄糖，不然會影響腦細胞正常功能，宜多攝食多醣類的食物但仍不宜過量，醣類攝取過多，會變人體脂肪造成肥胖。脂質則提供生長及維持皮膚健康所必需的脂肪酸，保持體溫及保護體內受到震盪撞擊傷害，主要來源有植物性與動物性脂肪，飽和脂肪酸攝取過多，會造成心血管疾病。

健康素養創新認證（全民防衛動員演練——力空時）

　　為建立正確飲食觀念、養成均衡飲食習慣、推動營養教育及營養改善措施、營造健康飲食環境，衛生福利部參酌世界衛生組織發布之「全球性健康對策」以及美國、加拿大、日本等先進國家之飲食營養相關法案，擬具的「國民營養法」雖仍在草案討論階段，但符合當前世界各國推動健康飲食與提高身體活動量的主流發展趨勢。

　　國民營養法草案目前更名為國民營養及健康飲食促進法，已推動多年卻苦無進展，透過營養專業人士於國發會建立的公共政策網路參與平臺聯署始得重新啟動。

　　「世界人權宣言」第 25 條宣示，人人皆應享有維持本人與家庭之健康與福利所需的生活水準，包括：食、衣、住、醫療照護與必要的公共服務，各國藉此紛紛尋求立法途徑予以落實，以求建立民眾健康飲食、均衡攝取之觀念與習慣，降低飲食營養不當所造成的非傳染性疾病。衛福部公告的國人十大死因，名列榜上的癌症、高血壓性疾病、糖尿病、腎臟病等疾病皆與飲食型態有密不可分之關聯性。

　　此外，根據全國營養調查的結果，國人攝取油脂、精製糖、鹽分的比例日益提升，高油、高糖、高鹽食物造成許多慢性病，不僅造成國家財政支出的重大壓力，波及年輕人的趨勢亦日漸顯著。研究例證顯示，藉由適當且正確的飲食控制可明顯降低這些疾病的惡化，甚至從最基本的基因遺傳檢測，更可達到提前預防的效果。

　　基因是個人身體細胞基本組成，2003 年人類多達約 32 億組基因密碼完成解碼，基因多樣性造就人類形成許多完全不同的個體，進而結合大數據發展出不同基因檢測，以事先了解個人先天基因，提前做好自身健康管理，並力求保持良好生活習慣，避免受後天環境影響而暴露於眾多危險因子之中，更有利選擇最適合自身的保健選擇，將錢花在刀口上，以有效預防風險並把握寶貴保養時間，為推動精準健康提供相當助益。

　　行政院生技產業策略諮議委員會議（BTC）決議提出「生醫產業創

新推動方案」，自 2020 年起，將持續完善精準健康生態系，扶植精準健康產業鏈，以達成 2030 全齡健康願景。教育部亦據此提出布局臺灣精準健康下世代多元人才培育計畫，以超前部署精準健康產業所需人才，針對醫療相關證照人員與產業科技實務需求的落差，放寬參與人員資格，以加速提供所需人才，也將成為衛福部增設訓練及考證項目的努力方向。

（二）食補（食農教育——生機菜園蔬果）

人類精力產生首先來自水果、蔬菜、芽苗中的葡萄糖，打點滴主要即在補充身體的葡萄糖，其次是澱粉，再來是脂肪，最後才是蛋白質。目前較受關注的營養失衡主要是由高熱量、高鈉、高糖、高脂等飲食，所造成的過胖或多重慢性病纏身等問題，有賴正確飲食觀念的建立與方案的推動。

為了要找回人與食物的最真依存、重建我們與土地、農民的真實關係，並回應氣候極端化變遷的危機，2022 年 5 月 4 日《食農教育法》正式公布施行，食農教育推動方針主要在支持認同在地農業，培養均衡飲食觀念，珍惜食物減少浪費，傳承與創新飲食文化，地產地消永續農業等。食農教育就是飲食教育＋農業教育，推廣面向及核心概念主要為食品安全、低碳飲食、均衡飲食（正確的飲食知識）、全球環境變遷調適（糧食安全）、飲食文化、食農體驗、友善環境、社區產業（含農村及在地經濟），其目標在達到促進國人健康、提升飲食安全和糧食自給率、提升農民福祉及農村再生、推動友善農業等政策上的目的，重要策略鼓勵多食用富水分的食物、養成良好飲食搭配、控制食量、正確吃水果、打破蛋白質的神話。

人的身體有 80% 是由水組成，所吃的食物應含有 70% 的水分，水除了蒸餾水外，可能含有氯氣、螢光劑、礦物質及其他有毒物質，植物食物裡水果、蔬菜、芽苗等三種含水量較多，草食性動物如大象、犀牛

等壽命普遍較肉食性動物如獅子、老虎等長，主要是因草食性動物體內有足夠的水分，能順利排除廢物毒素之故。營養學家孫安迪醫生指出，水對體溫的調解與脂肪、蛋白質和碳水化合物的代謝有密切關係，每天適量飲水 1,500 至 2,500 毫升，有助清除殘留身體內的廢物與毒素。

1. 蔬果類

孫安迪醫師歸納整理日常生活飲食有關蔬果類別的營養成分價值建議值得參考，其中如奇異果、黑芝麻、核桃仁、蓮藕、桑椹、黑豆有利頭髮烏黑亮麗。葵花籽和南瓜籽有利皮膚光潔。苦瓜生理活性蛋白，有利人體皮膚新生和創傷癒合，增加皮膚活力，使面容細嫩。新鮮西瓜汁可增強皮膚彈性，減少皺紋，增添光澤。檸檬含大量的檸檬酸和枸櫞酸，能與皮膚表面的鹼中和，具有消除皮膚色素沉澱的漂白作用，其維生素 ACP 能透過皮膚吸收，使皮膚保持光澤。

櫻桃含鐵高，是合成人體血紅蛋白、肌紅蛋白的主要原料。紅棗養血滋補，使顏面紅潤。菠菜含鐵、鈣及維生素 C 和 K，有益補血。黃瓜含黃瓜梅和大量維生素 C，有很強的生物活性，可增強免疫功能，長期食用，可使皮膚細嫩，也可搗汁，清潔皮膚，並有活血、潤膚和防晒作用。番茄富含維生素 P，用番茄汁塗臉可改善皮膚粗糙，使皮膚細膩光滑。胡蘿蔔的維生素 A 能阻止細胞過度增殖、胡蘿蔔素保護皮膚彈性。白花椰菜含水量高達 90% 以上，熱量較低，是理想食物。南瓜是維生素 A 的優質來源，含水量也高達 90% 以上且熱量亦很低，南瓜花水分高達 95%，含熱量更低，可在沙拉、湯和燴菜中，加上一些南瓜花。

草莓含天門冬氨酸可去除體內多餘水分減肥。甘籃菜含丙醇二酸，水分含量超過 90% 且熱量低，食後易飽脹，且可抑制糖類轉化為脂肪，防止發胖，有利減肥。洋蔥為低熱能食物，幾乎不含脂肪，特別適合肥胖的中老年人食用，其所含的半胱胺酸是抗老物質，其有機硫，除了會發出辛辣的刺激味外，還能刺激正腎上腺素，促進脂肪分解，所

含的硒更可減少攝護腺癌。大蒜亦含硒，能刺激腦下腺，浸膏能延緩大腦退化，避免沮喪、憂鬱，調解人體對脂肪與碳水化合物的消化吸收，阻止脂肪和膽固醇的合成，其胺基酸可抗癌，揮發油（精油）則可提高免疫功能，辣椒的辣椒素能促進脂肪新陳代謝，有利降脂減肥。

巴西堅果含高量硒，一顆含 48 微克，可減少攝護腺癌。粗糧含較多的維生素、礦物質、膳食纖維，加工過的米麵，鎂、硒、鋅和維生素 B 和 E 等流失較多。大白菜含鉬，可阻斷體內的亞硝胺類的合成。韭菜、芹菜含木質素，能提高體內吞噬細胞的活力，其中的纖維素能促進腸蠕動、減少滯留。蕈類如冬菇、草菇等含多糖成分，具抗腫瘤活性。含大量致癌物質的醃製品、黴變食品、燒焦食物最好能避食，煎炸食物少吃，食物經過蒸煮最安全，只要維持在攝氏 200 度以下不會變易原性物質。

水果容易消化，且能供應大量精力，是最佳食物，頭腦所需的唯一養分就是葡萄糖，而水果除了富含 90-95% 的水分外，更有大量果糖可以輕易轉化成腦子所需的葡萄糖。水果的消化不在胃而在小腸，吃水果一定要在空肚子時，水果進入胃沒幾分鐘後便進入小腸，在小腸消化才釋放出果糖，若水果和其他食物一起混在胃內，便容易發酵打嗝，吃水果重在新鮮，喝現榨的果汁比罐裝或瓶裝果汁好，封裝加熱會破壞果汁結構而呈酸性反應。

心臟病專家卡斯提洛（William Castillo）指出，水果含有生物黃鹼素（bioflavonoids），能防止血液轉濃而堵塞動脈血管，同時會增強微血管的強度，防止內出血。一天的開始應吃些容易消化的、含有果糖、豐富維生素且具防癌作用、能滌清循環系統的食物如新鮮水果或現榨果汁，到了中午進食時，將更能感受到特別的活力和精力。

2. 豆魚蛋肉類

美國國家科學院研究指出，蛋白質超量攝取，會加重泌尿組織的負荷，且蛋白質轉化過程會產生阿摩尼亞副產品，使身體的氮過量，造成

疲倦。肉類是補充身體蛋白質的主要來源，但要注意的是，肉類中含有甚高比例的尿酸，尿酸是體內細胞做工所產生的一種廢物，由腎臟從血液裡析出送至膀胱成為尿，尿酸不能迅速且完全地從血液中排除，便會形成痛風和膀胱結石、腎結石，一般身體一天只能處理 8 公克的尿酸，而普通一塊牛排即含有 14 公克，尿酸使肉類別有味道，屠宰過的動物身上特別多。

肉類亦容易滋生肉毒桿菌，羅德霍夫曼（Roald Hoffmann）在《醫學中失去的一環：食物與身體之關係》一書中指出，動物活著時，體內結腸的滲析作用能阻止肉毒桿菌侵入組織內，當動物一死，滲析作用就停止，肉毒桿菌便成群地穿過結腸壁，進入肌肉，造成肌肉的軟化。

3. 乳品類

首先要提醒的是，每一種動物的奶，其中所含的成分，只對這種動物最有益。

牛奶內含生長激素，適合初生牛犢，一般小牛在兩年內就能長為成牛，體重由 90 磅快速成為 1,000 磅，而人類嬰兒生下時，一般只有 6-8 磅重，成年時也不過 100-200 磅之間，可見牛奶未必是人類母奶的最佳替代品。

研究乳製品和其對人類血液影響的權威艾力斯博士曾指出，人的身體很不容易吸收牛奶中的蛋白質，喝牛奶除會得過敏症，也會使血液變得混濁，牛奶蛋白質成分主要為酪蛋白，適合牛隻新陳代謝所需，半消化的酪蛋白進入血液刺激器官組織造成過敏，排出體外加重肝臟及排泄器官的額外負擔，而母奶中蛋白質的主要成分是容易消化的乳蛋白素。

艾力斯檢測人體喝牛奶的血液發現，鈣含量其實是不高的，反而各種綠色的蔬菜、芝麻醬和核果含有更豐富的鈣質，且極易吸收，超額鈣質蓄積腎臟也會形成腎結石。此外，牛奶會在小腸裡形成黏滯、滑溜的物質，阻塞小腸通路，造成蠕動的困難，乳酪其實就是濃縮的牛奶，製作 1 公斤的乳酪約需 4 公升的牛奶，乳酪含有高脂肪容量，吃的時候須

佐以大量沙拉以足夠水分稀釋，這也是近來尋求素食蛋白質來源的趨勢越來越顯著的原因。

4.食譜

營養專家指出，不同的食物有不同的消化方式，米食、麵食、馬鈴薯等澱粉類，借助口中的唾液酶，屬鹼性消化，肉品、奶製品、核果、種子等蛋白質類，借助胃中的胃蛋白酶，屬酸性消化，根據化學反應酸鹼中和原則，食物互斥搭配容易使血液過酸，因而變濃，造成循環減慢，氧氣吸收不足，使消化過程變得緩慢甚至破壞，胃中未消化的食物，成為細菌的溫床，食物發酵腐敗造成胃腸失調與消化不良，導致專門整腸健胃的胃腸藥與健康食品相當盛行。衛生福利部也為加強健康食品之管理與監督，維護國民健康，並保障消費者之權益，制定有「健康食品管理法」，該法所稱健康食品，指具有保健功效，並標示或廣告其具該功效之食品，而所稱之保健功效，係指增進民眾健康、減少疾病危害風險，且具有實質科學證據之功效，非屬治療、矯正人類疾病之醫療效能，並經中央主管機關公告而有期限之健康食品許可證者。

衛生福利部國民健康署發行的每日飲食指南手冊指出，世界衛生組織稱不健康飲食、缺乏運動、不當飲酒與吸菸是非傳染病的四大危險因子。聯合國大會並宣布 2016 至 2025 年為營養行動十年，說明健康飲食已成為國際重要的關注課題。為強化民眾健康飲食觀念、養成良好的健康生活型態、均衡攝取各類有益健康的食物，進而降低肥胖盛行率及慢性疾病，國民健康署結合臺灣營養學會，不僅發布每日飲食指南，更進而定期更新國民飲食指標編修與全生命期營養系列手冊，以利營養師及衛生教育人員提供適切之建議。

根據國民健康署的營養建議，三大營養素合宜的比例分別為蛋白質 10-20%、脂質 20-30%、醣類（碳水化合物）50-60%。每日飲食指南主要涵蓋全穀雜糧類、豆魚蛋肉類、乳品類、蔬菜類、水果類、油脂與堅果種子類等六大類食物，並針對七種熱量需求量分別提出建議分量。

相關建議每餐只吃一樣低水分的食物，同一餐不要既吃澱粉類又吃蛋白質類，食物搭配得當，消化只需 3 到 4 小時，搭配不當，消化將大為延長 8 至 14 小時。消化是最耗精力的體內活動，睡了 7、8 小時仍覺得很睏，即加班消化。每次少吃點，命就活的長，累積就吃的多，真想多吃就吃富水食物，吃的生菜沙拉越多，越能維持精力和健康。

康乃爾大學的麥凱（Clive McCay）博士實驗指出，食物在精不在多，營養過與不足皆不適當，聰明吃，營養跟著來。營養學界的飲食口訣值得推廣，亦即早晚一杯新鮮奶、餐餐水果拳頭大、菜比水果多一些、米飯蔬菜一樣多、豆魚蛋肉掌心小、堅果種子來一匙，優質蛋白多攝取、粗糙全穀不嫌棄、彩色蔬菜求變化、油好膳食纖維又足夠、抗氧化維生素也不缺，將是個人邁出營養充足的第一步。

二、體適能與氣補

（一）體適能國防意涵與實踐

體適能國防意涵即在培養健康體適能以建立國防正向態度與習慣，健康體適能不是體育運動場上強調的競技體適能，而是包含生理心肺循環適能（心肺耐力）、肌肉力量、肌肉耐力、身體柔軟度與脂肪百分比力等；主要規範在教育部體育署體適能檢測實施辦法相關年齡、項目及順序，如瞬發力（立定跳遠）、肌力及肌耐力（屈膝仰臥起坐）及身體組成（身體質量指數及腰臀圍比）、柔軟度（坐姿體前彎）與BMI（BMI 指數：體重／身高平方）、心肺耐力（跑走）等。

國軍各類招生考選以教育部體適能檢測成績達中等為報名採認門檻，但教育部學生體位（體適能常模）發展與國軍需求比例落差越來越大的趨勢卻日漸顯著，不僅少子化造成國軍人才招募的強大阻力，青少年國民體適能的日漸畸形發展，也對國防儲備造成一種警訊。2012 年教育部體適能政策推展績效追蹤評估分析發現，學生運動參與情形及身

體活動量明顯不成比例、使男女生體適能檢測成績不斷呈現下滑趨勢，在適配性驗證上，僅在體適能認知測驗呈現正成長，在態度與規律運動及自我信心則為負成長。

體適能的肌力，指肌肉對抗某種阻力時所發出力量，一般而言是指肌肉某一部位或肌群在一次收縮時所能產生的最大力量，肌肉訓練可使肌肉纖維變得更大，增加肌肉發生力量；肌耐力則指肌肉維持使用某種肌力時，能持續用力的時間或反覆次數，肌肉耐力與肌肉力量有關係，適當的肌肉力量維持適切的肌肉耐力，而心肺耐力指的是個人肺臟與心臟，從空氣中攜帶氧氣，並將氧氣輸送到組織細胞加以使用的能力，通常與肌耐力密切相關，訓練要領除注意運動方式、運動頻率、運動強度、運動持續時間、漸進原則外，也要強化身體柔軟度訓練與飲食控制，避免造成體內脂肪過多的肥胖現象。

有關 BMI 相關指數的判讀，一般小於 19 顯示體重過輕，19-24 為正常值，25-30 顯示輕度肥胖，31-35 則為中度肥胖，大於 35 則屬重度肥胖。培養健康體適能最關鍵的是，養成規律的運動習慣，保持每次 20 至 30 分鐘、每週三次、心跳每分鐘 130 次以上，美國運動醫學會研究指出，健康成人有效運動心率，為最大心跳率的 60-85% 之間，而最大心跳率為 220 減去實際年齡，其中正確呼吸更關係運動效能與效益，是個人培養健康體適能的重要指引，也是形成國軍體能戰技的關鍵要素。

（二）呼吸

同樣的運動習慣雖因不同的人體基因組成，可能造就不同的健康體適能發展，但透過運動造就健康體適能的效益則是相同的。人類體內約有七兆五千億個細胞，細胞藉氧氣燃燒葡萄糖提供身體基本能源核醣三磷酸，使身體能活動和成長。人體每天大約要吸進 2,500 加侖的空氣，以支應體內所需氧氣，細胞欠缺氧氣就會衰弱乃至死亡。《商業周刊》

第 1064 期馬萱人的專文〈全球一千萬人重新「學呼吸」〉指出，1982年印度人古儒吉頓悟了呼吸和身、心、靈連結的奧義，進而融會成「淨化呼吸法」（Sudarshan Kriya），讓再簡單不過的呼吸成為讓人靜心、消除壓力、帶來能量的通路之一，美國思科（Cisco）、世界銀行等，甚至直接在組織中推行此法。

呼吸和情緒有著極密切的關連，如喜悅時，吸氣是既長又深且緩的，急促的呼吸，顯示處於強烈的情緒之中，深長且穩定的呼吸，表示心靈平靜，每種呼吸，都能找到相對應的情緒。尤其人體細胞外面的淋巴液（含白血球），總重量為血液的 4 倍，專門輸運死掉的細胞、毒素等，心臟藉助深呼吸及肌肉的運動壓縮，讓血液經主動脈→微血管→運送氧氣和養分→溶入淋巴液內由細胞吸收並排放廢物→推移淋巴液→轉入血管，加州大學聖塔巴巴拉分校淋巴學教授席爾茲（Jack Shields）用微型攝影機拍下淋巴系統的清理過程，發現橫膈膜的深呼吸是最有效的清理方式，清理速度是平常的 15 倍。

呼吸主要由鼻吸氣，從口吐氣，稱之為吐納，盡量自然綿密、深長細勻。最佳練習時辰是清晨起床及臨睡前，一次練 5 分鐘即可，胸腹脹氣則吐多納少，加強吐氣，過度勞累、營養不良、貧血則納多吐少，加強吸氣。每次做完吐納，再運用腹式呼吸數分鐘慢慢調息，用鼻吸吐補充瀉掉之元氣。深呼吸的要領就是吸足呼盡，吸氣、憋氣、吐氣循環比例概約 1:4:2，即一吸四憋二呼，每天三次、每次十個時間單位（默數），使其調息綿綿、深入丹田，呼吸先求緩和無聲，再細長慢勻，平常人呼吸，每分鐘平均十八次，練功日久，可達每分鐘三至四次。

曾參與國科會氣功科學實驗的臺灣武術家及氣功師李鳳山指出，呼吸調息有「文火」與「武火」兩途，文火指習慣成自然的腹式呼吸法，是無意識作用的，又稱為「童息」，講究「慢工出細活」，慢才能引氣入靜，武火指配合意識作用的腹式呼吸，祕訣在於「氣沉丹田」，吸氣時，凸下腹提肛，吐氣時，凹下腹，肛門放鬆全身跟著放鬆，文武火交

替運作，練氣養生。

呼吸時特別注意唾液的伴隨調息，道家稱唾液爲玉泉、靈液、神水等，爲身體精氣之凝聚，有潤輔五臟六腑之機能，唾液有澱粉酶幫助消化吸收、酵素可消腫止痛、腮腺激素可防止老化，唾液分泌多可防止蛀牙，口乾時嘴輕輕閉著，舌頭在嘴內慢慢上下四方攪動，唾液就會很快溢出，在口中漱三十六次，然後分三口用心嚥下，送至丹田，早晚各作三回。平時舌即輕輕頂在上顎靠近上牙齦處，道家稱之爲「搭橋」，其連接任督二脈，有生津通氣之效。

（三）有氧運動

呼吸帶動有氧運動的需求，有氧運動概指走路、慢跑、長跑、游泳、打球、跳舞、騎腳踏車等心跳率低的運動，能燃燒脂肪作爲體力來源，並防止動脈栓塞減輕心臟過度負荷。身上有氧的器官系統如心臟、肺臟、血管及有氧肌肉特別關注有氧運動，運動前先做暖身，暖身消耗脂肪而不是血醣，大約 15 分鐘後，囤積在體內的脂肪就會慢慢流進血液中並轉到有需要的地方，如此避免急迫抽調氧氣造成重要器官危害。有氧運動至少 20 分鐘以上，最好 30 分鐘，運動後要慢慢冷卻身體，急速停下會讓血液大部分留在運動的肌肉中，無法平均散布全身進行正常循環，從而不能供應氧氣、運送養分和排放廢物，最後使血液毒性增加。

無氧運動指的是心跳率高，可產生爆發力獲得從事運動比賽所需壯碩體能的運動，如網球、籃球以及其他類似運動，以燃燒肝醣作爲體力來源，不會減少脂肪，肝醣過低則燃燒血醣，作爲體力來源。血醣主要用來支應神經系統，血醣不足，身體就會出現頭痛或頭暈等不適症狀，新陳代謝出現疲勞、沮喪、焦慮、血液循環及關節等問題，主要是受到無氧運動過度所造成，無氧運動需要大量血液供應氧氣給肌肉，不僅損及耐力，也使肝及腎等重要器官欠缺氧氣而受損。

身體各部分包括神經、肌肉、骨骼、消化、循環、淋巴、內分泌等系統都需長期呈現較持久且較佳的運作狀態，主要仰賴有氧運動，以有氧運動為基礎，適切穿插無氧運動，調整身體的新陳代謝，可兼得健康與壯碩。

（四）氣補

1. 學習活動範例

(1) 晨起 1 小時氣補體驗法 （摘要整理增補自李鳳山養生功法）

A. 活動目標

氣血力綜合體驗。

B. 活動要領

晨起 1 小時氣補體驗法

步驟	氣補	要領	效益
1	開氣功	要領為吐納，以鼻吸氣搭配轉動身體，兩手掌向上由胸前至頭頂、頭上仰，然後以口吐氣，兩手向兩旁劃開慢慢放下，可以 9 的乘數循環。	讓身體調息均勻
2	調氣功	屬太極拳功法，兩手輕含太極形，畫圓，往前力量放在前腳，後腳跟提起，往後時，坐後腿，前腳尖提起，讓氣貫滿丹田，前後左右交替練習，保持動作緩和，練習時呼吸調順，往前時呼氣，往後時吸氣，規律而緩慢，再依此循環。	體會內在外在皆在氣罩之中之感
3	理氣功	首先由前額往後腦勺連續按摩，接著是耳廓、耳垂依序按摩，然後搗住耳孔，雙手食指輕敲後腦周邊，再接著兩手掌拍打左右臉頰周邊淋巴系統，同時上下齗打牙，再順沿脖子，邊吐舌、邊按滑淋巴系統，以上各節，都以 9 的倍數，規律循環運作。	調理頭、頸周邊穴脈口

步驟	氣補	要領	效益
4	甩氣功	首先平甩，兩手平舉齊眉，上下平甩，接著，兩手下垂，手掌朝上，原地甩動，然後兩手上舉高過頭，原地高甩，接著左手在上、右手在下互甩，以此交換 2 個循環，最後，兩腰側甩，兩手高過頭，先左後右連續甩動 9 的倍數。	以此疏通關節，強化有氧器官與肌肉
5	拍氣功	雙腳平行，與肩同寬，全身放鬆，首先後腰部，左手拍右腰、右手拍左腰，讓重心在左右腳間來回擺動，然後左右肩，左右腋窩，左右手肘，接著雙手上下前後擊掌，雙手掌上下左右內外循環拍擊，然後小腹與丹田。	以此暢通氣脈回流心臟源頭，促進氣血活絡
6	增氣功	首先雙腳與肩同寬並下蹲，吸氣同時兩手上舉過頭，吐氣同時雙手下擺，上下 9 的循環，接著，吸氣雙手上舉兩腳跟同時離地，然後吐氣雙手下擺兩腳跟貼地，緊接著，雙手前後左右轉動關節，雙手掌向下鬆動，手掌鬆緊握交互循環。	使氣通上下，筋脈舒暢
7	明眼功	以左右食指及其伸展處為目標，交互遠近凝神注視，然後順左右眼周邊穴口往鼻周邊穴口循環按摩。	使眼鼻氣路通暢
8	收氣功	以鼻吸氣，同時雙手由兩旁舉至頭頂，抬頭，將氣下壓至丹田，然後上提貫滿胸腔，再以口徐徐吐氣，同時雙手由兩側緩緩下放，以此連續 9 的循環。	氣之蓄養節宣
9	聚氣功	以腹式呼吸調息，當氣貫滿丹田時，用雙手指尖順逆時針按摩胸腹部，由中央向外側來回滑動，依此連續 9 的循環。	氣周運胸腹之滿足感

資料來源：筆者整理增補自李鳳山氧氣功法。

C. 說明

古人云，神居「精氣神」之領導地位，所謂「聚精在於養氣，養氣在於存神，神之於氣，猶母之於子也，神凝則氣聚，神散則氣消」。人有行神、語神、立神、坐神、視神五神，觀神便知身心狀況及命運盛

衰，故氣補全程眼閉，則神不外失，心不外逸，神養則血氣凝聚，氣血聚則精力旺盛。

(2) 室內小鐵人氣補體驗

A. 活動目標

體適能要素綜合體驗。

B. 活動要領

a. 暖身體驗：深呼吸（1:4:2）十次。

b. 肌力、肌耐力體驗：臂力──伏地挺身、腰力──仰臥起坐 2 分鐘、腿力──3,000 公尺模擬（原地跑步 15 分鐘）。

c. 心肺耐力體驗：有氧運動──配合市民體操大拜拜 10 分鐘。

C. 說明

a. 血液與淋巴液比──室內運動。

b. 身體基本三力訓練模擬──陽春鐵人。

c. 有氧運動（市民體操）。

d. 健康飲食與習慣──呵護身體生化機能。

三、動機職能與功補

（一）動機職能國防意涵與實踐

動機職能國防意涵指的是國民對國防的純正動機與認知。國民對國防動機健全純正，認知健康完整，國家安全才能獲得有效保障，國家發展才有光明前途。國民有了適切的營養食補，再加上合宜的體適能氣補活動，進而透過勞動部勞動力發展動機職能訓練，使國民對國防動機純正，認知正確，定位分工，適才適所，進而發揮個人對國家最大貢獻。

想做（興趣）是自我工作成功第一步，能找到個體最適切優勢並發揮熱情，讓職場環境與國防正向價值觀匹配，則個人與國家發展事半功倍，個人績效意識與國防工作效能相加乘，則個人與國防工作得道多

助，個人績效呈現與國防工作認同相符應，則能創國家安全與發展不敗利基。個人能藉分析與職業適性工具協助，了解個人能力與優勢所在，並因而各自遵守工作與職場倫理，做出人生不同階段之適切職涯發展規劃，才能針對個人專業，發揮專業態度與敬業精神，展現自律自制的專業自我形象，成為一個健全發展的國民，以共同促進國家健全發展。

　　自我是個人對自己多方面知覺的總合，包括性格、能力、興趣、慾望、人際關係與自我評價等。自我發展是生涯發展重要目標，也是國家人才發展的重要課題，可從不斷的活動學習中，進行自我培養與修練，澄清自我想做、應做與能做的分際與關聯性。華倫·巴菲特（Warren Edward Buffett）指出人才網羅，正直、聰明及活力充沛是自我最應重視的三大特質，但如果欠缺第一種正直特質，其他兩種特質效益就會受到折損，此外，自我也需具有國際觀、團隊合作精神、良好語言與溝通能力、高 IQ、AQ、EQ、適應能力強，抗壓力高、創新、獨立思考能力、專業知識與技能、不斷學習新知的精神。

　　工業化 1.0 由政府推動，商業化 2.0 由企業推動，網路 3.0 不僅由個人接棒推動，也正逐步改變大型企業與國家產業發展風貌，全球化時代個人唯有具備競爭獨一優勢，才得以立於不敗之地並發揮國家優勢！人生不缺算計，只缺計算，職場倫理影響職業聲譽也左右大眾對職業的信心，未來個人要在哪裡或會在哪裡，由自我決定，國民自我決定國族興衰，不再是天邊的彩虹，而是就在眼前的事實。

（二）功補

1. 學習活動範例

(1) 自我認知——我是誰（摘要整理自勞動力共通核心職能訓練教材）

　　A. 活動目標

　　認識自己並探詢自己所望角色扮演。

　　B. 活動要領

a. 描繪人生角色並標繪重要性（1-10 分）。

b. 角色取捨。

c. 角色扮演。

人生階段	人生角色	重要性權重（10 分）	最想望的角色扮演
自我評述			

資料來源：筆者整理增補自勞動力共通核心職能訓練教材。

(2) 個人專業形象的建立與展現（摘要自勞動力共通核心職能訓練教材）

A. 活動目標

以名人典範啓發學習個人專業形象塑造與體現。

B. 活動要領

a. 個案討論：【臺灣演義】郭台銘。

b. 簡介：郭台銘白手起家，創辦臺灣第一大民營企業──鴻海，他如何成功打造鴻海王國、創造千億財富？

c. 影片教學：https://www.youtube.com/watch?v=nJou3jeIfoM。

d. 重要經營座右銘：「沒有失敗就不會有成功，失敗的經驗眞的很寶貴，失敗就是成功的保證。」

自我 SWOT 分析

SWOT	O（機會）	T（威脅）
S（優勢）		
W（弱勢）		
自我評述		

資料來源：筆者自繪整理。

(3) 情緒管理與自律自制（摘要整理自勞動力共通核心職能訓練教材）

A. 活動目標

學習並體驗情緒管理與自律自制傾向。

B. 活動要領1——生活壓力小測試

提示：以下十七項爲協助個人對身體健康關注的自我測試，請以符號註記，×：代表從未發生。☆：代表偶而發生。○：代表經常發生。

請回想一下自己在過去一個月內有否出現以下情況		
區分	情況	符號
1	覺得手上工作太多，無法應付。	
2	覺得時間不夠，要分秒必爭，如過馬路時衝燈，走路和說話節奏快速。	
3	沒有時間消遣，終日記掛工作。	
4	遇到挫敗易發脾氣。	
5	擔心別人對自己工作表現的評價。	
6	覺得上司和家人都不欣賞自己。	
7	擔心自己經濟狀況。	
8	有頭痛／胃痛／背痛毛病糾纏。	
9	需要借菸酒、藥物、零食等抑制不安情緒。	
10	需要借助安眠藥協助入睡。	
11	與家人／朋友／同事相處會莫名發脾氣。	
12	與人傾談易打斷對方話題。	
13	就寢時思潮起伏，事情牽掛，難以入眠。	
14	工作太多，不能每件盡善盡美。	
15	空閒時放鬆一下會覺得內疚。	
16	做事任性急躁，事後內疚。	
17	覺得不應該享樂。	

資料來源：筆者整理增補自勞動力共通核心職能訓練教材。

分析結果──壓力小測試

計分方法：

從未發生：0分、偶而發生：1分、經常發生：2分

0-10分：精神壓力程度低，可能生活缺乏刺激，比較簡單沉悶，個人做事動力不高。

11-15分：精神壓力程度中等，有時感到壓力較大，仍可應付。

16分或以上：精神壓力偏高，應反省一下壓力來源和尋求解決方法。

　　C. 活動要領2──**職場心理測試**（大型汽車公司人事部門流行採用的測試）

測試題

大型職場心理測試						
題號	試題	選擇答案				
1	你何時感覺最好？	(a) 早晨	(b) 下午及傍晚	(c) 夜晚		
2	你走路時是……	(a) 大步的快走	(b) 小步的快走	(c) 不快，仰著頭面對著世界	(d) 不快，低著頭	(e) 很慢
3	和人說話時，你……	(a) 手臂交疊的站著	(b) 雙手緊握著	(c) 一隻手或兩手放在臀部	(d) 碰著或推著與你說話的人	(e) 玩著你的耳朵、摸著你的下巴、或用手整理頭髮

大型職場心理測試							
題號	試題	選擇答案					
4	坐著休息時，你的……	(a) 兩膝蓋併攏	(b) 兩腿交叉	(c) 兩腿伸直	(d) 一腿捲在身下			
5	碰到你感到發笑的事時，你的反應是……	(a) 一個欣賞的大笑	(b) 笑著，但不大聲	(c) 輕聲的咯咯地笑	(d) 羞怯的微笑			
6	當你去一個派對或社交場合時，你……	(a) 很大聲地入場以引起注意	(b) 安靜地入場，找你認識的人	(c) 非常安靜地入場，盡量保持不被注意				
7	當你非常專心工作時，有人打斷你，你會……	(a) 歡迎他	(b) 感到非常惱怒	(c) 在上兩極端之間				
8	下列顏色中，你最喜歡哪一顏色？	(a) 紅或橘色	(b) 黑色	(c) 黃或淺藍色	(d) 綠色	(e) 深藍或紫色	(f) 白色	(g) 棕或灰色

大型職場心理測試							
題號	試題	選擇答案					
9	臨入睡的前幾分鐘，你在床上的姿勢是……	(a) 仰躺，伸直	(b) 俯躺，伸直	(c) 側躺，微捲	(d) 頭睡在一手臂上	(e) 被蓋過頭	
10	你經常夢到你在……	(a) 落下	(b) 打架或掙扎	(c) 找東西或人	(d) 飛或漂浮	(e) 你平常不做	(f) 你的夢都是愉快的

資料來源：筆者整理增補自勞動力共通核心職能訓練教材。

分數對照

1.(a)2(b)4(c)6　　　　2.(a)6(b)4(c)7(d)2(e)1　　　3.(a)4(b)2(c)5(d)7(e)6

4.(a)4(b)6(c)2(d)1　　　5.(a)6(b)4(c)3(d)5　　　　6.(a)6(b)4(c)2

7.(a)6(b)2(c)4　　　　　8.(a)6(b)7(c)5(d)4(e)3(f)2(g)1

9.(a)7(b)6(c)4(d)2(e)1　10.(a)4(b)2(c)3(d)5(e)6(f)1

結果分析

　　低於 21 分屬內向悲觀者，容易害羞、神經質、優柔寡斷、杞人憂天，永遠擔心不存在的問題；21-30 分屬缺乏信心的挑剔者，為人謹慎、小心，緩慢決定甚或不決定；31-40 分為以牙還牙的自我保護者，注重實效、聰明伶俐、不易與人為友，一旦為友，要忠誠相待，信任破壞，則很難自處；41-50 分為平衡的中道者，活力、有趣、體貼，是群眾注意力焦點，能自制，使人樂意幫助；51-60 分則是吸引人的冒險家，天生領袖、快速決定，大膽冒險，願意嘗試，讓人喜歡跟隨；60分以上則為傲慢的孤獨者，自負、自我與極端。

第三節　國防技藝能

壹、發展途徑

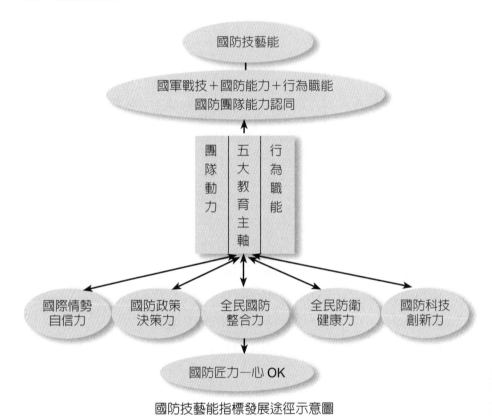

國防技藝能指標發展途徑示意圖

資料來源：筆者自繪。

貳、目標

　　國防技藝能是國防團隊能力認同應用技能，亦即全民國防訊息溝通技能的轉化與提升，是國軍戰技、學校國防能力與社會勞動行為職能的綜整，以此促進國防團隊能力認同，達成國防匠力（心－OK）提升目標。

參、構想

國防團隊能力認同應用技能，是在常備體系國軍戰技發展需求的基礎上，尋求學校預備體系國防能力的充實與社會後備體系各型國防團隊行為職能的提升與強化，以促進全民國防訊息的溝通與團隊認同。常備體系國軍戰技訓練發展，從威脅導向逐步走向能力導向，除專注聯合作戰能力的統合發揮，更講求軍民聯合災害防救能力的綜合提升。

學校預備體系國防素養指標的能力訓練，亦從操作射擊預習各項實作內容與熟練正確射擊姿勢的焦點，努力充實為正確操作災害防救作為與程序的共同要求，進而經由服務學習的志工服務途徑，促進社會後備體系職場勞動力團隊健康行為職能訓練的強化與提升，以構築完備的全民防衛體系。

在國防整體團隊任務與目標指導下，全民防衛各構成體系，以建立正確國防導向價值觀為目標，進而了解各自團隊在國防團隊角色／責任與他群關係。依據國防團隊不同屬性與對象，善用主、被動溝通技巧，有效、明確且扼要表達、接收與解讀相關訊息，並認知／尊重／包容國防團隊多元化差異，以建立和諧夥伴關係，互信互助，達成國防團隊內外共識，共享訊息／技術／資源，提升國防團隊績效，促進跨國防團隊綜效，並在意識到團隊衝突時，能主動了解與接受國防場域矛盾與歧異，運用同理心／換位思考／尊重等方式解決團隊衝突，以促進有他團隊能力認同方案的發展。

肆、國防團隊能力認同方案

國防團隊的學歷是學習力的重要表徵，經歷則是執行力的具體顯現，履歷表示勝任力的成效、資歷則為資格力的主要佐證。透過全民國防教育五大主軸的共同形塑，以團隊動力學的要旨，橫向統整學校服務學習的志工服務與社會勞動行為職能的職場勞動，使其在不同人生與職

場的經管歷練與任務磨練中，不斷淬鍊、鍛鍊與修練，進而精益求精，貫通全民國防教育五大主軸應用技能的強化與提升。

全民國防教育五大主軸的國際情勢在透過國際環境的分析與判斷，經由內在神經訊息溝通的啓示，培養團隊自我認知與角色定位、建立團隊自信力；全民國防藉由外在神經訊息的溝通，發展團隊整合力與建立團隊互信力；國防政策則藉戰略三部曲的引導，了解國防決策的鋪陳並提升團隊決策溝通的實效，持續提升國防團隊決策品質；防衛動員即在藉助行動綜合演練，培養團隊共同執行力，強化團隊綜效；國防科技則在啓發團隊創新能力，以符應國家數位轉型科技驅動（Drive）——創新力、迷途領航（Navigate）——決策力、共創整合（Connect）——整合力、驅動人心（Relate）——溝通力、全局思維（Think）——戰略思維力五大方面的能力需求，達成有他的團隊能力認同目標。

一、團隊動力（Group Dynamics）國防意涵與實踐

團隊動力國防意涵指的是團隊動力對國防團隊形成與發展所能提供的啓發與助益。1930年代，勒溫（Kurt Zadek Lewin）倡議團體動力研究，不但發展團體動力理論，更運用實驗法來研究團體動力，亦即堅持理論和研究應落實在社會實踐上，研究重點置於團體差異與團體如何影響成員表現。

團隊動力學關注和探討的議題，聚焦在影響團隊發展的因素，如團隊決策、競合、溝通、衝突管理、領導、問題解決與組織文化等。張建成在國家教育研究院教育大辭書指出，團隊動力學主要探討團隊生活性質，人一生幾乎都在團隊度過，世上事務通常也是透過團隊方式完成，人在團隊中尋求生養、歸屬、教育、政治、經濟、宗教等各方面需求的滿足，所以團隊動力學不是冷冰冰的象牙塔理論，是活生生的團隊現象

動態關係與動力內涵實務探討。

團隊動力學重視科際整合與縝密的實地觀察與實驗，已在軍中士氣、學校人際關係、工廠效率及公共行政、婚姻諮商、精神醫療等實際情境的應用卓著貢獻，尤其對減少團隊成員磨擦，增進良好團隊氣氛，提升團隊活動效果特別有顯著效益。

在心理或職能臨床治療時，治療師根據個案需求，運用團隊治療方式，設計相關團隊治療活動，對於協助個案維持或改善既有功能效果特別彰顯，其他生活與工作能力的恢復與充實如金錢管理、交通和通訊能力、社交技巧、求職和工作技巧、健康促進等團體活動設計，均有助於改善個體的生活獨立性和工作品質。職能治療師蘇韋列曾指出，人類生活扣除睡眠和獨處，剩下時間都在與人群相處和互動，透過己身嗅覺、觸覺和視覺等感官刺激，首先透過觀察和模仿，學會基本動作、語言、認知和社會技能，之後，在校園裡經由同儕團體學習文字、數學和理解周遭現象所需基礎科學和人文藝術，進而學習更深入專精知識和技能，投入職場後又開啟職場團體學習歷程，逐步建立個人特有的人生與職場態度、知識和技能等素養。

團隊動力觀察指標主要顯現在個體能被量化的動力、能量與情感等變量，進而透過引導者操控團隊能量，創造維持團隊和諧與不斷往前推進的動能存量，甚或透過群體壓力調適個體。隨著人類社會環境日趨複雜，透過團隊動力提高團隊生存與適應能力將越來越不可或缺。黃玉指出，勒溫所提的團隊動力，是指所有作用於團隊之力，包括內、外在對團隊產生影響之力量，即經由團隊領導者與成員互動後，產生團隊高度認同感的集體意識，團隊成員清楚團隊目標，會適度犧牲自己利益成全團隊（群性）需求，當團隊利益成長時，個別利益相對增加並促進自我（個別化）成長，創造互利雙贏。

構成團隊動力的主要元素有領導者、團隊目標、成員個別化特質、環境與團隊結構。美國伊利諾大學 Cottell 研究小組指出，領導者

具備影響團隊特質（syntality），對團隊動力影響相當大，領導者可提供計畫、組織、協調、溝通等多項功能，協助保持團隊內外關係，促進成員間互動，達成團隊目標。其次，團隊有團隊存在或發展的目標，目標明確可有效指引團隊成員共同投入時間與精神，當目標變異時，應及時修正，團隊凝聚力才能重新強化，以避免團隊弱化甚至被迫解散。團隊個別成員皆具備不同背景與人格特質，個別成員不斷加入團隊才能活化團隊生命力。

團隊所處環境，不論精神與物質皆會對團隊產生影響，精神環境主要是安全感，彼此互信相當重要，次文化或小團體等社會環境對團隊發展的影響也不容忽視。此外，團隊結構大如軍隊，意見容易分歧，規範相形重要，團隊小聯繫緊密，彼此互動多，融洽氣氛較易營造，成員個別需求亦較易滿足。

目前國防團隊組成主要來自於募兵制，團隊成員自願參加性質較高，國防團隊整合容易，整體團隊氣氛亦佳，凝聚力與吸引力亦相對較高，有助團隊任務目標之達成。但募兵制亦不脫利益的結合，一旦利益鬆動或相對低落，凝聚力脫鉤亦非不可能，尤其涉及更高層次的為何而戰與為誰而戰的認知作戰時，國防團隊更須藉助團隊動力的協助，在成軍時，即需各級領導者，提供各型動、靜態團隊動力活動，催化團隊成員的互動及學習。

國防團隊發展不脫生命歷程，剛建立時，團隊認同度較低，團隊重點目標或工作應置於協助成員認知自我、澄清或訂定個人與團隊目標。領導者以身作則，擬定團隊規範，活動應圍繞全民國防教育五大主軸，多安排成員彼此介紹及認識，從建立團隊自信開始，然後增進團隊信任感，協助成員彼此坦率溝通協調、強化成員凝聚與向心，進而透過戰略三部曲理性決策思維與程序，明確團隊發展任務目標與願景，以堅毅合作行動，統合運用科技與資源，解決問題達成團隊目標。

二、行為職能國防意涵與實踐

勞動部推動的勞動力行為職能訓練目標，在使社會勞動成員認知職務角色與溝通協調、團隊精神與團隊協作及促進夥伴關係與化解衝突，並因此規劃出職場與職務之認知與溝通協調、工作團隊與團隊協作及夥伴關係與衝突管理三個課程單元。透過行為職能三個課程單元與全民國防教育五大主軸內涵的適切融通，在職場與職務認知與溝通協調單元的角色定位與職責課程大綱，可一併說明國防組織文化之體認方法與適應方式之探討、國防組織架構的形式與運作方式之認知、在國防單位部門中任務與職責之認知、理解國防內部、外部之工作夥伴關係與職責四個努力方向。

在溝通與協調能力課程大綱，可補充說明國防團隊溝通意涵及技巧、溝通目的與互動方式、溝通工具與管道及溝通常見的障礙與改善，並強調說明國防協調意涵及技巧，明確指出國防協調目的、方法與原則，進而引導說明國防各級組織內外完成共同任務的溝通協調技巧；在工作團隊與團隊協作單元課程的團隊精神與團隊合作大綱，可一併說明國防團隊組成要件、國防團隊意義內涵與團隊發展理論，以促進個人對國防團隊目標的了解及認知個人在該國防團隊中的角色與職責，進而建立互信互助的國防團隊共識。

在跨團隊協作課程大綱則就國防團隊合作、協作、競合，業內、業外跨團隊合作類型與動機，組織內部跨領域的協調與合作，跨廠商、跨行業及跨國團隊之組織與運作模式四項要領提出詳細說明與指導。團隊共利與組織綜效大綱則提出國防團隊利益共享與組織綜效之思維、團隊間訊息／技術／資源共享的工具應用、成為團隊中的綜效發揮者的三項應用與期許。

在夥伴關係與衝突管理單元課程的個體差異與多元化之包容課程大綱，安排了解與包容工作夥伴個體間與多元化的差異，及了解工作夥伴

心理、情緒與感受的 2 個子綱。在建立與促進夥伴關係大綱則提出建立與維持工作夥伴關係的做法，及如何與競爭者維持和諧夥伴關係的具體指導。最後在衝突管理大綱提出了解衝突的意義、本質與正負面效應、解析衝突發生的原因、種類跟心態與建立有效化解衝突的做法。透過上述行為職能課程指引與全民國防教育主軸的融入與實踐，將有助國防團隊能力認同之促進與提升，及團隊能力認同具體評量指標之改善與強化。

職能不論是核心職能（Core competency）、專業職能（Functional Competency）、管理職能（Managerial Competency）與一般職能（General Competency），主要都是由知識（Knowledge）、態度（Attitude）與技能（Skill）共同組成，知識與技能不等於職場競爭力的全部，一般認為職場最需要強化「專業技能」，其實企業負責人認為「工作態度」更重要。

一般員工十大核心職能也是企業需求工作效能排名，指的是團隊合作、主動積極、持續學習、責任感、創新求變、正直誠信、客戶導向、解決問題能力、品質管理、反應速度等。基本上也是特別注重工作態度，尤其自我績效表現，更是要求依據組織目標與職位需求，從做好自己工作出發，再協助或敦促他人共同完成部門任務，而不僅僅是力求自己表現，這也是職場生涯能力特別講究有利於就業的個人人格特質（personality）、能廣泛適應不同工作要求的核心就業能力（core employability）與配合特定工作要求的專業生產力（productivity）的原因。

教育部青年署（前行政院青輔會）在提升青年就業力的調查報告也指出，高等教育應加強良好工作態度、穩定度與抗壓能力及表達與溝通能力等就業力技能養成，臺灣企業最受重視的員工核心職能，就包含有團隊合作、主動積極、持續學習、責任感、創新求變與突破性思考等綜合職能。1996 年聯合國文教組織（UNESCO）在《學習：內在的寶藏》（*Learning: the Treasure Within*）報告書即指出，面對二十一世紀新

發展趨勢，須以學會求知（learning to know）、學會做事（learning to do）、學會共同生活（learning to live together）、學會發展自我（learning to be）與學會改變（learning to change）五大支柱爲發展基礎，才能適應社會變遷的需要，勞動部勞動力行爲職能訓練與團隊動力學緊密結合在全民國防教育五大主軸內涵的應用，將是國防團隊發展共通技藝職能的最佳具體實踐。

三、全民國防教育五大主軸與實踐

（一）國際情勢──自覺與自信力（內訊息溝通）

　　全民國防教育的國際情勢主軸，顯現在十二年基本教育全民國防教育課綱的國際情勢與國家安全學習向度，主要有全球與亞太區域安全情勢及我國國家安全情勢與機會二項學習主題。全球與亞太區域安全情勢區分傳統與非傳統安全威脅簡介、全球與亞太區域安全情勢與發展、兩岸關係的安全情勢與發展三項學習內容；而我國國家安全情勢與機會則區分臺灣海洋利益與軍事地緣價值與尋求我國家安全策略，主要透過國際外在環境的分析與理解，努力尋思自己國家安全定位與角色扮演，以建立自我團隊內部訊息的正向溝通，培養國家自覺與自信力。

（二）全民國防──信任與整合力（外訊息溝通）

　　全民國防教育的全民國防主軸，主要顯現在十二年基本教育全民國防教育課綱的全民國防概論學習向度，含有國家安全的重要性、全民國防的意涵與全民國防理念的實踐經驗三項學習主題及國家安全的定義與重要性、全民國防的意涵與他國體現全民國防理念的作爲三項學習內容。此外，根據《國防法》全民國防政策制定機關的屬性與範疇，若能一併結合課綱另外的戰爭啓示與全民國防學習向度，及臺灣重要戰役與影響學習主題與學習內容，力求透過他國體現的全民國防理念與作爲及臺灣重要戰役啓示，建立團隊相互信任感，則更能彰顯全民國防整體意

涵與發揮全民國防整合綜效。

（三）國防政策——決策與溝通力

全民國防教育的國防政策主軸，顯現在十二年基本教育全民國防教育課綱的我國國防現況與發展學習向度，主要有國防政策與國軍、軍備與國防科技二項學習主題；其中國防政策與國軍的學習內容為我國國防政策的理念與國軍使命、任務、現況及兵役制度二項，軍備與國防科技的學習內容指出我國主要武器裝備現況與發展及軍民通用科技發展與趨勢。根據《國防法》國防體制指涉的機關與職掌，如何根據戰略思想、計畫與行動三部曲的學理，有效轉化為國防體制的戰略、政策與機制的縱向連貫思維與作為，除善用理性決策模式外，更須強化溝通能力與技巧，以提升國防政策品質。

（四）防衛動員——健康與執行力

全民國防教育的防衛動員主軸，顯現在十二年基本教育全民國防教育課綱的防衛動員與災害防救學習向度，主要區分全民防衛動員的意義、災害防救與應變、射擊預習與實作三項學習主題。全民防衛動員的意義學習內容有全民防衛動員的意義、準備及實施與青年服勤動員的意義與作為；災害防救與應變學習內容則有我國災害防救簡介、校園災害防救簡介、災害應變的知識與技能；射擊預習與實作的學習內容為步槍簡介與安全規定、射擊要領與姿勢、瞄準訓練。根據《全民防衛動員準備法》，防衛動員與災害防救，主要透過軍事動員與行政動員兩大系統實施，此即需要全民防衛預備、常備與後備體系的完整建置與共同行動演練，才能彰顯其健康力執行成效。

（五）國防科技——學習與創新力

全民國防教育的國防科技主軸，在十二年基本教育全民國防教育課綱主要融入國防政策內涵，強調軍民通用科技發展與趨勢的說明，在國

防技藝能的創新認證運用，則強調科技創新學習與應用，以激發國民巧思創意轉化爲科技的創新行動，進而開展軍民通用的創業模式，以促進國防科技三創不斷創新與突破。

四、學習活動範例

（一）國防技藝能訓練（摘要取自高中新生始業訓練與公民訓練模式）

1. 活動設計基準

區分	活動主題	活動目標	活動單元
開訓單元暨主題說明	暖場破冰 長官叮嚀 主題說明	團隊精神動員 全民國防	戰歌響起、隊呼、角色扮演 講解
團隊自信與信任	情勢分析與判斷 團隊自信與信任	情勢判斷 溝通力（內外訊息傳送） 個人自信 團隊信任	活動 1──國際情勢 活動 2──全民國防
團隊挑戰與競合	團隊決策與組織實踐	決策與計畫實踐	活動 3──國防政策
	團隊挑戰與競合 團隊願景重塑	團隊競合效益 創新力 全腦開發與成功複製 建立團隊行動 SOP	活動 4──防衛動員 活動 5──國防科技
結訓（反思與分享）單元	團隊成功與分享	反思與分享力 個人與團隊經驗累積分享 系統知識學習	團隊成功體驗

資料來源：筆者自繪整理。

2. 活動要領

(1) 國際情勢──自覺與自信力（內訊息溝通）

　　A. 活動要領

　　a. 團隊圍坐成形後慢慢站起來，首先閉上眼睛想像我國曾經歷過國際或兩岸最倒楣或沮喪的事（外在情境），然後睜眼低頭看，接著兩肩放鬆往下垂，呼吸調慢，慢慢將倒楣與沮喪的訊息藉助神經系統往腦裡傳送，直到輔導員檢查同學憂憤的表情後，引導至全部跌坐地面上並閉住眼睛。

　　b. 接著再想像我國曾經歷過國際或兩岸最幸運或興奮的事，直到輔導員檢查同學興奮的表情後，引導抬頭挺胸並快速站起來，向前小範圍邁步向人說：「我們好興奮啊！」後，回到原地踏步至全部到達定位後統一立定。

　　c. 各組抬頭－挺胸－狂聲叫喊自己名字、學校校名、「中華民國」三遍（直到聲音略顯沙啞）。

　　B. 活動要旨說明

　　a. 神經語言──內在訊息傳送模擬。

　　b. 自導自演、自立自強。

　　情緒是可控制的、自信是可培養的、態度是可改變的、行為是可塑造的、每人是可成就的、機會是可創造的、優勢是可發掘的。

　　c. 從個人名字的自信引導體認中華民國國名的神聖與聲譽。

(2) 全民國防──信任與整合力（外訊息溝通）

　　A. 活動要領

　　a. 國防組織建制分成軍政、軍令與軍備三大小組後，各組圍成同心圓依序以一句話（名字除外）自我介紹完畢後同學席坐，輔導員徵求或誘導志願者測知記住多少人（輔導員大聲報出數字相互激勵）。

　　b. 接著各組站起來後，依序練習向後傾倒，由全體組員承接，以認知信任感的建立情境（倒下者說：「我要去了」，接者說：「放心

吧！」）。

　　B. 活動要旨說明

　　a. 神經語言——外在訊息傳送模擬。

　　b. 要記住別人，除了善用快速記憶術外，最重要的是真心誠意。

　　c. 體驗消除本位主義、建立團隊信任的感覺。

(3) 國防政策——決策與溝通力

　　A. 活動要領

　　a. 實施國防戰力大突破A計畫探索大地遊戲，將國防政策指導體制與資源名冊張貼於活動處所公告欄，各體制機關處所皆放置一聚寶盆，內放機關成員及服務項目，牆上以壁報紙張貼一份。

　　b. 輔導員分發每一個人一張小紙，寫下戰力突破三個途徑或方法後，隨機與組內同學一對一分享，最後個人保留一個最不能放棄的途徑或方法（輔導員記錄）需附註原因，再以組為單位討論，保留最後三個後需附註原因，實施全隊分享找出戰力突破最佳途徑並公布。

　　B. 活動要旨說明

　　a. 透析國防體制領導與行動形塑過程。

　　b. 認知完成任務目標需尊重領導、團隊合作。

　　c. 練習國防決策程序的體認與實踐。

　　d. 國防政策指導與支持鏈路。

　　e. 國防政策共同規範形塑與遵守。

(4) 防衛動員——健康競合與執行力

　　A. 活動要領

　　a. 以班為單位，區分各組，於活動中心實施投籃競賽。

　　b. 各組派一員代表至目標區接球，其他人員於線後傳球。

　　c. 目標區各組交織造成局部障礙。

　　d. 計分板區分各組成績與全校總成績。

　　e. 預計實施五回合，直至找出競合要領，創造全體最佳總成績為

止。

　　B. 活動要旨說明

　　a. 透視個人參與空間與體驗團隊健康競合力道。

　　b. 體檢健康競合時間與執行效力。

(5) 國防科技——學習與創新力

　　A. 活動要領

　　a. 首先各組席地而坐，每人以左手摸左腦，用眼睛依序向右上－右中－右下看，體驗右腦想像的畫面、接著右手摸右腦，用眼睛依序向左上－左中－左下看，體驗左腦記憶的畫面。

　　b. 體驗眼珠與腦之連續運動——請輔導員誘導同學眼珠子依序向左上看，並問：你母親的眼睛是什麼顏色——體驗視覺回想，左中看，並問：你的鬧鐘響聲是像什麼聲音——體驗聽覺回想，左下看，並默哼一首你喜歡的歌——體驗聽覺用字、內心交談；接著，右上看、想像你在參加考試時的情景——體驗視覺想像，右中看、想像如果把火車的汽笛聲改為電吉他的聲音會是什麼情形——體驗聽覺想像，右下看、手摸鳳梨皮是什麼感覺——體驗內心感受。

　　c. 加速體驗一次。

　　d. 各組圍成一個同心圓，由輔導員引導並記錄時間（練習依序或交叉傳遞輔導員提供的教具用品 5 至 10 樣）約三至五次，循序誘導至找出全組最佳狀態後，請同學謹記要領與情境後，閉上眼睛 5 秒鐘，再依此最佳情境做最精彩的一次傳遞。

　　e. 各組找出最精彩的一次傳遞後，集合全隊作觀摩表演。

　　B. 活動要旨說明

　　a. 多元智慧體驗（眼、耳、鼻、舌、身、意感官綜合體驗）。

　　b. 創新模式練習與運用（創意－創新－創業）。

第四節　國防學識能

壹、發展途徑

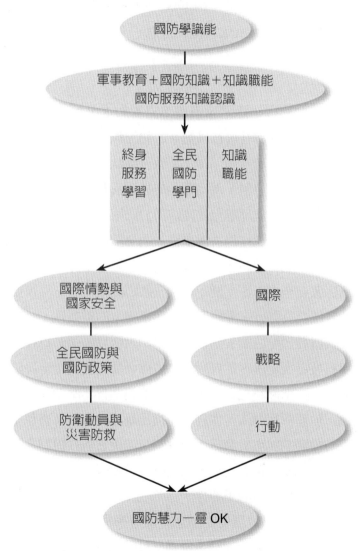

國防學識能指標發展途徑示意圖

資料來源：筆者自繪。

貳、目標

國防學識能是國防終身服務學習知識的認識，包含國軍軍事教育、學校國防知識與社會知識職能，亦即終身服務學習全民國防教育的反思與分享，旨在促進全民國防學門終身服務學習客觀知識的充分認識，以達成國防慧力（靈－OK）提升目標。

參、構想

國防學識能的組成，除了常備體系國軍的軍事教育外，也包含學校預備體系的國防知識與社會後備體系的知識職能。國軍常備體系的軍事教育從獨立發展，日漸走向回歸正常教育體制，相關學資積極朝向學歷與國家職能證照制度發展，進而帶動學校預備體系國防素養學科知識指標的活化與充實，如能理解全民國防對於國家安全之重要性，與他國體現全民國防理念之相關作為；能舉例說明全球與亞太區域安全情勢及其重要安全議題，並評述對於我國國家安全的影響；能理解與分析兩岸情勢對我國國家安全之影響；能了解我國國防政策理念、國軍使命及任務；能概述我國兵役制度，並說明對於國家安全的重要性；能比較我國安全環境與武器裝備配置的妥適性；能舉例說明我國國防科技研發成果與軍民通用科技發展現況，並探討未來可能發展；能概述全民防衛動員的意義，並指出其準備時機與實施方式；能說明青年服勤動員和學校防護團的意義，並理解相關演習作為；能指出臺灣面臨的災害類型，並理解我國災害防救機制與防災策略；能說明校園災害防救機制及其相關任務；能認識步槍基本結構與功能，能從臺灣重要戰役探討其對臺灣發展的影響，並評述全民國防的重要性。

此外，社會終身學習環境的塑造亦加速學校預備體系國防知識與後備體系勞動力知識職能的連結，透過反思與分享而能持續運用適當管道及工具，了解國際科技與產業環境的發展趨勢，針對個人職務及相關

領域，持續學習與創新，建立個人適應力，以有效因應國際職場環境的變遷與挑戰；同時了解國家及各級組織存在目的，組織成本投入與價值收益提升的正向轉換關係。針對本身職責，主動尋找提高組織價值的方法，以追求組織效益，組織問題發生時，能明確根據事實描述，掌握問題核心，精確解讀訊息，妥善運用適切工具分析問題，並依據問題分析結果，以系統化方式提出解決問題方案或建議，進而能建立標準流程，預防問題再發生，以此縱向連貫軍事教育、學校國防學科與社會終身學習客觀知識並橫向統整發展相關輔教活動，以促進國防終身服務學習客觀知識認識的方案發展。

肆、國防客觀知識認識方案

國防終身服務學習客觀知識認識，經由國軍常備體系軍事教育學經歷交織發展的深刻體認與實踐，觸動學校預備體系的國防知識縱向連貫與橫向統整發展，進而透過社會終身服務學習渠道，不斷反思與分享國際戰略行動學的終身服務學習客觀知識養成，透過工作職場基本知識及工具的終身學習，持續客觀認識與反思及分享國際戰略行動學知識，達成國防慧力（靈－OK）提升的修為目標。國防慧力是國防精力與國防匠力的累積與昇華，也是精力與匠力的總成，透過國防學識能客觀知識的終身學習與反思及分享，總結國防體適能與國防技藝能的共同修為，以達成全民國防身心靈健康發展目標。

一、終身服務學習國防意涵與實踐

終身服務學習國防意涵指出，全民國防是全體國民終身服務學習的目標與內涵。1960 年代，美國大學校園興起學生參與社會正義的需求和呼聲，在杜威（Dewey）經驗教育論述的助長下，美國教育委員會結合大學校院，透過校園盟約（campus compact）力量，正式奠定服務

學習的理念與做法。1993 年美國聯邦政府通過服務行動法（Service Action），奠定了服務學習永續發展的合法性與正當性。1994 年柯林頓總統更史無前例地親自致函全美各大專院校校長，請託他們鼓舞學生，建立為國家社會提供服務的精神，服務學習風行推廣全球多數國家與地區。

服務學習（Service-Learning）是一種強調「服務」與「學習」結合的經驗教育方式，簡單來說，就是從做中學，而反思與互惠分享則是服務學習的兩個中心要素。「服務學習」（Service-Learning）特別關注經驗學習，是過去學校勞作教育或類似服務教育做法的傳承與充實，透過課程與社區服務的結合，持續強化應用課堂所學、增進自我反思能力、欣賞多元差異、了解社會議題及培養公民社會責任感與社區環境參與感。

2007 年教育部即頒有大專校院服務學習方案，並編有大專校院服務學習課程與活動參考手冊，將原有學生社團活動及志願服務活動相結合，或將原有課程結合社會服務活動或實習服務活動，積極推動服務學習。高中職則於綜合活動學科將服務學習列為五大工作內容之一，透過與班級活動、社團活動、學生自治會活動、學校特色活動等結合，將服務學習元素融入綜合活動學科，並配合學校、社區需要，實施計畫性的服務學習活動。

國民中學則因「多元學習表現」列入十二年國民基本教育免試入學超額比序項目，服務學習成為許多縣市採計參據。教育部並出版《國民中小學服務學習教師手冊》，鼓勵國民中小學發展以課程為基礎之服務學習，青年發展署更積極辦理服務學習種子師資培訓，推動運用服務學習概念成為一種新的教學法。

服務學習除強調做中學並加入反思與分享設計，有助教學「知、情、意、行」目標之達成，學生藉由服務學習培養社會與公民責任，養成關心社會議題、投入公益服務、參與公民社會的新青年；學校則藉由服務學習促進師生關係和諧，教學相長，學校學習環境更為開放與融

洽，並與周圍社區資源共享、成就共榮。

服務學習融合學校正式課程、非正式課程，以及校園文化，並結合政府機關及民間團體終身學習資源共同參與，不論學校將服務學習課程設爲必修或選修科目，主旨都有助於人群接觸與交際。教育部於 1998 年發表邁向學習社會白皮書時即指出，在資訊與國際化時代，國民知識技能水準及自我修養能力，是社會繼續發展的關鍵因素，更是衡量國家競爭力的重要指標，終身服務學習將成爲國民未來生活內涵的重心。

二、知識職能國防意涵與實踐

學校國防教育透過國家教育研究院課綱研擬，成爲十二年基本教育全民國防教育課綱，並以此爲基礎，發展全民國防教育師資培育課程，進而經由全民國防教育學士後學分班的現地教學實況反饋，可與勞動部勞動力知識職能訓練相連結。蓋知識職能訓練目標，在使社會勞動成員認識環境適應與創新學習、價值概念與成本意識及問題辨識與分析解決，並以此規劃出三個課程單元，以求在環境演變與學習創新中，掌握國際意識、科技素養、移動化人才等趨勢與方法，以充分認知國防行業基本職能，並了解資訊蒐集、整理與運用，持續學習並充分運用個人職務知能，進而了解軟硬創新方式，建構國防跨領域整合思維，創新國防行業知識與技能，特別是國防人力來自志願招募管道，講究的不僅是要有愛國意識，更注重的是專業知能的貢獻。

此外，在追求國防行業整合創新時，各層級的國防人力都能建立基本價值與成本意識，努力尋求開源節流之道，並加值與創造有特色、差異性的可能價值與必要成本。在辨識與分析解決相關問題時，能精準明確定義與描述問題，建立處理優先順序，進而掌握事實，善用問題分析工具，找出問題關鍵原因，以系統化思維提出問題解決方案的可行性評估，最後建立問題解決流程並於以標準化，以建立國防行業客觀知識認

識基準。

尤其大腦科學知識的發現，對於軍隊講究經驗的慣用訓練模式也是一項重要的啟發，所謂精神越用則越出、智慧越用則越靈就是在提醒我們，人類細胞功能的增值發揮，仰賴的是不斷的巧變與活化。李宜蓁在《親子天下》雜誌提到，中央大學認知神經科學研究所所長洪蘭曾針對老狗玩不出新把戲的諺語提出科學說明，由於小狗密密麻麻的神經元，被訓練重複動作，雖反應快、正確率高，但失卻創造力和彈性，腦部磁共振掃描亦顯示相關的復健發現。

康健網站資料顯示，加州大學洛城分校記憶門診與老化中心主任斯默爾在《讓大腦變年輕》一書中提示我們，預防大腦老化，總比修補受損腦細胞容易，《康健》雜誌亦刊文指出，橋牌、西洋棋、象棋等遊戲可加強動腦思考、判斷、布局能力。紐約市愛因斯坦醫學院一項 21 年的研究更指出，每星期至少玩一次遊戲的老年人，比不玩的老年人減少 50% 罹患失智症的機會，任天堂、小鋼珠等電動玩具可加強快速集中注意力，同時得到相對放鬆。喬治華盛頓大學神經學教授瑞司塔克建議丟紙團遊戲，即背對垃圾桶約六呎處，手拿紙團快速轉身將紙團丟進垃圾桶，可快速收集中注意力效益並放鬆之快感。杜克大學腦神經生物學家凱茲在《讓大腦 NEW 一下》一書中，鼓勵我們破除生活慣例，以創造嶄新經驗，如挑選全新的路線上班上學，搜尋新路上的聲音、味道、風景，每天到不同餐館吃飯，嚐新滋味，都能讓感官經驗多元智慧欣喜。

總之，前面所提及的體適能與技藝能訓練所創造的多元智慧學習，能使大腦保持隨時面對新問題最佳狀態，意想不到的挑戰將使大腦神經細胞有機會發展新連結。人類的學習從出生開始，就不斷透過眼、耳、鼻、舌、身、意等多種感官認識新事物，學習新知識，但也隨著年齡的增長與習慣的固化逐漸開啟大腦預期模式，而喪失新的神經連結契機，運動不僅可以刺激天然抗憂鬱荷爾蒙腦內咖的釋放，減輕壓力，打球或做家事等制式工作甚至音樂也有助紓解情緒的壓抑，有氧運動更能

促進身體新陳代謝，活化腦部。多吃富含 Omega-3 脂肪酸的酪梨、橄欖油、綠色葉菜類與魚類食物，也有助腦細胞保持柔軟與彈性，富含天然抗氧化劑的蔬果，也可增強記憶力，尤其閱讀更如洪蘭所指，能活化視覺皮質，提升創造力和想像力。可見人情練達皆學問、落花水面皆文章，只要肯抱持終身服務學習的精神，則隨時隨地隨興都可讓大腦獲取新連結，而使自己充滿新知識的喜悅。

三、全民國防學門（國際戰略行動學程）

（一）學習目標

　　全民國防學門學習目標在有機整合國家安全戰略文化研究、國家安全政策教育網絡與國家安全機制能力訓練。國家安全戰略文化研究，採社會建構主義觀點，從國家傳統軍政一體的文化認知背景，尋找國家與國民利益的相互合作建構觀點，而發展出國家安全戰略互補的總體戰略思考觀點，並以此引導國家安全思維研究、國家安全政策教育與國家安全機制訓練整合運作的國家安全政策教育網絡。以發展能力導向為基礎的全民國防學門體系，使全民國防學門具垂直整合國家安全戰略、政策與機制教育學程及全民防衛常備、預備與後備輔教活動水平統整之效益，以此尋求擺脫兩岸臺海威脅之擴軍備戰陰影，共創太平洋東西兩岸健康陽光素養作為（如圖：臺海兩岸陰影思維與太平洋兩岸陽光素養示意圖）。

思維：安全思維陰影　　　　　　　　　　作為：健康陽光素養

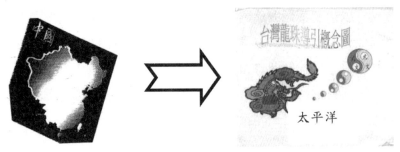

太平洋

臺海兩岸安全思維陰影與太平洋兩岸健康陽光素養示意圖

資料來源：筆者自繪整理。

（二）學習內容：國際→戰略→行動學程發展

1. 學習路徑

　　以《國防法》全民國防基本政策為依歸，《全民國防教育法》為主軸，學校國防教育為主體，區分課程規劃與輔教活動設計兩條發展路線，課程規劃循軍事教育基礎、進修、深造進程與學生軍訓轉型國防通識與全民國防教育學科發展軌跡；輔教活動設計尋求結合《全民防衛動員準備法》施政作為，將國防部全民國防相關文宣教育活動與全民國防教育的公職人員在職訓練、社會教育與國防文物保護系統相整合，並有機連結國小生活體驗營、國中童軍隔宿露營、高中公民與國防訓練、社團與企業團隊輔教活動成效，以完成全民國防學門相關學程與輔教活動之終身學習。提升並強化自主國際觀、互利戰略腦與共好文武行兼具的全民國防素養，以求在學理面，體現國家安全戰略、全民國防政策與全民防衛動員機制指導與支持要旨，在行動面，體現戰略思維、計畫與行動之縱向連貫與其他學程之橫向統整，使國中小的國防議題單元融入、高中職的全民國防教育學科與大專全民國防學程或學系發展連貫，並以全民防衛動員準備活動橫向聯繫各型全民國防文宣輔教活動與災害防救活動，力求迎合全民國防與全民防衛體用合一體制需求，體現陸海空軍

防衛作戰戰略行動與陸海空域災害防救體驗活動緊密連結效益，提升含攝自主國際觀、互利戰略腦與共好文武型的全民國防素養（如圖：全民國防學門學習路徑示意圖）。

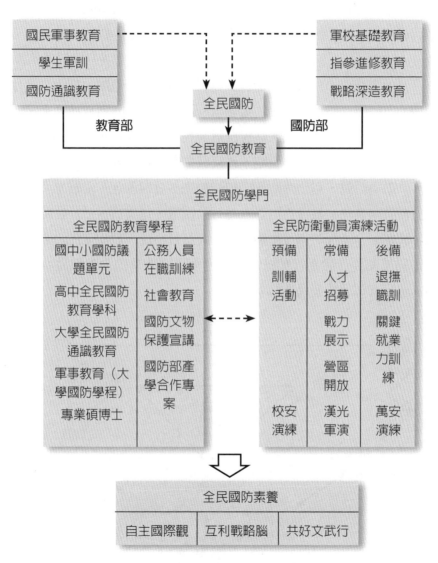

全民國防學門學習路徑示意圖

資料來源：筆者自繪。

2. 內容指引

　　全民國防學門內容設計基本理念，即將常備體系建力（power）理念，昇華爲全民預備與後備體系素養（competencies）發展信念，有效轉化常備體系國防建軍備戰之陸海空軍戰略行動（action），爲全民預備與後備體系結合的國防教育訓練之陸海空域體驗活動（acivities），以開展國防體適能、技藝能與學識能合一的全民國防素養終身行動學習。

　　其內容指引，以國際關係層次與視角組成的國際眼，確認自己在國際發展上的適切角色定位與國家安全及發展目標，判斷取捨國家競爭、競合與合作利益，建立國家健康自信與利益。進而以戰略文化傳統形塑的戰略腦，開展全民國防戰略、政策與機制，並有效轉化爲全民國防思維、計畫與行動，以化解敵意、加強善意並發揮創意，延續光大民族優良傳統戰略文化。最後再沿著戰略行動軸線，以文武合一行動要旨爲構想，緊密結合全民防衛軍事動員與行政動員系統，發揮全民防衛預備、常備與後備運作體系行動綜效，促進全民國防學門之整體發展（詳如圖：全民國防學門發展網絡）。

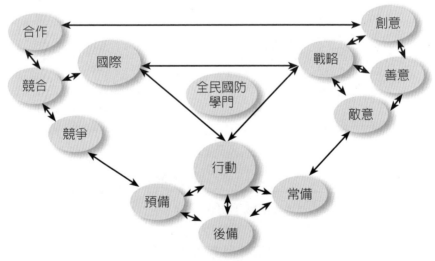

全民國防學門發展網絡

資料來源：筆者自繪。

(1) 國際（國際情勢與國家安全）學程指引

國際學程指引，指的是全民國防教育學科課綱國際關係與國家安全的延展與充實，主要聚焦在國際政治、國際關係、國際情勢與國家安全的關係與影響。新安全情勢綜合化與立體化的發展，使國家安全分離出傳統安全與非傳統安全議題，非傳統安全議題更引領出國家發展的國家治理議題，深刻影響國家安全與發展。

安全威脅分析焦點，已從專注軍事焦點兼顧灰色爭端與災害綜合化的需求，臺灣國家利益不論是高階政治利益與低階經貿利益、或核心與次要利益、主要與周邊利益，甚至主觀利益與客觀利益，都受制於國際地緣結構（全球、印太區域、兩岸與臺灣）與國際視角（力、利益與觀念）的影響，而不斷糾結於競爭利益、競合利益與合作利益的平衡。

國際利益取捨主流，國際社會觀念利益觀點關注合作利益，國際機構利益觀點注重競合利益，國家力量利益觀點堅持競爭利益，臺灣究竟如何取捨，回歸戰略文化應可獲得有效啟示〔如表：國際（國際情勢與國家安全）學程指引分析表〕。

國際（國際情勢與國家安全）學程指引分析表

國際（國際情勢與國家安全）				
國家利益		國際視角		
		國家力量利益觀點	國際機構利益觀點	國際社會觀念利益觀點
國際結構	全球	競爭利益	競合利益	合作利益
	印太區域			
	兩岸與臺灣			

資料來源：筆者自繪整理。

(2) 戰略（全民國防與國防政策）學程指引

戰略學程指引，指的是全民國防教育學科課綱全民國防與國防政策的延展與充實，主要指出全民國防與國防政策的指導支持關係與效益。軍事教育最高學府國防大學校徽太極意涵，象徵中華民族執兩用中之中道固有戰略文化傳統，為國家安全有關國防大政方針之重要指引，總統藉助國家安全會議諮詢，決定國家安全之國防大政方針或因應國防重大緊急情勢。

國家安全會議轄有國家安全局，負責統合指導、協調、支援國防部的總政治作戰局、軍事情報局、電訊發展室、軍事安全總隊、憲兵司令部，還有行政院海岸巡防署、內政部警政署、入出國及移民署與法務部的調查局等機關所主管之有關國家安全情報事項，體現在戰略思維指導層次，則為戰略文化傳統之軍政一體戰略思維，籲求合作利益，其表徵為總統國家安全與發展戰略報告。

政策計畫作為層次主要落實在軍文共治的行政體制，講求競合利益，其表徵則為行政院全民國防施政方針報告；機制行動層次則為文武合一行動，關注競爭利益，落實在國防部全民防衛施政計畫與施政成效報告等白皮書，如何消除敵意、充實善意與發揮創意具體行動，仍端視運作體系之有效構築〔如表：戰略（全民國防與國防政策）學程指引分析表〕。

(3) 行動（防衛動員與災害防救）學程指引

行動學程指引，指的是全民國防教育學科課綱防衛動員與災害防救的延展與充實，在全民國防政策白皮書指導下，特別指向防衛動員與災害防救的緊密結合與平衡發展，關注常備體系體能需求與預備體系體適能常模及健康預防與營養作為的緊密結合，以發展國防正向態度與習慣，進而在工作職場尋求對國防整體工作的積極動機，以發展體能、態度與動機兼具的國防體適能，使全體國民從容應對各種國防挑戰。

其次，以全民國防教育五大主軸結合團隊動力學的社會實務驗

戰略（全民國防與國防政策）學程指引分析表

戰略（全民國防與國防政策）			
全民國防與國防政策白皮書	國家利益		
	合作利益	競合利益	競爭利益
戰略文化　軍政一體戰略思維	總統國家安全與發展戰略報告	行政院全民國防施政方針報告	國防部全民防衛施政計畫與施政成效報告
軍文共治政策計畫			
文武合一機制行動			

資料來源：筆者自繪整理。

證，進而在工作職場培育國防團隊行為職能，以發展符應常備體系戰技需求與預備體系國防能力整合發展的國防技藝能，以持續增強全民防衛動員與災害防救綜合技能。

　　最後，透過終身服務學習的反思與分享途徑，在人生職場正確認識全民國防學門客觀知識，不斷尋找安全威脅因子並發展健康素養，充分體現教育即生活及生活與戰鬥結合旨趣，以凝聚國家安全與發展整體意識與態度，有效提升國家及國民安全健康素養，確保國家安全與發展〔如表：行動（防衛動員與災害防救）方案指引分析表〕。

行動（防衛動員與災害防救）方案指引分析表

行動（防衛動員與災害防救）			
行動素養	政策白皮書		
	全民防衛機制施政計畫與成效報告	全民國防政策施政方針報告	國家安全與發展戰略報告
運作體系　預備	國防體適能	國防技藝能	國防學識能
常備			
後備			

資料來源：筆者自繪整理。

（三）學習向量發展

綜合前述全民國防教育國際戰略行動學之安全威脅因子研討與推演及全民防衛動員演練之國防體適能、國防技藝能與國防學識能所構成的健康素養創新與認證發展，全民國防矩陣與全民國防素養可有效綜整為臺灣全民國防（大健康）學習向量發展圖〔如圖：臺灣全民國防（大健康）學習向量發展圖〕。

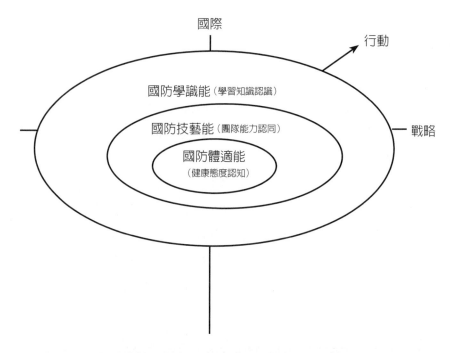

臺灣全民國防（大健康）學習向量發展圖

資料來源：筆者自繪整理。

說明：

全民國防學理架構——全民國防教育國際戰略行動學

縱軸——國際（國際情勢與國家安全學程）

橫軸——戰略（全民國防與國防政策學程）

向量──行動（防衛動員與災害防救學程）

全民國防素養內涵──全民防衛動員準備演練力空時

國防體適能──國民健康態度認知

國防技藝能──國防團隊能力認同

國防學識能──國防學習知識認識

第五節　資源系統

　　全民國防素養發展關鍵，主要仰賴國防有關法制、組織、師資及基地資源系統整合效能的發揮。在法制資源系統上，籲求整合發揮國家安全法有關國家安全管制措施，如入出境及境內安全檢查、入出管制區之許可、管制區之禁建、限建及軍事審判機關移送司法機關案件之處理，及《國防法》有關國家安全國防體制及作為的效能，使其發揮相輔相成的國家安全法治體系功效。

　　在組織資源系統上，期求國防體制的總統依國家安全會議之諮詢提出國家安全與發展戰略報告白皮書，作為國防大政方針最高指導。行政院依行政院會議制定國防政策，提出全民國防施政方針報告白皮書，統合全民國防政策整體作為。國防部指定全民防衛動員署協調軍政、軍令與軍備系統，提出全民防衛施政計畫與成效報告白皮書，以支持全民國防政策與國家安全與發展戰略之指導。

　　師資資源系統期盼，除了國防部之全民國防教育人員規範外，教育部全民國防教育師資已陸續上線，目前應積極整合社會各界活動專業師資，鼓勵推動專門技師之培養與認證，以求相互支援發揮師資整合綜效。最後在基地資源系統的整合運用方面，如何藉助社會戰略社群，有效整合產官學研界的基地活動支援能量，使社會陸海空基地能量與政府轄屬基地訓練與活動能量密切銜接整合，以支持國防政策總體建設，積極參與全民防衛動員演練，促進國防科技全面創新運用，建構全民向上

提升爲願景的全民國防終身服務學習社會，實踐自主國際眼、互利戰略腦與共好文武行的全人大健康教育目標。

壹、全民國防素養（大健康）機制協作平臺

　　國防部全民防衛動員署爲全民國防素養成效體現之重要機制協作平臺，主要以總統與國安會的國家安全與發展戰略報告爲指導，行政院全民國防施政方針報告爲基準，每年呈現於全民防衛施政計畫與成效報告，由全民防衛預備、常備與後備三大運作體系具體落實。

　　預備運作體系連接國防部軍政系統，由教育部學生事務暨特殊教育司學生校外生活輔導暨全民國防教育委員會擔任對外聯繫窗口，負責聯繫大專校安暨全民國防教育資源中心與高中職校全民國防教育學科中心、國教署縣市地區校外會及國家教育研究院；常備運作體系連接國防部軍令系統，由政治作戰局擔任對外聯繫窗口，負責聯繫全民國防教育資源網、作戰區與智庫國防安全研究院；後備運作體系連接國防部軍備系統，由後備指揮部擔任對外聯繫窗口，負責聯繫退輔會職訓中心暨勞動部技能檢定中心、勞動部勞動力發展署與勞動學苑，以此構成全民國防素養（大健康）機制運作協作平臺〔詳如圖：全民國防素養（大健康）機制協作平臺〕。

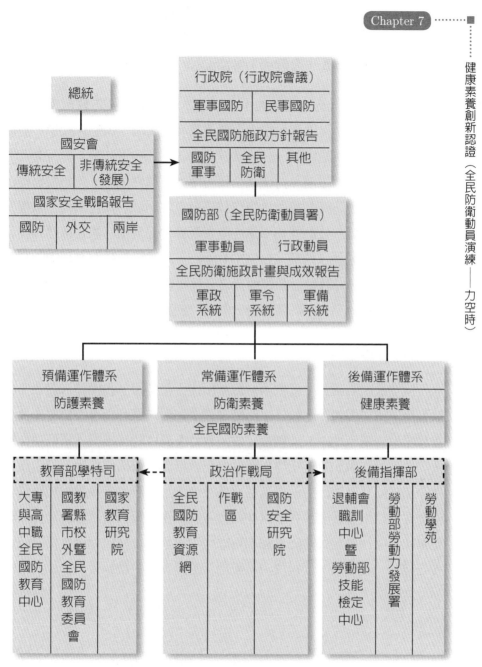

全民國防素養（大健康）機制協作平臺

資料來源：筆者自繪整理。

貳、全民國防素養（大健康）創新認證實踐

　　全民國防教育五大主軸與十二年基本教育全民國防教育課綱，依《全民國防教育法》要旨，縱向邏輯連貫發展為國際戰略行動學，並體現於安全因子分析之國際（一般狀況）、戰略（特別狀況）與行動（方案）分析之研擬與推演，再依《全民防衛動員準備法》，將研擬與推演成果落實於全民防衛動員與災害防救陸海空各場域的綜合演練，以提升全民國防體適能、技藝能與學識能健康素養，促進生活體育休閒條件與戰鬥條件相互融通，達成 ALL-OUT 陸海空軍戰略行動與全民國防素養 ALL-UP 陸海空域體驗活動相契合之全民國防素養創新認證實踐願景與目標〔詳如圖：全民國防素養（大健康）創新認證實踐示意圖〕。

一、創新認證實踐平臺

　　依全民國防素養（大健康）機制協作平臺指引，預備運作體系委由教育部學特司編組學生校外生活輔導暨全民國防教育指導委員會，負責指導國教署縣市地區校外暨全民國防教育委員會認證推廣；常備運作體系委由政治作戰局負責指導作戰區之認證推廣；後備運作體系委由後備指揮部聯繫縣市地區後備指揮部負責社會認證推廣；各級學校相應成立安全健康校園發展委員會，以此結合客觀公正之第三公證單位社會戰略健康社群與社會全民國防素養創新認證示範基地，共同促進全民國防素養之提升（詳如圖：全民國防素養創新認證實踐平臺）。

全民國防素養

國際戰略行動學

安全健康力活動

《全民國防教育法》

《全民防衛動員準備法》

安全因子
國際──一般狀況（國際情勢與
　　　　國家安全）
戰略──特別狀況（全民國防與
　　　　國防政策）
行動──方案分析（防衛動員與
　　　　災害防救及科技應用）

健康素養
國防體適能──健康
國防技藝能──安全
國防學識能──力

空域

國際
競爭　競合　合作

國防體適能
全民國防素養
國防技藝能　國防學識能

行動
目標　構想　方案

陸域

海域

戰略
思維　計畫　行動

全民國防素養（大健康）創新認證實踐示意圖

資料來源：筆者自繪整理。

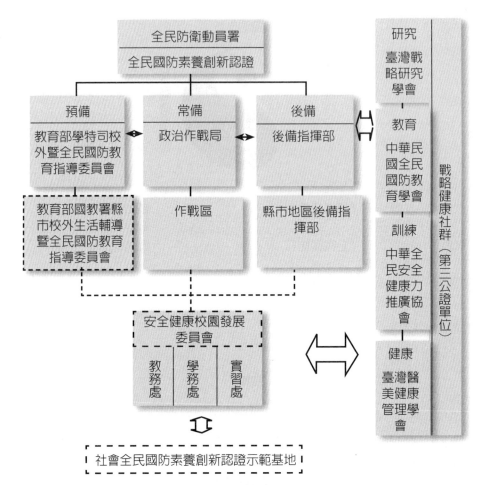

全民國防素養創新認證實踐平臺

資料來源：筆者自繪整理。

二、校園創新認證

（一）**合格教師認證**（摘自臺師大中等教育全民國防教育師資培育課程委託專案）

　　合格教師認證主要依全民國防教育課綱，兼顧國家全民國防需求與個體適性發展規劃，透過國際情勢與國家安全之合理分析，從全民國

防根源中華民族固有的出將入相、軍政一體傳統戰略思維與軍文共治體制，尋求務實的全民防衛行動體現，以此營造全民國防教育師資培育主軸課程，以培養全體國民具有寬廣的國際視野，開放戰略心靈與終身服務學習的行動素養。

1. 課程參考基準

課程類別	至少學分數	課程核心內容	參考科目	備註
國際情勢與國家安全	8	全球與亞太區域安全情勢、國際法與戰爭規範發展、我國國家安全情勢與機會。	國際關係與媒體高階講座、國家安全研究、國家權力與戰略行動之研究、戰略新思維與國家安全	必備 8 學分
			全球化專題、美國與亞太安全、當代戰略專題研究、中國國防與軍隊改革研究	
全民國防概論	10	全民國防的意涵、全民國防理念的實踐經驗、各國全民國防理念與作為、我國國防現況與發展（國防政策與國軍、軍備與國防科技、國防法制與兵役制度）、戰爭啓示與全民國防（臺灣重要戰役與影響）、全民國防教育概論－國際戰略行動學概論。	國家安全體制研究	必備 2 學分
			戰略研究入門、戰略理論專題研究、軍隊與社會、經濟戰略與國家安全、軍事政治學、國防產業	

課程類別	至少學分數	課程核心內容	參考科目	備註
防衛動員與災害防救演練	10	全民防衛動員的意義、準備與實施、災害防救與應變、個人基本儀態訓練、射擊預習與實作、青年服勤與校園災害防救演練（全民防衛動員與演練）、國防體驗探索活動。	決策電腦模擬、政軍兵棋研究與演練	必備4學分
			臺灣國防專題研究、決策模擬與危機管理研究、國土安全與非戰爭軍事行動	
教學知識	0	本類課程主要著重在培養職前教師的教學實用能力，在全民國防教育教材教法方面，主要介紹有關實作教學活動的相關教學策略或方法，以使職前教師理解如何進行實作活動教學。而在全民國防教育教學實習方面，主要安排職前教師進行教學演示，並實際前往高中職的教學現場或國防探索戶外活動訓練認證基地與場域參訪並進行教學演示，藉此深化其教學實作能力，原則上能含括體適能、技藝能、學識能訓練發展的體驗教育知能、輔導知能、特殊教育知能學程。	全民國防教育教材教法、全民國防教育教學實習	此部分學分計入教育專業課程
總學分數		必備：14學分，選備：14學分。總計28學分		

資料來源：臺師大中等教育全民國防教育師資培育課程委託專案。

2. 專門素養

專門素養	素養指標
(1) 具備當前國際情勢分析與說明素養	1-1 能區別全球化與在地化發展要素與趨勢。
	1-2 能判斷亞太局勢對兩岸發展的影響。
	1-3 能體認臺灣戰略地位與定位及其價值影響。
(2) 具備全民國防戰略描述與說明素養	2-1 能說明國際情勢發展對全民國防戰略的影響。
	2-2 能體認全民國防戰略的淵源與傳統價值。
	2-3 能有效連結全民國防戰略思維與作為的價值與效益。
(3) 具備國防政策決策說明與分析素養	3-1 能清楚認知戰略研究與國防政策實踐的體用發展關係。
	3-2 能了解國家安全與國防政策及兵役制度的相互依存關係。
	3-3 能體認國防法制結合全民防衛動員準備體制運作的影響與效益。
(4) 具備國土安全機制說明與科技運用素養	4-1 能了解國土安全機制目標與科技運用的適切性。
	4-2 能根據防衛動員體制妥善分配資源與運用。
	4-3 能認知科技運用對國土安全防護效益的影響。
(5) 具備國土防衛結合災害防救實作素養	5-1 能了解中央防衛動員與地方災害防救整合的重要性，並評估其成效。
	5-2 能帶領災害防救結合國防探索認證基地實作訓練。
(6) 具備戰史研究結合國防文物場域體驗素養	6-1 能從臺灣重要戰役體認出忘戰必危與保家衛國的重要性。
	6-2 能引導國防文物認證場域戶外活動體驗。

資料來源：臺師大中等教育全民國防教育師資培育課程委託專案。

（二）安全健康校園認證檢核表

　　全民國防教育為培養國民防衛國家安全與促進國家發展所需的各種知能與意識。學校系統之國民及學前教育階段結合社會教育及家庭教育以求向下扎根，中等學校全民國防教育學科則力求與學務活動緊密結

合，發展全民防衛輔教活動，大學則依「大學法施行細則」鼓勵設立高等教育專責單位軍訓室或安全健康校園發展委員會，推動全民國防教育相關必選修學程或學系發展。

　　學校全民國防教育課程的縱貫發展與校園安全通報機制與演練活動有著課程與輔教活動密不可分的連結關係，因而鼓勵各級學校有效連結學校學務系統並創新校園安全中心的運作機制，推動國防教育與安全校園結合的安全健康校園發展國際認證，以提升全民國防素養國際發展水平。

1. 安全健康校園認證檢核表

安全健康素養		健康素養								
		國防體適能——體適能常模發展			國防技藝能——五大教育主軸團隊應用			國防學識能——全民國防學門（反思與分享服務學習）		
		戰略思維面	政策計畫面	機制行動面	戰略思維面	政策計畫面	機制行動面	戰略思維面	政策計畫面	機制行動面
國際戰略行動學：安全因子研討與推演	國際眼（一般狀況）									
	校園文化環境營造（安全健康校園發展委員會）									
	戰略腦（特別狀況）									
	年度課程計畫									
	文武行（方案分析）									
	青年服勤暨校安演練行動									
綜合評語										

資料來源：筆者整理發展自李明憲國際安全學校矩陣檢核表。

2. 參考範例──安全健康校園發展委員會設置辦法 (摘要整理自亞洲大學校安中心)

第一條　爲構建校園安全暨災害管理機制，有效處理校園安全事件，迅速應變處理突發重大災害，以營造安全、友善、健康之學習環境，特依據教育部「建構校園災害管理機制實施要點」、「校園安全暨災害事件通報作業要點」以及本校特性與現況需要，設置「亞洲大學安全健康校園發展委員會」（下稱本會）。

第二條　本會之任務如下：

　　　　一、決定本校校園安全暨健康發展方針。

　　　　二、統整本校各單位相關資源，擬訂校園安全暨健康教育實施計畫，落實並檢視其實施成果。

第三條　本會置委員十三至十五人，由校長擔任主任委員，主任祕書、教務長、學務長、總務長、體育室主任爲當然委員，其餘由校長遴聘教職員代表、學生代表、社區代表、警政消防，及具校園安全與健康促進領域專長之專家學者爲委員。

第四條　本會置執行祕書一人，由學務長擔任，綜理會務。

第五條　本會每學期至少開會一次，並視需要得召開臨時會議。

第六條　本會下設校園安全通報處理作業暨發展中心，其任務如下：

　　　　一、建立學校校園安全事件之通報處理系統，即時提供適切之支援及協助。

　　　　二、彙整學校校園安全暨健康發展事件通報處理類別統計，以擬訂周延之預防策略。

　　　　三、依校園安全暨健康發展事件狀況與學生危難情形，協調地區救難單位提供支援，減少損害程度，並視需要啓動校園災害管理機制並召開會議，統籌行政資源力量，遂行災害防救工作。

四、接受教育部及學校校園安全相關之臨時任務賦予。

中心運作設於學務處，由學務長擔任中心主任，中心執行祕書一人，由中心主任指定專責負責人，負責中心教育、通報與處理各業務工作之規劃執行與考評。中心通報作業細則依教育部校安中心規定辦理。

第七條　本會委員得依下列任務分工進行分組，各組設召集人一名，由校長指定之；並編配專責人員分組處理有關校園安全暨健康發展業務之施行：

一、學校安全文化組：由學務處軍訓室主責，負責學校安全文化（生活安全、災害安全、交通安全）宣導推動事宜。

二、安全環境塑造組：由環安室主責，負責學校安全環境塑造推動事宜。

三、心靈健康教育暨服務組：由學務處諮輔組主責，負責心靈健康教育暨健康服務事宜。

四、生理健康教育暨服務組：由學務處衛保組主責，負責生理健康教育暨健康服務事宜。

五、危機因應組：由校園安全通報處理作業暨發展中心主責，負責危機應變通報處理事宜。

六、社區與家庭聯繫組：由學務處宿服組主責，負責社區與家庭聯繫事宜。

七、體育活動安全防護組：由體育室主責，負責體育活動安全防護事宜。

第八條　本會規劃之重點業務，其所需經費應編入相關處室預算支應。

第九條　本辦法未盡事宜，悉依本校相關規定辦理。

第十條　本辦法經行政會議通過，陳請校長核定後發布施行，修正時亦同。

三、社會專門技師創新認證

本認證指標綜合國防部全民國防教育「國際情勢、國防政策、全民國防、防衛動員、國防科技」五大主軸、教育部十二年基本教育全民國防教育課綱「全民國防概論、國際情勢與國家安全、我們的國防、防衛動員與災害防救、戰爭啓示與全民國防」、中等教育全民國防教育師資培育課程「國際情勢與國家安全、全民國防概論、防衛動員與災害防救演練」三部分精義與要旨建構，以促進推動軍隊陸海空軍軍事行動轉化社會陸海空域體驗活動，提升全民國防素養。

（一）認證課程基準

師資級別	遴選標準	師資培訓時數	師資培訓標準
戰鬥級	完成戰鬥級訓練課程之學員	單日	單項計時測驗通過者
			輔導戰鬥級探索學員班隊
			獲得競賽佳績者可依教練審議委員會決議跳級
戰術級	具戰鬥級認證	2日1夜	雙項組合計時測驗通過者
			輔導戰術級體驗學員班隊
			獲得競賽佳績者可依教練審議委員會決議跳級
戰略級	具戰術級認證	3日2夜	三項以上組合計時測驗通過者
			輔導戰略級冒險學員班隊
			獲得競賽佳績者可依教練審議委員會決議跳級

資料來源：筆者自繪整理。

（二）認證指標參考

專門技師創新認證參考指標			附記
專門素養		認證指標	概分戰略級研究師（博士級）、戰術級教育師（碩士級）、戰鬥級訓練師（學士級）3類
國防體適能	營養力	能認知營養力國防意涵與涵養之道	
	體適能	能認知體適能國防意涵與涵養之道	
	動機職能	能認知動機職能國防意涵與涵養之道	
國防技藝能	團隊動力	能認同團隊動力之國防意涵與實踐	
	行為職能	能認同勞動力行為職能國防意涵與實踐	
	全民國防教育五大主軸	能認同國際情勢與團隊自信力效益	
		能認同全民國防與團隊信任力效益	
		能認同國防政策與團隊溝通力效益	
		能認同防衛動員與團隊競合力效益	
		能認同國防科技與團隊創新力效益	
國防學識能	終身服務學習	能認識終身服務學習國防意涵與效益	
	知識職能	能認識勞動力知識職能國防意涵與效益	
	國際戰略行動學	能反思與分享國際戰略行動整合意涵與效益	
綜合評語			

資料來源：筆者自繪整理。

四、輔教活動創新認證

　　運用國際戰略行動整合開發與實踐途徑，整合全民國防教育領域課程，以國際情勢開發國際眼洞悉國際脈動，將全民國防及國防政策結合，開發戰略腦，掌握歷史發展脈絡與主軸，再以防衛動員結合國防科

技運用，體現國際戰略行動整合開發效益，實踐文武合一全能力開發、提升全民健康力，開創全民國防新藍海。

（一）校園活動基準（參考苗栗飛鷹團隊元智大學校園國防體驗活動設計）

規劃案別	體驗項目	教學著眼
方案1（闖關活動）：2小時	1. 高牆通過	防衛動員領域體驗 指導與支持力量、問題解決能力
	2. 新島嶼通過	全民國防領域體驗 自信心培養、團隊合作
	3. 絕壁攀登普魯士繩結	國防科技領域體驗 角色扮演與自我挑戰
方案2（仿真槍）：2小時	地形地物利用與方位判定	國際情勢領域體驗 環境判斷與自我定位
	模擬對抗	國際情勢領域 全民國防＋國防政策領域 防衛動員＋國防科技領域 整合體驗國際眼、戰略腦、文武行全能力發展
方案3：方案1與方案2各1小時，合計2小時	闖關活動 模擬對抗	先闖關後對抗驗證
方案4：結合軍訓課實施一週	闖關活動 模擬對抗	

資料來源：筆者自繪整理。

（二）戶外活動基準（取自苗栗魯冰花全民國防素養推廣中心山訓基地體驗）

創新認證規劃級別	規劃時數	規劃項目
戰鬥體驗級	單日	單兵基本結繩與野外闖關
		單項高低空繩索
		單項山訓垂降
		模擬基本射擊
戰術探索級	2日1夜	團隊戰鬥結繩與野外闖關
		雙向高低空繩索、山訓垂降
		基本露營
		水上基本操舟
		模擬戰鬥對抗
戰略冒險級	3日2夜	團隊鋼索架設與野外闖關
		高低空繩索、山訓垂降三項綜合
		戰鬥露營
		溯溪初探
		兵棋推演暨模擬實兵對抗

資料來源：筆者自繪整理。

1. 戰鬥級體驗（單日）

課程名稱	時間	時程	課程內容	課程目的	進行方式
國防體適能認知	60分鐘	10:00-11:00	大地體驗	認知教育部體適能與勞動力動機職能	大地遊戲
國防技藝能認同	60分鐘	11:00-12:00	岩降下降垂直下降	團隊自信與信任	山訓體驗場頭盔、吊索、保險繩、手套
午餐	60分鐘	12:00-13:00	便當或無具野炊	認知營養力與食補	體驗集合場

課程名稱	時間	時程	課程內容	課程目的	進行方式
國防技藝能認同	90 分鐘	13:00-14:30	高空雙三索通過 單繩吊橋滑降	團隊信任與創新	高空山訓場確保繩
	60 分鐘	14:30-15:30	戰術偽裝模擬對抗計時奪旗（AB 攻守互換）	團隊挑戰與競合	仿真槍裝備與護具 對抗場
國防學識能認識、結業心得分享	60 分鐘	15:00-16:00	反思與分享學校主管總結、頒獎	最佳學習獎 最佳領導獎	反思分享
珍重再見收穫滿滿		16:00	苗栗魯冰花全民國防素養推廣中心→出發地	16:00 報到	遊覽車

資料來源：筆者自繪整理。

2. 戰術級探索（2日1夜）

第 1 日（戰鬥級體驗）					
課程名稱	時間	時程	課程內容	課程目的	進行方式
車程、人員報到				·報到 ·歡唱一整路、安全規定	📖 觀念講授 📖 活動演練 📖 討論分享
全民國防學門	30	10:00-10:30	主題說明—— 國際戰略行動 國際眼 戰略腦 文武行		
國防體適能認知	30	10:30-11:00		認知教育部體適能與勞動力動機職能	

第 1 日（戰鬥級體驗）					
課程名稱	時間	時程	課程內容	課程目的	進行方式
國防技藝能認同	60	11:00-12:00	1. 垂直下降 2. 岩壁下降	· 換裝迷彩裝 · 藉由熱情發現領導統御、溝通協調與團隊分工的技巧 · 培養團隊默契與建立支持系統	📖 觀念引導 📖 活動體驗 📖 討論分享
午餐	60	12:00-13:00	午餐與休息	認知營養力與食補	每人一份
國防技藝能認同	90	13:00-14:30	3. 雙三索繩通過 4. 單繩十字滑降	· 培養計畫與做決定的自主能力 · 強化責任心與服務心、膽識自信、檢驗團體計畫、方法、合作技能與信任能力	📖 活動體驗 📖 討論分享
	120	14:30-16:30	5. 攀岩體驗 6. 模擬戰鬥：搶旗活動	· 藉由互信來縮短距離、減少誤會降低疏離與孤立 · 綜合評定找出團隊盲點，開創新局	📖 活動體驗 📖 經驗分享
晚餐	150	16:30-19:00	晚餐：無具野炊經驗分享	· 認知營養力與食補 · 親手做糕湯、懷念的手藝 · 野炊大進擊	一組
夜間活動	120	19:00-21:30	1. 搭帳訓練 2. 改變再出發 3. 夜間搭帳訓練	迎接改變生活 歡樂時刻 分享與回饋	我們的改變 再出發的信心
夜眠時間	120	21:30-06:00	星夜懇談、收穫滿滿	溫馨夜晚、夜間教育體驗	盥洗時間

資料來源：筆者自繪整理。

第 2 日（戰術級探索）					
課程名稱	時間	時程	課程內容	課程目的	進行方式
晨間活動	120	06:00-08:00	1. 迎向朝陽 2. 薰衣草森林－日新島 3. 早餐	·體適能與氣補 ·營養力與食補	整體行動
國防技藝能認同	120	08:00-10:00	1. 巨人梯攀爬 2. 高空獨木橋	·自我肯定 ·抗壓力學習	📖 觀念引導 📖 活動體驗 📖 討論分享
	120	10:00-12:00	3. 空中擊球 4. 高空垂降	·放下與服務 ·超越自我	📖 觀念引導 📖 活動體驗 📖 討論分享
午餐	60	12:00-13:00	午餐與休息	自助餐點 認知營養力與食補	10 人一組
國防技藝能認同	120	13:00-15:00	5. 極限大擺盪 6. 凌空飛越	·團動能量發揮 ·逆風飛翔	📖 觀念引導 📖 活動體驗 📖 討論分享
國防學識能認識結訓反思與分享	60	15:00-16:00	反思與分享 結訓頒證	感恩與擁抱、祝福、高團隊考驗、懷著感恩的心	📖 觀念引導 📖 活動體驗 📖 討論分享
賦歸	120	16:00-18:00	賦歸、收穫滿滿	苗栗魯冰花推廣中心→溫馨家庭	

資料來源：筆者自繪整理。

3. 戰略級冒險（3日2夜）

第1日（戰鬥級體驗）					
課程名稱	時間	時程	課程內容	課程目的	進行方式
車程	30	09:30-10:00	車程 人員報到	·報到、苗栗→頭屋交流道→明德水庫魯冰花全民國防素養推廣中心 ·歡唱一整路、安全規定	📖 觀念講授 📖 活動演練 📖 討論分享
國際眼	30	10:00-10:30	1. 盲人園區越野 2. 觸摸蛇類 3. 飛鷹堡探索活動	·面對未知態度判斷與自信態度 ·膽識挑戰 ·環境情勢分析	
戰略腦	30	10:30-11:00	主題說明 —— 國際戰略實踐 全人能力開發 國際眼 戰略腦 文武行	·了解訓練目的與目標 ·體適能、技藝能與學識能綜合發展	
國防體適能認知	90	11:00-12:00	肌力 肌耐力 柔軟度與 BMI	體適能常模檢測	📖 觀念引導 📖 活動體驗 📖 討論分享
午餐	60	12:00-13:00	午餐與休息	便當 認知營養力與食補	每人一份
國防技藝能認同	90	13:00-14:30	1. 雙三索繩通過 2. 單繩十字滑降	·培養計畫與做決定的自主能力 ·強化責任心與服務心、膽識自信、檢驗團體計畫、方法、合作技能與信任能力	📖 活動體驗 📖 討論分享

第 1 日（戰鬥級體驗）					
課程名稱	時間	時程	課程內容	課程目的	進行方式
國防技藝能認同	120	14:30-16:30	3. 攀岩體驗 4. 模擬對抗：搶旗活動	·藉由互信來縮短距離、減少誤會降低疏離與孤立 ·綜合評定找出團隊盲點，開創新局	📖 活動體驗 📖 經驗分享
晚餐	150	16:30-19:00	晚餐：無具野炊 經驗分享	·認知營養力與食補 ·親手做糕湯、懷念的手藝 ·野炊大進擊	一組
夜間活動	120	19:00-21:30	1. 搭帳訓練 2. 改變再出發 3. 夜間搭帳訓練	迎接改變生活歡樂時刻分享與回饋	我們的改變 再出發的信心
夜眠時間	120	21:30-06:00	星夜懇談、收穫滿滿	溫馨夜晚、夜間教育體驗	盥洗時間

資料來源：筆者自繪整理。

第 2 日（戰術級探索）					
課程名稱	時間	時程	課程內容	課程目的	進行方式
晨間活動	60	06:30-07:30	迎向朝陽 薰衣草森林－日新島	體適能與氣補戶外越野晨操客家米食早餐	風雨棚
國防技藝能認同	30	07:30-08:00	早餐時間	營養力與食補一天活力的來源、記得要吃飽	高空探索場
	30	08:00-08:30	團體動能	音樂遊戲、創意歌舞、活力展現	

第 2 日（戰術級探索）					
課程名稱	時間	時程	課程內容	課程目的	進行方式
國防技藝能認同	210	08:30-12:00	闖關大進擊：區分綜合考驗四關 1. 創意圖騰展現：戰歌響起 2. 關懷與互助：硫酸河通過 3. 創意學習：環環相扣、結手結 4. 溝通力：新島嶼通過支持的力量：高牆通過一起站起來、飛舞動力繩（全體）	團隊互助 問題解決 新鮮探索 抗壓力培養	10 人一組
午餐	60	12:00-13:00	午餐	認知營養力與食補	合菜、一起分享、快樂學習
國防技藝能認同	240	13:00-17:00	1. 水中信任倒、水中高牆 2. 瀑布攀爬——發現團隊 3. 困難地形通過——快樂學習 4. 深潭穿越——相互扶持	水上救生 團隊合作 渡河訓練 水中探索 勇氣挑戰	熱身活動、安全規定、裝備穿著

健康素養創新認證（全民防衛動員演練──力空時）

第2日（戰術級探索）					
課程名稱	時間	時程	課程內容	課程目的	進行方式
國防技藝能認同	240	13:00-17:00	5. 勇氣挑戰──鼓勵與關懷 6. 瀑布跳水、勇氣與決心		
	30	17:00-17:30		團隊展現	成功哲學→學習分享、精神饗宴
晚餐	120	17:30-19:30	晚餐時間	認知營養力與食補	合菜大拼盤、成功分享、專注學習
	90	19:30-21:00	營火晚會		聯歡晚會、營火晚會、燭光夜語
		21:00-06:30	溫馨美夢		尋找美夢時間、宵夜時間

資料來源：筆者自繪整理。

第3日（戰略級冒險）					
課程名稱	時間	時程	課程內容	課程目的	進行方式
晨間活動	120	06:00-08:00	起床盥洗	體適能與氣補 把睡蟲趕跑、團體動能、活力操 認知營養力與食補	風雨棚
國防技藝能認同	120	08:00-10:00	1. 巨人梯攀爬 2. 高空獨木橋	・自我肯定 ・抗壓力學習	高空探索場
	120	10:00-12:00	3. 空中擊球 4. 高空垂降	・放下與服務 ・超越自我	
午餐	60	12:00-13:00	午餐與休息	認知營養力與食補 自助餐點	10人一組
國防技藝能認同	120	13:00-15:00	5. 極限大擺盪 6. 凌空飛越	・團動能量發揮 ・逆風飛翔	

第 3 日（戰略級冒險）					
課程名稱	時間	時程	課程內容	課程目的	進行方式
國防學識能認識、結訓反思與分享	60	15:00-16:00	反思與分享結訓頒證	感恩與擁抱、祝福、團隊考驗、懷著感恩的心	
賦歸	120	16:00-18:00	賦歸、收穫滿滿	苗栗魯冰花全民國防素養推廣中心→溫馨家庭	

資料來源：筆者自繪整理。

五、產業創新認證（摘要整理自 HC-LIFE 精準健康管理集團）

（一）全民國防素養（大健康）實踐行動方案發展模式

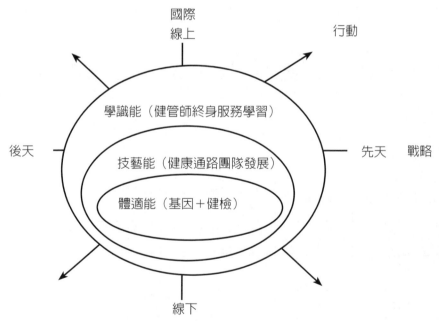

全民國防素養（大健康）實踐行動方案發展模式

資料來源：筆者自繪整理。

1. 國際戰略行動學實踐

(1) 國際

　　避戰－慎戰－反戰－和平發展－WHO 精準健康產業文武（線上－線下）發展趨勢。

(2) 戰略

　　六大核心戰略產業──精準健康（先天－後天）產業。

　　創辦者信念──促進產官學研共同合作達成全民大健康發展目標：

　　A. 全臺灣每個人都應該吃到正確的營養品。

　　B. 全臺灣每個人都應該做基因檢測。

　　C. 全臺灣每個人都可以擁有自己的預防醫學診所、家庭醫師、健康管理師。

(3) 行動

　　A. 經營奮鬥史──20 年

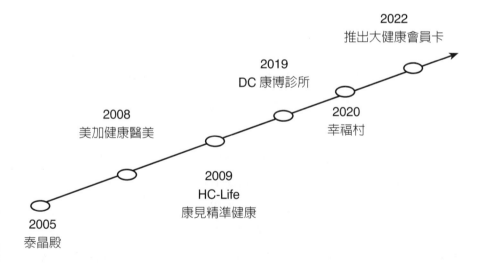

　　B. 精準健康行動方案

　　體適能──基因檢測（成人健檢：北歐式健走＋體重管理）。

　　技藝能──健康食品通路團隊發展（三角形戰術團隊建構＋領導統

御＋組織文化）。

　　學識能——健管師終身服務知識學習（368鄉鎮健管師、家庭醫師、健康診所）。

　　C. 戰略發展部設置要點（草案）

　　a. 依據

　　行政院六大核心戰略產業中之臺灣精準健康、國防及戰略、民生及戰備等推動方案要旨及HC董事會議投入國家全民國防素養（大健康）提升社會責任指裁示辦理。

　　b. 目的

　　融入EMBA精神，實踐產學合作，籌辦企業內研究所——國際（線上－線下）戰略（先天－後天）行動（線上－線下＋先天－後天）研究院，形塑企業文化，凝聚團隊精神，組建全民大健康推廣團隊，推動臺灣地區全民國防素養（大健康）研究、教育與訓練事務，提升全民國防素養（大健康）產官學創新合作效益。

　　c. 任務

　　整合退休軍公教警消人力資源，擴大全民國防教育國際戰略行動推廣能量，體現全民防衛動員準備力空時演練成效，構築完整精準健康戰略產業鏈，提升全民國防（大健康）素養。

　　d. 編組與職掌

　　為推動提升臺灣地區全民國防（大健康）素養，於董事會主席下設營運部、戰略部與資源協作平臺，資源協作平臺擇一董事主責，由數位部（數位長）、健診部（醫療長：美加醫美、康博診所、基因實驗室）與健管部（泰晶殿、法布甜、健康食品、幸福村）聯合組成。營運部置營運長1人，並置專家顧問若干人編成專家顧問組，互推召集人1人，營運分設北北基宜花東與中彰投高高屏，各置總監1人；戰略部置戰略長1人，並置學者諮詢委員若干人編成學者諮詢組，互推召集人1人，行動分設戰略研究群、戰略教育群與戰略訓練群三組及國際戰略行動研

究院籌備處，各置召集人 1 人，其中戰略研究群與戰略訓練群由營運部與戰略部共同編組形成，以共同推動 368 鄉鎮健管師團隊之編成。其組織架構如下圖所示：

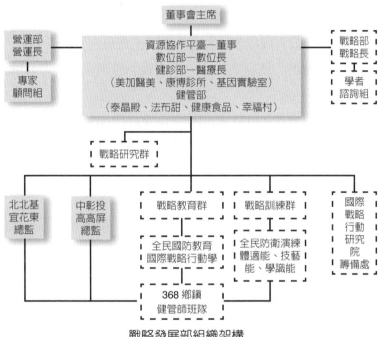

戰略發展部組織架構

依上述架構，職掌說明如下：

· 董事主席：負責督導全般事務發展。

· 營運長：負責營運部事務整體規劃與執行。

· 戰略長：負責推動戰略部事務整體規劃與執行。

· 資源協作平臺：擇一董事主責，由數位部（數位長）、健診部（醫療長：美加醫美、康博診所、基因實驗室）、健管部（泰晶殿、幸福村、法布甜、健康食品系列集團企業）共同組成。
職掌：提供推動所需整體資源。

- 戰略研究群：置召集人 1 人，由諮詢學者與專業顧問共同編成。
  職掌：負責整體策略、政策與機制之研究事宜。
- 戰略教育群：置召集人 1 人，教育師若干人。由高階資深幹部團隊編成。
  職掌：負責推動全民國防教育國際戰略行動學（安全因子研討與推演）教育課程設計與師資儲備充實事宜。
- 戰略訓練群：置召集人 1 人，訓練師若干人。由健管師團隊編成。
  職掌：負責推動 368 鄉鎮健管師全民防衛動員演練全民國防素養（國防體適能、國防技藝能與國防學識能）訓練行動具體實踐事宜。

e. 主要職能

- 研發及蒐整全民國防素養（大健康）推動研究、教育與訓練資源與途徑。
- 全民國防素養（大健康）學術研討與交流。
- 師資與基地專業評鑑認證。
- 充實及活化網站平臺服務功能。
- 年度工作推動計畫。

f. 本設置要點陳董事會議決議後實施。

六、社會體育休閒活動基地創新認證

（一）設施檢驗證明書範例

台 灣 山 訓 協 會
場地設施檢驗合格證明書

飛鷹堡探索事業社所屬飛鷹堡山地訓練中心，其山訓場地設施，
經本會年度檢驗，其場地設施主體與安全強度均通過安全標準檢驗，
特立此證書，以示證明。

有效時間：111 年 01 月 01 日起至 111 年 06 月 30 日

設施地址：飛鷹堡山地訓練中心（苗栗縣頭屋鄉明德村仁隆 59 號）

所屬單位：飛鷹堡探索事業社

場地設施檢驗內容：（如下列）

項次	檢 驗 內 容	檢 驗 結 果		備註（改進缺失）
		合格	不合格	
01	使用器材結構是否符合標準	V		需定期保養
02	建物設施與地面連結點強度	V		
03	場地地面安全性與安全護墊設施	V		避免潮濕
04	建物支撐結構與強度測試	V		
05	鋼索使用諸元規格是否符合標準	V		
06	鋼索連結或接續點環扣強度	V		
07	鋼索固定夾材質與強度、數量	V		需定期油漆保養
08	各項設施離地面符合安全高度	V		
09	使用固定點安全強度	V		
10	是否投保場地責任險	V		按規定投保
建議事項	1.團體使用山訓設施操作前，需簽訂山訓場地使用契結書。 2.操作指導人員需具有山訓專長經驗或繩索教育專精人士擔任。 3.團體操做前皆須再次確認場地、設備、環境之安全狀況是否適宜執行。			

場地設施及建物所屬單位：飛鷹堡探索事業社

檢驗單位簽章：台灣山訓協會

理事長 謝聰榮

代理檢驗單位：飛鷹堡探索事業社

中 華 民 國 111 年 01 月 01 日

資料來源：摘自臺灣山訓協會。

（二）全民國防素養基地創新認證參考指標

創新認證項目		創新認證指標	檢驗結果		
			戰鬥級	戰術級	戰略級
師資	專長證照	具陸、海、空域活動專長認證			
	素養證照	具戰鬥、戰術、戰略級認證通過			
	國防大學修習時數	修習相當時數證明			
場地	器材	使用器材結構是否符合標準			
		器材諸元規格是否符合安全注意事項			
	設施	場地地面安全性與安全防護措施			
		建物支撐結構與強度測試			
		使用固定點安全強度			
		建物設施與地面連結點強度			
		是否投保場地責任險			
活動設計	單日	單域主題明確性			
	雙日	雙域主題連貫性			
	多日	多域主題周延性			
綜合評語					

資料來源：筆者自繪整理。

七、認證公證單位創新認證（戰略健康社群）

軍事教育學經歷交織發展模式與學校技職教育體系之產學或建教合作方式不謀而合，除了鼓勵學校學程發展，政府主管機關或各級學校亦

可充分運用社會相關戰略健康推廣社群或專門研究機構提供創新認證的公證參考，以深化全民國防素養。

（一）學會

臺灣戰略研究學會全民國防素養（大健康）創新認證中心設置要點（筆者爲創設執行長）

1. 依據

《全民國防教育法》、十二年基本教育全民國防教育課綱、臺師大師資培育課程規劃及翁理事長會議指裁示辦理。

2. 目的

推動臺灣地區全民國防素養（大健康）研究、教育與訓練創新認證事務，提升全民國防素養（大健康）產官學研創新合作效益。

3. 任務

延展國際戰略研究中心學術研究能量，協力電腦決策模擬中心業務推動，創新認證各級政府與各級學校及社教機構全民國防素養（大健康）發展成效，開展社會體育休閒活動全民國防素養（大健康）實效，建立臺灣地區全民國防素養（大健康）創新認證專業地位。

4. 編組與職掌

爲推動臺灣地區全民國防素養（大健康）創新認證任務，本中心置總監 1 人，由理事長兼任；執行長 1 人，兼任助理 1-2 人，分別以工作任務編制設置行政支援組、認證研究組、認證教育組、認證訓練組四組，並聘請相關專家學者若干人擔任諮詢委員，負責提供中心所需之專業協助。其職務架構如下圖所示：

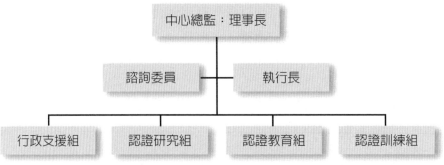

全民國防素養（大健康）創新認證中心職務架構

依上述設置之架構，各組組成與職掌如下：

(1) **中心總監**：由學會理事長兼中心總監，負責督導中心創新認證發展。

(2) **執行長**：由學會副祕書長兼任執行長，負責規劃和推動中心創新認證任務。

(3) **行政支援組**：設兼任助理 1-2 人。

　　職掌：

　　A. 協助處理公文及檔案管理事宜。

　　B. 協助中心經費收支、控管、核銷及相關請購與結報作業。

　　C. 協助創新認證設備之充實及負責相關管理措施。

　　D. 協助辦理各項創新認證活動之行政事宜，並彙整各次會議記錄。

(4) **認證研究組**：設組長 1 人，認證研究師若干人，由碩博士背景與專業人員編成。

　　職掌：負責研究機構、智庫、研究人員、碩博士生論文、出版刊物、政府政策之評鑑認證事宜。

(5) **認證教育組**：設組長 1 人，認證教育師若干人。由現職或退役之軍（教）官、教師或專業人員編成。

職掌：負責政府機關、各級學校、社教機構、師資、教材之認
　　　證教育事宜。

(6) **認證訓練組**：設組長 1 人，認證訓練師若干名。

職掌：負責社會陸海空域體育休閒活動教練與基地之評鑑認證
　　　事宜。由社會體育休閒觀光業者或相關社團組織專業活
　　　動師資編成。

5. 主要工作

(1) 研發及蒐整全民國防素養（大健康）創新認證研究、教育與訓
　　練資源與途徑。

(2) 全民國防素養（大健康）學術研討與交流。

(3) 師資與基地專業評鑑認證。

(4) 充實及活化中心網站平臺服務功能。

(5) 年度工作推動時程。

6. 本設置要點陳理監事會議決議後實施。

（二）**協會**

中華全民安全健康力推廣協會組織章程（筆者為創會理事長）

第一章　　總則

第一條　　　本會名稱為中華全民安全健康力推廣協會（以下簡稱本
　　　　　　會）。

第二條　　　本會為依法設立、非以營利為目的之社會團體，以召集
　　　　　　安全防護暨健康發展研究、教育與活動三種類型的有
　　　　　　志之士，透過社會陸海空域戶外體育休閒活動平臺與途
　　　　　　徑，轉化全民國防戰略行動為社會安全健康體驗活動，
　　　　　　提升全民安全防護暨健康發展行動能力為宗旨。

第三條　　　本會以臺灣區為組織區域。

第四條　　　本會會址設於主管機關所在地區，並得報經由主管機關

核准設分支機構。前項分支機構組織簡則由理事會擬定，報請主管機關核准後行之。會址及分支機構之地址於設置及變更時應函報主管機關核備。

第五條　　　　本會之任務如下：

一、安全防護暨健康發展行動力與產業理論研究

二、安全防護暨健康發展行動力師資培育與認證

三、安全防護暨健康發展行動力培育與認證推動

四、安全防護暨健康發展行動力產業推廣與認證

第六條　　　　本會之主管機關為內政部。本會之目的事業應受各該事業主管機關之指導、監督。

第二章　會員

第七條　至第十二條（略）

第三章　組織及職權

第十三條至第十四條（略）

第十五條　　　本會置理事 9 人、監事 3 人，由會員（會員代表）選舉之，分別成立理事會、監事會。選舉前項理事、監事時，依計票情形得同時選出候補理事 2 人，候補監事 1 人，遇理事、監事出缺時，分別依序遞補之。

第十六條　　　（略）

第十七條　　　理事會置常務理事 3 人，由理事互選之，並由理事就常務理事中選舉 1 人為理事長，另常務理事 2 人為兼副理事長職。

理事長對內綜理督導會務，對外代表本會，並擔任會員大會、理事會主席。

理事長因事不能執行職務時，應指定常務理事 1 人代理之，未指定或不能指定時，由常務理事互推 1 人代理之。

理事長、常務理事出缺時，應於一個月內補選之。

第十八條　　　　（略）

第十九條　　　　監事會置常務監事 1 人，由監事互選之，監察日常會
　　　　　　　　務，並擔任監事會主席。常務監事因事不能執行職務
　　　　　　　　時，應指定監事 1 人代理之，未指定或不能指定時，由
　　　　　　　　監事互推 1 人代理之。監事會主席（常務監事）出缺時
　　　　　　　　應於一個月內補選之。

第二十條　　　　理事、監事均為無給職，任期二年，連選得連任。理
　　　　　　　　事、監事之任期自召開本屆第一次理事會之日起計算。

第二十一條　　　（略）

第二十二條　　　本會置執行長 1 人，承理事長之命處理本會事務，其他
　　　　　　　　工作人員若干人，由理事長提名經理事會通過聘免之。

第二十三條　　　（略）

第二十四條　　　本會得由理事會聘請名譽理事長 1 人，名譽理事、顧問
　　　　　　　　若干人，其聘期與理事、監事之任期同。

第四章　會議

第二十五條至第二十九條（略）

第五章　經費及會計

第三十條至第三十三條（略）

第六章　附則

第三十四條至第三十五條（略）

第三十六條　　　本章程經本會 105 年 6 月 25 日第一屆第一次會員大會
　　　　　　　　通過。報經內政部 105 年 9 月臺內團字第 1050435410
　　　　　　　　號函准予立案備查。

八、策略聯盟創新認證

國立新竹女中全民國防教育學科中心、淡江大學國際事務與戰略所、淡江大學整合戰略與科技中心、中華民國全民國防教育學會策略合作聯盟

（一）新聞稿

為開展跳脫臺灣海峽陰影的兩岸視野侷限，展現國際太平洋陽光的世界格局與氣勢，特由學術研究單位——淡江大學國際事務與戰略所暨整合戰略與科技中心、學校全民國防教育推廣中心——國立新竹女中全民國防教育學科中心、民間推廣全民國防教育社群——中華民國全民國防教育學會，共同實施策略合作聯盟簽約儀式活動。

本次活動主旨，乃在運用國際戰略整合開發與實踐途徑，以全民國防教育學科中心為基石，向上結合國內著名國家安全戰略研究單位能量——淡江大學國際事務與戰略所暨整合戰略與科技中心，向外結合社會唯一推廣全民國防教育之社群單位——中華民國全民國防教育學會，開拓全民國防教育新藍海。將全民國防教育國際情勢、全民國防、國防政策、防衛動員與國防科技五大領域課程予以垂直有機整合。

以國際情勢領域課程向上結合國際關係研究網絡，開發國際眼（陰陽眼），洞悉國際脈動，將全民國防及國防政策與戰略研究結合，開發戰略腦（左右腦），掌握歷史主軸，再以防衛動員結合國防科技運用，體現國際戰略整合開發效益，實踐文武行（內外修）全能力開發，以提升全民健康力，開創全民國防教育新藍海共創兩岸雙贏新局。

（二）議程

時間	內容	地點
14:30-14:40	國立新竹女中校長致詞	國立新竹女中
14:40-14:50	淡江大學國際事務與戰略研究所所長兼整合戰略與科技中心主任致詞	
14:50-15:00	全民國防教育學會理事長致詞	
15:00-15:10	簽約暨互換紀念品	
15:15-15:45	淡江大學整合戰略與科技中心簡報	
16:10	賦歸	

（三）協議書

　　為促進雙方學術研究與實務驗證交流，謀求產學合作最高效益。國立新竹女中全民國防教育學科中心、淡江大學國際事務與戰略所、淡江大學整合戰略與科技中心與中華民國全民國防教育學會，特簽訂本策略合作聯盟協議書，條款如下：

1. 各方秉持互惠平等精神進行下列合作事項：

    (1) 學術刊物與其他資料之交流。

    (2) 共同參與產學合作。

    (3) 共同舉辦學術研討會及相關教育訓練活動。

    (4) 各方設備（含軟硬體）及圖書資源之共享。

    (5) 其他雙方同意之專案計畫。

2. 若需訂立與本協議書相關之細節，各方可簽定備忘錄，並作為本協議書之附冊。

3. 本協議書將於各方負責人簽署之日生效，有效期限四年，除非任一方於六個月前以書面通知對方終止，否則本協議書將於每次到期日起，均自動延長四年。

（策略合作聯盟單位代表簽名及核印）

國立新竹女中全民國防教育學科中心　　淡江大學國際事務與戰略所

主任＿＿＿＿＿＿＿＿＿＿＿　　　　　所長＿＿＿＿＿＿＿＿＿＿＿

中華民國全民國防教育學會　　　　　　淡江大學整合戰略與科技中心

理事長＿＿＿＿＿＿＿＿＿　　　　　　主任＿＿＿＿＿＿＿＿＿＿＿

中華民國一〇三年五月九日

九、企劃案創新認證

（一）高雄軍事觀光──全民 ING 起來聯展

1. 案名

　　高雄軍事觀光活動系列──全民 ING 起來聯展企劃案

2. 緣起

　　我們規劃十二年基本教育全民國防教育課綱，我們設計十二年基本教育全民國防教育師資培育課程草案，我們創立民間大學學術研討會全民國防教育場次，我們推動社會全民國防素養指標，我們努力推動全民國防教育結合社會體育休閒活動發展，我們堅定認為全民國防教育是一個有《全民國防教育法》專法規範與國防部及教育部各有專責單位督導實施的國家位階課程，需列入教育部重大議題融入教育參考，更要在學校軍訓教官退離校園，學校正式課程 180 學分僅占必修 2 學分的全民國防教育學科，在部定加深加廣選修課程更加不能缺席，因而多年來全力持續尋求社會充實與強化途徑！我們終於等到機會了！因為臺灣終於有睿智的地方首長率先倡導軍事觀光，這個座標位置就是高雄市！高雄固為臺灣工業重鎮，亦是著名國際商港，除擁有歷史悠久的戰史古蹟與陸海空軍三軍官校與中正預校，更具有陸海空域活動的廣大幅員與腹地，2019 年韓流中興氣象光彩耀眼，更是舉世關注！由高雄率先發起軍事

觀光系列活動，就從全民 ING 起來聯展企劃聯動開始！

3. 目標設定

　　透過高雄軍事大本營軍事觀光系列活動之開啓，運用臺灣戰略學界研究能量，連結各級學校全民國防教育課程活動之規劃，結合社會陸海空域體育休閒活動觀光體驗基地，構建臺灣戰略學術研究與戰略活動體驗緊密結合發展典範，成爲亞太戰略產業生態鏈之重鎮，屏障高雄，讓臺灣全民 ING 起來，全民健康發大財。

4. 時間、地點、主協辦單位

(1) 日期：

(2) 地點：高雄駁二特區

(3) 主協辦單位

　　指導單位：國防部、教育部、交通部

　　主辦單位：高雄市政府

　　承辦單位：臺灣戰略研究學會、中華民國全民國防教育學會、中華全民安全健康力推廣協會

　　協辦單位：苗栗魯冰花露營園區、苗栗飛鷹堡山訓基地、苗栗後龍 JR 生存遊戲團隊、苗栗竹南風帆基地、臺中旺宏飛行俱樂部、高雄興達港風帆基地、屏東飛行基地、臺東飛行學校

　　贊助單位：

5. 行動方案

　　區分三個方案：前一階段戰略學術研討 —— 臺北、主要階段全民 ING 起來聯展（高雄主場）、後一階段 —— 戰史古蹟暨軍事院校巡訪。

(1) 第一方案：結合臺灣戰略研究學會、社會生存遊戲團隊與十月慶典軍事院校，以及基地開放參觀分時分區實施。

　A. 第一階段：戰略學術研討

　a. 臺灣戰略研究學會預計於○○年○○月○○日與日本安全保障戰

略研究所（SSRI）舉辦國際戰略對話暨交流活動案實施。

b. 日方參與成員：○○（副運營委員長）、○○、○○等 3 位上席研究員（意為 SSRI 的最高階研究員）其餘可能參團者：○○、○○、○○等上席研究員及本會所屬的陸海空退役將官（尚在徵詢中）

c. 活動規劃概要

甲、上午交流座談

臺灣：臺灣戰略研究學會翁理事長、副執行長以上幹部與會。

乙、下午戰略圓桌論壇

主題：印太戰略

B. 第二階段：全民 ING 起來聯展與體驗活動

a. 區分陸域、海域、空域、全域四個館。

b. 活動內容

甲、戰略論壇。

乙、靜態裝備展示。

丙、動態活動體驗。

C. 第三階段：電腦決策模擬與民間漢光模擬演練（日月潭）

a. 電腦決策模擬。

b. 民間漢光模擬演練。

D. 第四階段：戰史古蹟暨軍事院校巡訪（高雄）

a. 戰史古蹟。

b. 軍事院校。

(2) 第二方案：結合臺灣戰略研究學會與十月慶典軍事院校，以及基地開放參觀分時分區減項實施。

A. 第一階段：戰略學術研討

a. 臺灣戰略研究學會預計於○○年○○月○○日與日本安全保障戰略研究所（SSRI）舉辦國際戰略對話暨交流活動案實施。

b. 日方參與成員：○○（副運營委員長）、○○、○○等 3 位上席研究員（意爲 SSRI 的最高階研究員）其餘可能參團者：○○、○○、○○等上席研究員及本會所屬的陸海空退役將官（尚在徵詢中）。

c. 活動規劃概要

時間	議程
09:00-09:30	**報到**
09:30-10:00	**開幕式：貴賓致辭**
10:00-11:20	**場次一分組座談：臺灣軍事觀光戰略論壇** 第一小組：學界──戰略創新思維論壇 主持人： 中山大學代表： 高雄大學代表： 長榮科技大學代表： 嘉義大學代表： 中正大學代表： 中興大學代表： 海洋大學代表： 第二小組：官界──政策整合設計論壇 主持人：高雄市政府海洋事務局局長 國防部代表： 教育部代表： 經濟部代表： 海洋委員會代表： 交通部代表： 第三小組：產業機制統合行動論壇 主持人：高雄市政府觀光局局長 陸域活動代表： 海域活動代表： 空域活動代表： 全域活動代表：

時間	議程
11:20-12:40	**場次二：靜態裝備導覽** 總主持人：高雄市政府工商發展局局長 陸域館主講人： 海域館主講人： 空域館主講人： 全域館主講人：
12:40-13:30	**午餐**
13:30-14:50	**場次三：動態活動體驗** 總主持人：高雄市政府教育局局長 維護團隊：高雄市政府教育局軍訓室 陸域活動主持人： 海域活動主持人： 空域活動主持人： 全域活動主持人：
14:50-15:00	**茶敘**
15:00-16:30	**圓桌論壇：高雄軍事觀光發展願景** 主持人：高雄市長 與談人： 淡江大學國際事務與戰略所 海洋委員會 交通部觀光局 高雄興達港 旺宏飛行休閒基地 屏東飛行基地
16:30-17:00	**閉幕式**

B. 第二階段：全民 ING 起來聯展與體驗活動

a. 區分陸域、海域、空域、全域四個館。

b. 活動內容：

　　甲、戰略論壇。

　　乙、靜態裝備導覽。

丙、動態活動體驗。

C. 第三階段：戰史古蹟暨軍事院校巡訪（高雄）

a. 戰史古蹟。

b. 軍事院校。

(3) 第三方案：全民 ING 起來聯展與體驗活動。

A. 第一場次：**高雄軍事觀光戰略論壇**

邀請產官學代表就戰略創新思維、政策整合設計與機制統合行動研討實施。

B. 第二場次：**靜態裝備導覽**

沿陸域館－海域館－空域館－全域館尋訪導覽。

C. 第三場次：**動態活動體驗**

a. 陸域射擊體驗。

b. 海域操舟體驗。

c. 空域無人機操控體驗。

D. 執行行程表

E. 第三方案（建議）

a. 相關貴賓與代表邀請中。

b. 有文字稿補充請提供每篇 4,000-5,000 字，並於○○○日前交稿。

6. 預算表（第三方案）（略）

經費預算		本活動經費概算總額為新臺幣○○○元整				
經費明細		單價（元）	數量	總價（元）	說明	備註（擬申請補助單位）
經常門	分組論壇費				分場次：主持人 ×3，共計 與談人 ×3×5	會展場館採門票發售制，依收益情形補助參展承辦、協辦單位，論壇費用由高雄市政府經費支應。
	分組場地費				洽詢大學或會展場館	
	圓桌論壇費				主持人 ×1，共計 與談人 ×5	
	圓桌論壇場地費				洽詢大學或會展場館	
	午餐費					
	出席交通補助費				核實補助	
	裝運補助				依門票收益補助	
	會展場地				洽詢大學或會展場館	
資本門	無					
小計						
雜支	其他雜項支出				文具、桌牌、場地費、杯水……	
合計						

7. 效益評估

(1) 有助於擴大高雄觀光發展效益。

(2) 有助於全民國防整體效益提升。

(3) 有助於全民安全與健康發展。

(4) 有助於激勵高雄整體產業發展。

8. 備案

改換實施地點：苗栗竹南風帆運動場。

9. 補述文件

（二）退輔會高雄農場轉型活化臺灣全民國防素養（大健康）推廣示範基地企劃案

1. 案名

退輔會高雄農場轉型活化臺灣全民國防素養（大健康）推廣示範基地企劃案

2. 緣起

《國防法》規範行政院制定全民國防政策，而全民國防範疇除大家耳熟能詳的國防軍事外，尚包括以民為主軸的全民防衛與災害防救及其他與國防相關事務。行政院退輔會是常備國軍轉型社會後備退役軍人的重要樞紐，提供重要觀光休閒場域轉型全民國防素養推廣示範基地，將為社會整體觀光體育休閒基地樹立卓越標竿典範，更可藉寓教於樂之功效，培訓提供優秀全民國防教育師資人員，共同推廣提升全民國防（大健康）素養。

全民健康攸關國家健全發展至鉅，109 年 5 月 20 日蔡英文總統於就職演說時宣示，要在過去 5+2 產業創新基礎上，透過產業超前部署，推動資訊及數位、資安卓越、臺灣精準健康、綠電及再生能源、國防及戰略、民生及戰備等六大核心戰略產業，正式將推動臺灣精準健康提列至國家核心戰略發展位階。行政院接著於 110 年 5 月 21 日正式核定「六大核心戰略產業推動方案」，俾為行政院全民國防政策實踐提供厚實的產業發展後盾，尤其在臺灣精準健康產業方面，所將建構的基因及健保大數據資料庫，以及開發精準預防、診斷與治療照護系統，並透過跨部會合作，在資通訊產業、臨床醫療體系與完整健保資料庫與生醫產業的緊密結合，更是提升臺灣全民國防素養安全健康力的戰略發展工程。退

輔會健康農場遍布臺灣北中南東區域，中心理念推動全體榮民身心安養，進而帶動全民安全與健康的國防素養提升，由高雄農場發端肇建全民國防素養推廣示範基地，不僅首開風氣之先，更將為國家蓄積健康戰力提供重大貢獻與助益。

3.目標設定

透過臺灣戰略學界研究能量，邀請退輔會、國防部、教育部與衛福部及相關產學研活動界代表，定期舉行「臺灣全民國防素養（大健康）戰略產業發展方案」戰略論壇，推動臺灣全民國防素養（大健康）活動之發展，讓全臺灣每個人都能培養國防體適能的自我健康態度認知、國防技藝能的團隊認同與國防學識能的終身服務學習知識認識，以提升全民國防素養。

4.時間、地點、主協辦單位

(1)日期：2023.3（待定）

(2)地點：退輔會高雄農場

(3)主協辦單位

　　指導單位：退輔會、國防部、教育部、衛福部

　　共同主辦單位：臺灣戰略研究學會、中華民國全民國防教育學會、
　　　　　　　　　中華全民安全健康力推廣協會

　　承辦單位：中華全民安全健康力推廣協會、臺灣全民國防素養認證
　　　　　　　中心、遊騎兵活動基地

　　贊助單位：宜利科技公司

5.行動方案

本論壇活動程序如附件1，區分二階段實施，活動規劃如附錄1。第一階段實施主題演講暨圓桌戰略論壇，相關預算依學術研討會場次辦理。第二階段實施靜態展示與動態操作體驗，所需預算主要由贊助單位資助，其他如附錄2，以此創新臺灣全民國防素養（大健康）產業學術論壇、教育主體與活動體驗結合之新典範。

6. 預期成效

(1)加深加廣戰略學術研究結合全民國防素養（大健康）活動能量。

(2)建立學術研討與活動體驗結合之創新典範。

(3)擴大全民國防素養（大健康）宣導成效。

7. 預算概算

(1)第一階段預算依學校研討會慣例辦理。

(2)第二階段靜態展示與動態操作體驗，預算概要表如附錄 2，其他預算由贊助單位支援贊助。

8. 效益評估

(1)有助於全民國防素養整體效益提升。

(2)有助於擴大精準健康活動與產業之發展效益。

9. 備案

10. 補述文件

附件 1：活動議程

日期	時間	議程
2023.3	09:00-09:30	報到
	09:30-09:50	主辦單位致歡迎詞
	09:50-10:20	主題講演
	10:30-12:00	圓桌論壇：臺灣全民國防素養（大健康）戰略論壇 主持人： 與談人： 退輔會政策指導單位 國防部政策指導單位 教育部政策執行單位 衛生福利部政策執行單位 戰略健康社群代表 產業界代表 活動界代表

日期	時間	議程
2023.3	12:00-14:00	午餐 貴賓展場巡禮暨動靜態展示與體驗（詳如附錄 1 與附錄 2）

附錄 1：活動規劃表

階段		活動內容	時間分配	地點	參與單位
第一階段	主題演講	專題講演	0.5 小時		政策指導單位
	圓桌論壇	主題論壇	1.5 小時		相關各界代表
第二階段	靜態成果展示暨動態操作體驗	主題展示	全時程		退輔會 國防部全民國防教育辦公室 教育部學特司 衛福部國民健康局 國教署學科中心 臺灣戰略研究學會 中華民國全民國防教育學會 中華全民安全健康力推廣協會 HC 精準健康管理集團
		全民國防教育人才招募與國軍靜態展示暨動態操作體驗			國軍
		全民國防教育陸域活動裝具靜態展示與動態射擊操作體驗			遊騎兵活動團隊

附錄 2：預算概要表（略）

經費預算	活動經費總額概為新臺幣○○○元整		
經費明細	總價（元）	說明	備註
主題演講暨圓桌戰略論壇	23,000 元	相關預算依學術研討會場次辦理 主持人 ×1=3,000×1 與談人 ×8=2,500×8=20,000	
住宿費	○○○元		
交通費補助	○○○元		
租借場地	○○○元		
展示與體驗活動費	○○○元	帳篷、器材裝具、車輛載運、示範講解體驗補助	
小計	○○○元		
雜支	其他	○○○元	
合計	新臺幣○○○元		

（三）臺灣全民國防素養（大健康）戰略論壇企劃案

1. 案名

臺灣全民國防素養（大健康）戰略論壇企劃案

2. 緣起

《國防法》規範行政院制定全民國防政策，而長久以來全民國防卻太過於偏重國防軍事，忽略全民防衛及其他與國防相關事項，學校軍訓課程在轉型為國防通識與全民國防教育課程規劃時，亦忽略健康素養對國家安全與發展的重要國防意涵，而將專注全民公共衛生與健康的軍訓護理劃離全民國防教育課程，全民健康攸關國家健全發展至鉅。109年 5 月 20 日政府正式宣示，要在過去 5+2 產業創新基礎上，透過產業超前部署，推動資訊及數位、資安卓越、臺灣精準健康、綠電及再生能源、國防及戰略、民生及戰備等六大核心戰略產業，正式將推動臺灣精

準健康提列至國家核心戰略發展位階。行政院接著於 110 年 5 月 21 日正式核定「六大核心戰略產業推動方案」，其中在臺灣精準健康產業方面，將建構基因及健保大數據資料庫，以及開發精準預防、診斷與治療照護系統，並透過跨部會合作，在資通訊產業、臨床醫療體系與完整健保資料庫與生醫產業的緊密結合下，正式開啓臺灣精準健康產業的戰略發展工程。HC 精準健康管理集團創辦以來，堅持走在臺灣精準健康產業發展的正確道路，經營理念與全民國防大健康素養發展相契合，率先發起全民國防精準健康戰略論壇，以促進全民國防健康素養之提升，成爲國家蓄積無窮戰力之堅實後盾。

3. 目標設定

透過臺灣戰略學界研究能量，邀請國防部、教育部與衛福部及相關產學研活動界代表，舉行「臺灣精準健康戰略產業發展方案」戰略論壇，促進臺灣精準健康活動之發展，讓全臺灣每個人都吃到正確的營養品、全臺灣每個人都做到基因檢測、全臺灣每個人都擁有自己的預防醫學診所、家庭醫師與健康管理師，以提升全民國防素養。

4. 時間、地點、主協辦單位

(1) 日期：（待定）

(2) 地點：（待定）

(3) 主協辦單位

　　指導單位：國防部、教育部、衛福部

　　主辦單位：臺灣醫美健康管理學會

　　承辦單位：HC 戰略發展部（籌備處）、中華全民安全健康力推廣協
　　　　　　　會

　　協辦單位：遊騎兵活動基地、苗栗後龍 JR 生存遊戲團隊

　　贊助單位：HC 鳳凰團隊

5. 行動方案

本論壇活動程序如附件 1，區分二階段實施，活動規劃如附錄 1。

第一階段實施主題演講暨圓桌戰略論壇，相關預算依學術研討會場次辦理。第二階段實施靜態展示與動態操作體驗，所需預算主要由贊助單位資助，其他如附錄 2，以此創新臺灣精準健康戰略產業學術論壇、教育主體與活動體驗結合之新典範。

6. 預期成效

(1)加深加廣戰略學術研究結合全民國防素養（大健康）活動能量。

(2)建立學術研討與活動體驗結合之創新典範。

(3)擴大精準健康宣導成效。

7. 預算概算

(1)第一階段預算依學校研討會慣例辦理。

(2)第二階段靜態展示與動態操作體驗，預算概要表如附錄 2，其他預算由贊助單位支援贊助。

8. 效益評估

(1)有助於全民國防素養整體效益提升。

(2)有助於擴大精準健康活動與產業之發展效益。

9. 備案

10. 補述文件

附件 1：活動議程

日期	時間	議程
		報到
		主辦單位致歡迎詞
		主題講演

日期	時間	議程
		圓桌論壇：臺灣全民國防素養（大健康）戰略論壇 主持人： 與談人： 國防部政策指導單位 教育部政策執行單位 衛生福利部政策執行單位 戰略社群代表 產業界代表 活動界代表
		貴賓展場巡禮暨動靜態展示與體驗（詳如附錄 1 與附錄 2）
		閉幕

附錄 1：活動規劃表

階段		活動內容	時間分配	地點	參與單位
第一階段	主題演講	專題講演	1 小時		政策指導單位
	圓桌論壇	主題論壇	1 小時		相關各界代表
第二階段	靜態成果展示暨動態操作體驗	主題展示	全時程		國防部全民國防教育辦公室 教育部學特司 衛福部國民健康局 國教署學科中心 臺灣戰略研究學會 中華民國全民國防教育學會 中華全民安全健康力推廣協會 臺灣醫美健康管理學會

階段		活動內容	時間分配	地點	參與單位
第二階段	靜態成果展示暨動態操作體驗	全民國防教育人才招募與國軍靜態展示暨動態操作體驗			國軍
		全民國防教育陸域活動裝具靜態展示與動態射擊操作體驗			遊騎兵活動團隊
		後龍全民國防教育推廣基地與動態操作體驗			中華全民防衛知能協會

附錄 2：預算概要表（略）

經費預算	活動經費總額概為新臺幣○○○元整		
經費明細	總價（元）	說明	備註
主題演講暨圓桌戰略論壇	○○○元	相關預算依學術研討會場次辦理	
租借場地	○○○元		
展示與體驗活動費	○○○元	帳篷、器材裝具、車輛載運、示範講解體驗補助	
小計	○○○元		
雜支　其他	○○○元		
合計	新臺幣○○○元		

十、創新認證成果展（相關資料來源取自筆者歷年主持與舉辦之相關活動）

（一）全民國防素養（大健康）創新認證中心

（二）全民國防素養（大健康）創新認證

1. 認證種子幹部培訓

2.國防體適能與技藝能體驗（服務學習與職場勞動）

(1) 苗栗軍訓主管

(2) 全國教官第一屆運動會

(3) 青少年輔導

(4) 學校社團

(5) 縣府大手牽小手

(6) 教育役男社服體驗

3. 國防學識能（終身學習與反思分享）

(1) 著作出版

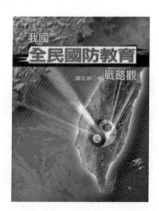

(2) 國家教育研究院全民國防課綱研擬與淡大全民國防教育展

(3) 淡大全民國防學士後學分班現場教學

(4) 學校專題分享

(5) 戰略學術研討會

(6) 參與戰略社群

    A. 臺灣戰略研究學會

B. 中華民國全民國防教育學會

健康素養創新認證（全民防衛動員演練──力空時）

C. 中華全民安全健康力推廣協會

D. 核心戰略產業——精準健康

a. 上游——臺灣醫美健康管理學會

健康素養創新認證（全民防衛動員演練——力空時）

b. 中游——康博診所

c. 下游——HC-Life 精準健康管理集團

(7) 策略聯誼

A. 中華民族抗日戰爭紀念協會　　B. 全國公教軍警消退休人員聯合總會

健康素養創新認證（全民防衛動員演練──力空時）

(8) 生存遊戲觀摩

(9) 商業社團交流

(10) 資源系統連結

A. 政策資源──政治作戰局　　B. 陸軍司令部

C. 學術資源

a. 淡江大學國際事務與戰略研究所

b. 國防大學　　　　　　　c. 輔仁大學軍訓室

d. 日本大阪教育大學（國際安全學校認證）

D. 教學資源——桃園陽明高中（全民國防教育學科中心）

E. 基地資源——臺灣本島

F. 基地資源——金馬外島

G. 基地資源 —— 中國大陸

H. 基地資源──國外基地

附錄

附錄1：主要名詞釋義

名詞	釋義
臺灣	地理名稱，主要指稱臺灣地區，當前是中華民國政府治權所及地區。
全民	指民與軍（包含非軍武官與武職）。
國防	《國防法》第2條指出國防目的以發揮整體國力，建立國防武力，協助災害防救，達成保衛國家與人民安全及維護世界和平。 其意涵實指國與防，特別指的是防。國的焦點從戰到和至災的國家利益，重點置於安全威脅因子研討與分析，防指爭的略術鬥技具能力或素養發展，凡防衛國家或國民安全，確保國家長治久安，並促進國家或國民健康利益永續發展，即謂國防。
戰略	指戰事方略，為軍事略－術－鬥－技－具整合思維與作為，轉化為國家安全與國防戰略－政策－機制系統思維與作為，尤其特指人對安全與發展事務的整體思維與作為。
戰事	與爭戰有關之綜合事務，包括戰爭、灰色衝突與和平時期之危機處理與災害疫情防救。
全民國防	指的是《國防法》第3條中華民國國防，為全民國防，包含國防軍事、全民防衛、執行災害防救及與國防有關之政治、社會、經濟、心理、科技等直接、間接有助於達成國防目的之事務。 其意涵實指全民防衛國家或國民安全確保國家長治久安，並促進國家與國民健康利益永續發展，稱之為精準國防更貼切，亦即以軍民兩條軸線相輔相成的全民皆防（非全民皆兵）、在地國防、在職國防與在位國防，主要在促進全民大健康，亦即全民精準安全與健康素養發展。
全民國防素養（大健康）	全民國防具象指的就是全民國防素養（大健康），亦即全體國民體適能的健康態度認知、國防團隊整體能力認同的技藝能與終身志工服務知識學習認識的學識能。

名詞	釋義
全民國防戰略（國防大政方針）	參考《國防法》第 9 條所指涉的國防大政方針，亦即全民防衛國家與國民安全，確保國家與國民長治久安，並促進國家與國民健康利益永續發展的最高指導方針。
全民國防政策	參考的是《國防法》第 10 條，全民國防政策由國防部建議，行政院制訂，以統合全民整體國力，督導全國所屬各機關辦理國防有關事務。 其意涵實指實施全民國防（大健康）施政方針與計畫行動指導，主要傳承軍防與民防作為，而將現代全民國防意涵之國防軍事與全民防衛、執行災害防救及其他與國防相關事務，充實擴大為軍事國防與民事國防計畫作為，特別是扶持以民為主體的民事國防計畫作為。
軍事國防	參考的是《國防法》第 3 條的國防軍事，亦即《國防法》第 4 條第 1 款所指的，中華民國之國防軍事武力，包含陸軍、海軍、空軍組成之軍隊，源自於軍防，專注達成全民國防戰略目標之軍事事務，包括軍事戰略指導、建軍構想與備戰作為。
民事國防	參考的是《國防法》第 3 條國防軍事外之全民防衛與其他國防相關事務，《國防法》第 4 條第 2 款指出，作戰時期國防部得因軍事需要，陳請行政院許可，將其他依法成立之武裝團隊（專指非軍武官與武職），納入作戰序列運用之，故其不同於國防軍事之武裝團隊，而應聯繫民防要旨，並積極賦予其全民國防素養（大健康）意涵，以充實擴大為民事國防，力求專注達成全民國防素養（大健康）戰略目標之民事事務，包括全民國防素養（大健康）戰略研究、全民國防素養（大健康）政策教育與全民防衛（大健康素養）機制訓練。
全民防衛素養（大健康）機制	《國防法》第五章為全民防衛，由行政院指定機關辦理，為落實全民國防理念，實施全民國防政策的組織編組與實務運作，主要包含動員系統、民防組織、國防教育與訓練等，依《全民防衛動員準備法》規定，區分國防部負責之軍事動員與中央各機關與地方政府負責之行政動員兩條軸線，依動員準備與實施兩階段，均衡落實於預備、常備與後備三大實務運作體系，特別是以民為主體的預備與後備運作體系，以符應平戰結合與平戰不分之全民防衛素養（大健康）需求。

附錄2：全民國防三W簡易問答

一、WHAT 意涵與要素確認	**全民國防意涵是什麼？源自何處？** 《國防法》第3條僅規定我國的國防是全民國防，也指出其範圍包括國防軍事、全民防衛、執行災害防救，其他與國防相關的事務，並沒有賦予法律意涵。政策單位則解讀全民國防是以軍民一體、文武合一的形式，不分前後方、平時戰時，將有形武力、民間可用資源與精神意志合而為一的總體國防力量，而將英文翻譯為 ALL-OUT，意思似指所有人民統統走出來抵禦外侮，卻忽略沒有敵國外患時，全民要做什麼，這用在平戰時有明顯區分時，沒有任何問題，但用在平戰時不分或難分的灰色時期，就會出現問題，尤其加上災害防救與疫情防範的需求時，這個翻譯就不夠用，而其他的翻譯就稍嫌囉嗦，如果再加上國家發展的需求，就顯得過於消極，因而如能把全民國防的意涵表述為全民防衛國家與國民安全威脅，促進國家與國民健康利益發展的 ALL-UP 大健康意涵，似更符應其時代需求。
二、WHY 安全威脅因子分析	**為什麼需要全民國防（大健康）？** 當然是為了有效應對國家與國民安全綜合化與立體化的總體發展需求，因此須把格局與視野投射到全球與國際環境對國家與國民安全威脅因子的問題分析與防範。一個國家與國民要長治久安、永續發展，當然要具備憂患意識，明察秋毫，找出危險因子與判斷其走向，以力求防患於未然。
三、HOW 健康素養行動方案 探究	**如何實施全民國防素養（大健康）？** 依國家國防體制立法建構要旨，可將全民國防素養（大健康）體制縱向連貫為國際（國家健康利益）、戰略（思想文化）、管理（政策組織）及教育（全民國防教育）與行動（全民防衛訓練）矩陣。國際矩陣不拘泥於競爭、競合與合作的國家利益抉擇，而唯國家健康利益發展是尚；戰略矩陣不侷限於安全視角，而是檢視敵意與善意的歷史經驗，發展創意文化背景下的戰略－政策－機制發展統整；管理矩陣則力求正本清源回歸《國防法》所規範的國防體制，且名正言順為全民國防素養（大健康）體制，並明確總統國防大政方針指導、行政院全民國防（大健康）政策

三、HOW 健康素養行動方案 探究	與國防部全民防衛機制（大健康素養）的連貫與指導及支持；教育矩陣與行動矩陣則並列為實踐全民國防素養（大健康）體制的文武（動靜）途徑，而分別以《全民國防教育法》與《全民防衛動員準備法》為依歸，全民國防教育課程設計以縱向連貫五大主軸為準繩，全民防衛動員演練行動則橫向統整預備、常備與後備體系的整體素養構築予以實務驗證。 基於歷史經驗教訓得知，戰爭是政治的延續，將軍也總是在準備上一場戰爭，因此，特別將可控的戰略、管理、教育與行動陣列整合為全民國防素養（大健康）矩陣，並在其上方加上國際陣列，以關注國際關係相關理論對國家利益的取向發展，國際政治、國際關係尤其是國際情勢變幻莫測，相關理論亦未臻成熟，但其對全民國防素養（大健康）陣列之啟發卻有振聾啟瞶之效益，相關行動陣列更另以實踐篇呈現，以落實全民國防陸海空軍戰略行動充實擴大為陸海空域體驗活動，體現全民國防素養（大健康）之最高效益。

家圖書館出版品預行編目（CIP）資料

臺灣全民國防素養（大健康）總論：全民大健
康發展教戰手冊／湯文淵，湯智凱著. --
初版. -- 臺北市：五南圖書出版股份有限
公司, 2023.07
面；　公分
SBN 978-626-366-294-0（平裝）

.CST: 國防教育　2.CST: 戰略

99.03　　　　　　　　　112010559

1FU1

臺灣全民國防素養（大健康）總論：全民大健康發展教戰手冊

作　　者 ― 湯文淵、湯智凱

發 行 人 ― 楊榮川

總 經 理 ― 楊士清

總 編 輯 ― 楊秀麗

主　　編 ― 侯家嵐

責任編輯 ― 吳瑀芳

文字校對 ― 鐘秀雲

封面設計 ― 陳亭瑋

出 版 者 ― 五南圖書出版股份有限公司

地　　址：106臺北市大安區和平東路二段339號4樓

電　　話：(02)2705-5066　　傳　　真：(02)2706-6100

網　　址：https://www.wunan.com.tw

電子郵件：wunan@wunan.com.tw

劃撥帳號：01068953

戶　　名：五南圖書出版股份有限公司

法律顧問：林勝安律師

出版日期：2023年7月初版一刷

定　　價：新臺幣560元

經典永恆·名著常在

五十週年的獻禮——經典名著文庫

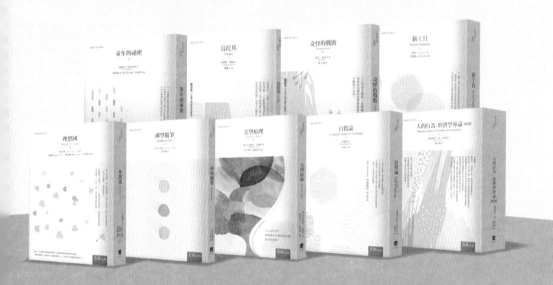

五南，五十年了，半個世紀，人生旅程的一大半，走過來了。
思索著，邁向百年的未來歷程，能為知識界、文化學術界作些什麼？
在速食文化的生態下，有什麼值得讓人雋永品味的？

歷代經典•當今名著，經過時間的洗禮，千錘百鍊，流傳至今，光芒耀人；
不僅使我們能領悟前人的智慧，同時也增深加廣我們思考的深度與視野。
我們決心投入巨資，有計畫的系統梳選，成立「經典名著文庫」，
希望收入古今中外思想性的、充滿睿智與獨見的經典、名著。
這是一項理想性的、永續性的巨大出版工程。
不在意讀者的眾寡，只考慮它的學術價值，力求完整展現先哲思想的軌跡；
為知識界開啟一片智慧之窗，營造一座百花綻放的世界文明公園，
任君遨遊、取菁吸蜜、嘉惠學子！